K.-H. Körber / E.-A. Pforr

Integralrechnung für Funktionen mit mehreren Variablen

Integralrechnung für Funktionen mit mehreren Variablen

Von Prof. Dr. Karl-Heinz Körber
und Doz. Dr. Ernst-Adam Pforr

8., neubearbeitete Auflage

B.G. Teubner Verlagsgesellschaft
Stuttgart · Leipzig 1993

Das Lehrwerk wurde 1972 begründet und wird herausgegeben von:
Prof. Dr. Otfried Beyer, Prof. Dr. Horst Erfurth,
Prof. Dr. Christian Großmann, Prof. Dr. Horst Kadner,
Prof. Dr. Karl Manteuffel, Prof. Dr. Manfred Schneider,
Prof. Dr. Günter Zeidler

Verantwortlicher Herausgeber dieses Bandes:
Prof. Dr. Karl Manteuffel

Autor der Kapitel 1—4:
Doz. Dr. Ernst-Adam Pforr

Autor der Kapitel 5—7:
Prof. Dr. Karl-Heinz Körber

Die Deutsche Bibliothek — CIP-Einheitsaufnahme

Integralrechnung für Funktionen mit mehreren Variablen /
von Karl-Heinz Körber und Ernst-Adam Pforr.
[Verantw. Hrsg.: Karl Manteuffel]. —
8., neubearb. Aufl. — Stuttgart ; Leipzig : Teubner, 1993
  (Mathematik für Ingenieure und Naturwissenschaftler)
  ISBN 978-3-8154-2042-3   ISBN 978-3-322-93435-2 (eBook)
  DOI 10.1007/978-3-322-93435-2
NE: Körber, Karl-Heinz; Pforr, Ernst A.

Gesamtherstellung: Druckerei zu Altenburg GmbH, Altenburg
Umschlaggestaltung: E. Kretschmer, Leipzig

Vorwort

Im vorliegenden Band der Reihe „Mathematik für Ingenieure und Naturwissenschaftler" wird die Integralrechnung für Funktionen mit mehreren Veränderlichen behandelt. In Abhängigkeit von der Dimension der verwendeten Integrationsbereiche kommen wir zu unterschiedlichen Erweiterungen des Integralbegriffes wie Bereichsintegral, Kurvenintegral und Oberflächenintegral, die zwar ihre Besonderheiten haben, sich aber letztlich mit den in [PFS] behandelten Methoden für gewöhnliche Integrale berechnen lassen. Die Besonderheiten liegen vor allem darin, daß sich mit ihnen viele Probleme aus Technik und Naturwissenschaften leichter erfassen lassen, d.h. in die Form von mathematischen Modellen bringen lassen. Dies trifft auch auf viele Teilgebiete der Mathematik zu. Als einfachste Beispiele seien hierzu solche Probleme wie die Bestimmung des Inhaltes von Flächen und Körpern sowie der Länge von Raumkurven genannt. Bei den Erweiterungen verbleiben wir im Interesse der Anschaulichkeit und eines nicht zu großen Umfangs im Rahmen des Riemannschen Integrales.

Dieses Lehrbuch richtet sich, wie die gesamte Reihe „Mathematik für Ingenieure und Naturwissenschaftler", besonders an Studenten der Ingenieur- und Naturwissenschaften. Aber auch Studenten der Technomathematik und der Mathematik sowie Studenten, die das Lehramt an Realschulen und Gymnasien anstreben, können es als erste Einführung verwenden. Es wurde besonderer Wert auf Anschaulichkeit und auf gute Verständlichkeit gelegt, ohne dabei die mathematische Exaktheit zu verlassen. Deshalb sind viele Beispiele und Aufgaben mit Lösungen eingearbeitet, die bis zu technischen Anwendungen reichen und so auch die Nützlichkeit des behandelten Stoffes zeigen. Der Band kann begleitend zur Vorlesung, aber auch zum Selbststudium benutzt werden. Außerdem dient er dem praktisch tätigen Ingenieur zum Nachschlagen oder Auffrischen des Stoffes.

Das Buch baut auf Grundkenntnissen der Differential- und Integralrechnung für Funktionen einer Veränderlichen sowie der Vektorrechnung auf. Für den Fall, daß diese Kenntnisse einer Auffrischung bedürfen, sind im Text Verweise auf die entsprechenden anderen Bände der Reihe eingefügt. Es liegt in der Natur der Sache, daß die Integralrechnung für Funktionen mit mehreren Variablen zwangsläufig auch auf gewisse Ergebnisse der Differentialrechnung für Funktionen mit mehreren Variablen zurückgreifen muß. In der Regel wird aber der betreffende Problemkreis noch einmal kurz skizziert und auf die entsprechenden Abschnitte in [HRS] hingewiesen.

In die Neubearbeitung des vorliegenden Lehrbuches eingeflossen sind die Erfahrungen der Autoren mit den vorangegangenen sieben Auflagen, die in den letzten zwei Jahrzehnten erschienen und regelmäßig aktualisiert worden sind, sowie die in vielen von den Autoren für Ingenieurstudenten gehaltenen Vorlesungen gesammelten Erfahrungen.

Die Autoren danken dem verantwortlichen Herausgeber dieses Bandes, Herrn Prof. Dr. K. Manteuffel, und dem Verlag B. G. Teubner, insbesondere Herrn J. Weiß, für die über viele Jahre reichende gute Zusammenarbeit, sowie den Herren Prof. Dr. Ch. Großmann und Prof. Dr. H. Wenzel für ihre Hinweise.

Dresden, im Juli 1993   K.-H. Körber
                                                     E.-A. Pforr

Inhalt

Einleitung

Im vorliegenden Band wird die Integralrechnung für Funktionen mit mehreren Variablen dargestellt. Die einleitenden Ausführungen haben das Ziel, dem Leser die wesentlichen Dinge, die ihm in diesem Buch begegnen, vorzustellen und die Querverbindungen zu den Anwendungen aufzuzeigen. Beim Studium der einzelnen Kapitel des Buches sollte sich der Leser stets an diesen „roten Faden" erinnern.

Wodurch ist ein Integral festgelegt? Die Antwort auf diese einfache, aber wichtige Frage möchten wir an den Anfang stellen! Jedes Integral – sowohl das bereits bekannte bestimmte Integral als auch jedes der jetzt folgenden neuen Integrale – ist durch zwei Vorgaben festgelegt:

1. Integrationsbereich,

2. Integrand.

Beim gewöhnlichen (bestimmten) Integral

$$\int_a^b f(x)\,\mathrm{d}x$$

ist der Integrationsbereich ein Intervall $[a, b]$ und der Integrand eine Funktion $f(x)$ einer Variablen. In Abhängigkeit von der Wahl des Integrationsbereiches („ebener Bereich" oder „räumlicher Bereich" oder „Kurve" oder „Fläche") und des Integranden („Funktion von zwei Variablen" oder „Funktion von drei Variablen" oder „Vektorfunktion") kommen wir dann zu unterschiedlichen Erweiterungen des Integralbegriffes. Wir behandeln hier:

- Bereichsintegrale (Flächenintegrale),
- Raumintegrale (Volumenintegrale),
- Kurvenintegrale (Linienintegrale) und
- Oberflächenintegrale.

Bei Kurven- und Oberflächenintegralen hat man noch zwischen Integralen 1. und 2. Art zu unterscheiden.

Die genannten Integrale sind die Grundlage für die Beschreibung wichtiger Begriffe und Sachverhalte in den Ingenieur- und Naturwissenschaften. Wir werden eine ganze Reihe von Anwendungen in diesem Band kennenlernen. Zum Beispiel kann man die statischen Momente, die Trägheitsmomente und den

Schwerpunkt eines Körpers durch Raumintegrale beschreiben. In den Grundgleichungen der Elektrotechnik, den Maxwellschen Gleichungen, begegnen uns Kurven- und Oberflächenintegrale.

Die Definition dieser neuen Integrale erfolgt völlig analog zur Definition des bestimmten Integrals. Grundsätzlich sind immer drei Schritte durchzuführen:

1. Zerlegung des Integrationbereiches in Teilbereiche,

2. Bildung der Zerlegungssumme,

3. Durchführung eines Grenzprozesses (durch fortlaufende Verfeinerung der Zerlegung).

Jede Zerlegungssumme liefert eine Näherung für das Integral; diese Näherung ist umso besser, je feiner die Zerlegung ist. Den genauen Wert des Integrals erhält man aus der Zerlegungssumme, indem man die Zerlegung immer feiner werden läßt.

Welche Besonderheiten ergeben sich nun bei den in diesem Band zu behandelnden Integralen im Vergleich zu den z.B. in [PFS] beschriebenen gewöhnlichen (bestimmten) Integralen? Während beim bestimmten Integral der Integrationsbereich B ein eindimensionaler Bereich ist ($B = [a, b] \subset \mathbb{R}^1$) und der Integrand f eine Funktion $f(x)$ einer Variablen darstellt, ist beim

- Bereichsintegral $\iint\limits_B f(x, y)\, \mathrm{d}b$ bzw.

- Raumintegral $\iiint\limits_B f(x, y, z)\, \mathrm{d}b$

der Integrationsbereich B ein ebener bzw. räumlicher Bereich ($B \subset \mathbb{R}^2$ bzw. $B \subset \mathbb{R}^3$) und der Integrand f eine Funktion von zwei bzw. drei Variablen ($f(x, y)$ bzw. $f(x, y, z)$). In den Anwendungen wird durch $u = f(x, y)$ bzw. $u = f(x, y, z)$ ein ebenes bzw. räumliches Skalarfeld, z.B. ein Temperaturfeld oder ein Potentialfeld, beschrieben. Ein Beispiel für ein Skalarfeld ist auch die von Punkt zu Punkt sich ändernde Ladungsdichte $\varrho = \varrho(x, y, z)$. Die Gesamtladung Q eines Körpers B mit der Ladungsdichte $\varrho = \varrho(x, y, z)$ kann durch ein Raumintegral beschrieben werden: $Q = \iiint\limits_B \varrho(x, y, z)\, \mathrm{d}b$.

Beim Oberflächenintegral (1. Art)

- $\iint\limits_\Omega f(x, y, z)\, \mathrm{d}\omega$

ist der Integrationsbereich Ω eine (krumme) Fläche im Raum, der Integrand eine Funktion $f(x, y, z)$ von drei Variablen. Das Oberflächenintegral

$$\iint\limits_{\Omega} \mathrm{d}\omega$$

($f(x, y, z) \equiv 1$) liefert den Flächeninhalt der Fläche Ω. Ein anderes Beispiel liefert die Berechnung des axialen Trägheitsmomentes J_z (bezüglich der z-Achse) einer Fläche Ω mit der Flächendichte $\sigma = \sigma(x, y, z)$; es gilt

$$J_z = \iint\limits_{\Omega} (x^2 + y^2)\, \sigma(x, y, z)\, \mathrm{d}\omega \,.$$

Für die Feldtheorie (Hydrodynamik oder Elektrotechnik) ist das allgemeine Oberflächenintegral (2. Art)

- $\iint\limits_{\Omega} \mathbf{v}(x, y, z) \cdot \mathrm{d}\mathbf{w}$

von besonderer Bedeutung; der Integrationsbereich ist hier eine orientierte Fläche Ω, der Integrand eine Vektorfunktion $\mathbf{v} = \mathbf{v}(x, y, z)$. In den Anwendungen ist das „Vektorfeld" $\mathbf{v}$ z.B. ein Kraftfeld oder ein elektrisches Feld. Bei einem Vektorfeld wird jedem Punkt (x, y, z) mit dem Ortsvektor $\mathbf{r}$ ein Vektor $\mathbf{v}$ zugeordnet. An Stelle der Schreibweise $\mathbf{v} = \mathbf{v}(x, y, z)$ wird oft die Schreibweise $\mathbf{v} = \mathbf{v}(\mathbf{r})$ benutzt. Durch das allgemeine Oberflächenintegral wird dann der sogenannte „Vektorfluß" des Vektorfeldes $\mathbf{v}$ durch die Fläche Ω beschrieben. Das Vektorfeld $\mathbf{v}$ kann dabei in der Hydrodynamik eine Strömung, in der Elektrotechnik ein elektrisches oder magnetisches Feld beschreiben.

Bei dem für die Anwendungen ebenfalls sehr wichtigen Kurvenintegral (2. Art)

- $\int\limits_{\mathcal{K}} \mathbf{v}(\mathbf{r}) \cdot \mathrm{d}\mathbf{r}$

ist der Integrationsbereich eine orientierte Raumkurve $\mathcal{K}$, der Integrand eine Vektorfunktion $\mathbf{v}(\mathbf{r}) = \mathbf{v}(x, y, z)$. Ist $\mathbf{v} = \mathbf{v}(\mathbf{r})$ ein Kraftfeld, so liefert das obige Kurvenintegral die von dem Kraftfeld längs der Kurve $\mathcal{K}$ geleistete Arbeit. Für ein elektrisches Feld $\mathbf{v} = \mathbf{E}$ liefert das Kurvenintegral den Spannungsabfall längs der Kurve $\mathcal{K}$.

Die Berechnung der Bereichs- und Raumintegrale erfolgt durch sogenannte zweifache bzw. dreifache Integrale, falls der Integrationsbereich ein ebener Normalbereich bzw. ein räumlicher Normalbereich ist. Die Beschreibung der Normalbereiche wird unsere erste Aufgabe sein. Ein zwei- bzw. dreifaches Integral ist – vereinfacht ausgedrückt – die Ausführung von zwei bzw. drei gewöhnlichen Integrationen hintereinander. Oberflächenintegrale können auf Bereichsintegrale zurückgeführt werden. Die Berechnung von Kurvenintegralen erfolgt durch einfache Integrale.

Abschließend noch einige Bemerkungen zum Umgang mit „mehrfachen Integralen". In den Mathematikkursen begegnen uns u.a. die folgenden mathematischen Teilgebiete: Differential- und Integralrechnung für Funktionen mit einer und mehreren Variablen, Lineare Algebra (Vektorrechnung, Matrizenrechnung, lineare Gleichungssysteme) und gewöhnliche Differentialgleichungen. Auf die Frage, welches Gebiet ist schwieriger, welches Gebiet ist einfacher, gibt es keine eindeutige Antwort. Die Erfahrungen lehren, daß bei der Integralrechnung für Funktionen mit mehreren Variablen, also bei den sogenannten „mehrfachen Integralen", das Auffinden der Integrationsgrenzen Mühen bereitet, weniger dagegen die durchzuführenden Rechnungen. Der Integrationsbereich wird nämlich bei einem (ebenen) Bereichsintegral durch Kurven, bei einem Raumintegral durch Flächen begrenzt. Daraus ergeben sich die Integrationsgrenzen. Der richtige Umgang mit Kurven und Flächen ist der Schlüssel für den richtigen Ansatz! Ein wichtiges Nebenresultat bei der Behandlung von Raumintegralen ist die Entwicklung des räumlichen Vorstellungsvermögens, auf das Ingenieur- und Naturwissenschaften großen Wert legen.

1 Parameterintegrale und zweifache Integrale

Wir beginnen in diesem ersten Abschnitt mit der Zusammenstellung derjenigen Hilfsmittel, die man für die Berechnung der Bereichsintegrale benötigt. Jedes Bereichsintegral – es wird in Abschnitt 2 definiert – kann durch ein „zweifaches Integral" berechnet werden, wenn der zugehörige Integrationsbereich ein „Normalbereich" ist. Zweifache Integrale ergeben sich aus „Parameterintegralen" (parameterabhängigen Integralen) durch Integration nach diesem Parameter. Da Parameterintegrale auch in den Anwendungen eine große Bedeutung haben, werden wir in diesem Abschnitt auch auf einige Eigenschaften dieser Integrale eingehen, die in keinem unmittelbaren Zusammenhang zu den zweifachen Integralen stehen.

1.1 Normalbereiche und Parameterintegrale

Wir führen zunächst sogenannte Normalbereiche ein; diese Normalbereiche sind für alle folgenden Ausführungen von grundsätzlicher Bedeutung.

Definition 1.1 *Eine Punktmenge (ein Bereich) B der x, y-Ebene, die „seitlich" durch zwei Parallelen zur y-Achse $(x = x_1, x = x_2; x_1 < x_2)$ und „nach unten" bzw. „nach oben" durch stetige Kurven $(y = y_1(x), y = y_2(x); y_1(x) \leq y_2(x)$ für alle $x \in [x_1, x_2])$ begrenzt wird, nennt man einen ebenen* N o r m a l b e r e i c h (F u n d a m e n t a l b e r e i c h) *bezüglich der x-Achse (s. Bild 1.1). Es gilt also:*

$$(x, y) \in B \Leftrightarrow \begin{cases} x_1 \leq x \leq x_2, \\ y_1(x) \leq y \leq y_2(x). \end{cases}$$

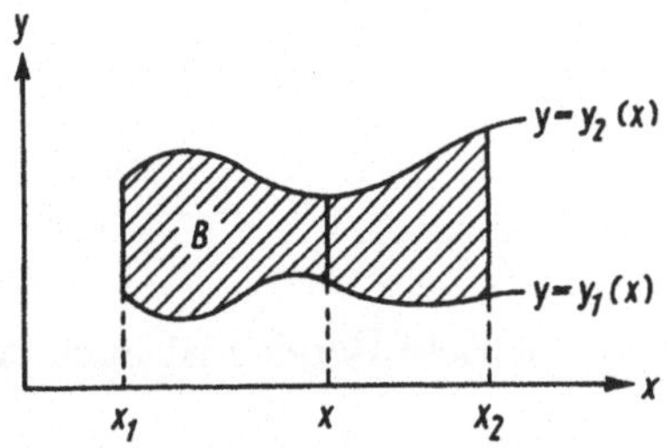

Bild 1.1

Vertauscht man die Rolle von x und y, so erhält man einen Normalbereich bezüglich der y-Achse (s. Bild 1.2). Er ist eine Punktmenge B der x, y-Ebene, die „nach unten" bzw. „nach oben" durch zwei Parallelen zur x-Achse $(y = y_1, y = y_2; y_1 < y_2)$ und „seitlich" durch stetige Kurven $(x = x_1(y),$

$x = x_2(y)$; $x_1(y) \leq x_2(y)$ für alle $y \in [y_1, y_2]$) begrenzt wird. Es gilt also:

$$(x,y) \in B \Leftrightarrow \begin{cases} y_1 \leq y \leq y_2, \\ x_1(y) \leq x \leq x_2(y). \end{cases}$$

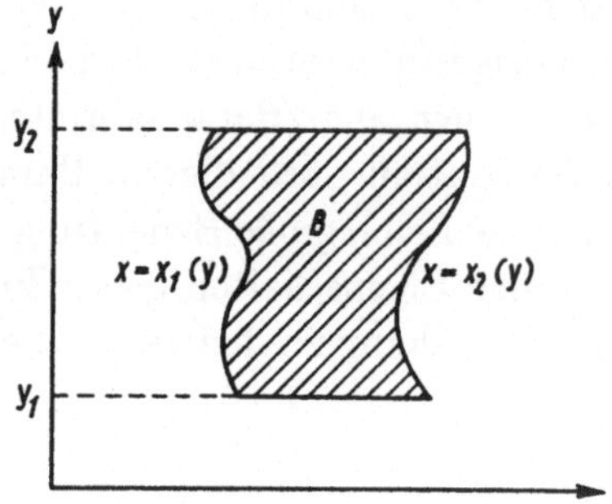

Bild 1.2

Beispiel 1.1 Der in Bild 1.3 dargestellte Bereich ist ein Normalbereich bezüglich der x-Achse. Es gilt $x_1 = 0$, $x_2 = 4$, $y_1(x) = -x/2$, $y_2(x) = \frac{3}{4}x$ (dabei ist $y = -x/2$ die Gleichung der durch die Punkte $(0,0)$ und $(4,-2)$ hindurchgehenden Geraden; $y = \frac{3}{4}x$ ist die Gleichung der durch die Punkte $(0,0)$ und $(4,3)$ hindurchgehenden Geraden).

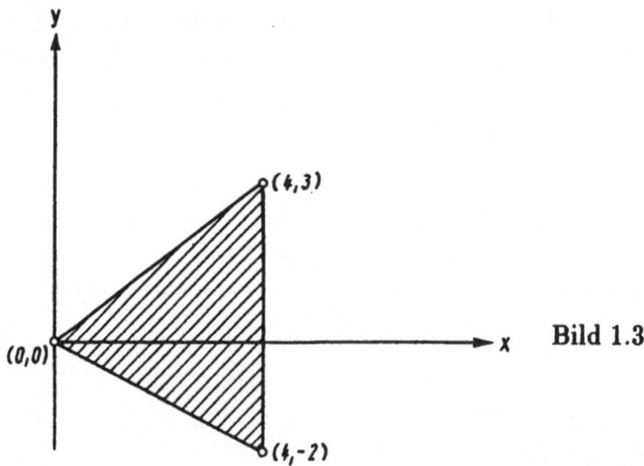

Bild 1.3

Bemerkung 1.1 Der in diesem Beispiel betrachtete Bereich ist auch ein Normalbereich bezüglich der y-Achse. Es gilt

$$y_1 = -2, \ y_2 = 3, \ x_1(y) = \begin{cases} -2y \ f\ddot{u}r \ -2 \leq y \leq 0 \\ \frac{4}{3}y \ f\ddot{u}r \ \ \ 0 \leq y \leq 3 \end{cases}, \ x_2(y) = 4.$$

Die „linke" Kurve $x = x_1(y)$ (es handelt sich um eine stetige Kurve!) kann aber hier nicht durch eine einzige Gleichung beschrieben werden. Man muß bei irgendwelchen Rechnungen die Intervalle $-2 \leq y \leq 0$ und $0 \leq y \leq 3$ getrennt betrachten. Das führt in der Praxis zu einer Zerlegung des Bereiches in zwei Teilbereiche. Bei dem hier vorliegenden Beispiel würde man den Bereich B in zwei Dreiecksbereiche B_1 und B_2 zerlegen – falls man mit Normalbereichen bezüglich der y-Achse arbeiten möchte. B_1 bzw. B_2 ist der unterhalb bzw. oberhalb der x-Achse liegende Teil von B.

Beispiel 1.2 Der in Bild 1.4 dargestellte Bereich (Kreisscheibe vom Radius 2 mit dem Mittelpunkt in $(3,0)$) kann sowohl als Normalbereich bezüglich der x-Achse als auch als Normalbereich bezüglich der y-Achse angesehen werden. $(x-3)^2 + y^2 = 4$ ist die Gleichung des Kreises. Nach y aufgelöst, erhalten wir: $y = \pm\sqrt{4-(x-3)^2}$. Das Vorzeichen „+" liefert die obere Kreishälfte, das Vorzeichen „−" die untere Kreishälfte. Nach x aufgelöst, erhalten wir: $x = 3 \pm \sqrt{4-y^2}$. Das Vorzeichen „+" liefert bei dieser Darstellung die rechte Kreishälfte, das Vorzeichen „−" die linke Kreishälfte. Für die Kreisscheibe – als Normalbereich bezüglich der x-Achse aufgefaßt – gilt $x_1 = 1$, $x_2 = 5$, $y_1(x) = -\sqrt{4-(x-3)^2}$, $y_2(x) = \sqrt{4-(x-3)^2}$. Faßt man die Kreisscheibe als Normalbereich bezüglich der y-Achse auf, so gilt: $y_1 = -2$, $y_2 = 2$, $x_1(y) = 3 - \sqrt{4-y^2}$, $x_2(y) = 3 + \sqrt{4-y^2}$.

Vorgegeben seien ein Normalbereich B bezüglich der x-Achse (s. Bild 1.1) und eine Funktion $f(x,y)$ der beiden Veränderlichen x und y. Von der Funktion $f(x,y)$ setzen wir voraus, daß sie mindestens in allen Punkten $(x,y) \in B$ definiert und stetig ist. Unter dieser Voraussetzung ist für jedes feste $x \in [x_1, x_2]$ die nun allein von y abhängige Funktion $f(x,y)$ (s. Bild 1.1) eine auf dem Intervall $[y_1(x), y_2(x)]$ stetige Funktion. Da jede stetige Funktion auch integrierbar ist, kann man das folgende Integral bilden:

$$F(x) := \int\limits_{y_1(x)}^{y_2(x)} f(x,y)\,\mathrm{d}y = \int\limits_{y=y_1(x)}^{y_2(x)} f(x,y)\,\mathrm{d}y\,. \tag{1.1}$$

Definition 1.2 *Das Integral* (1.1), *das natürlich von der Wahl der Größe* x *(des Parameters* x) *abhängt, nennt man ein* P a r a m e t e r i n t e g r a l *mit dem Parameter* x; *der Parameter* x *(eine im Intervall* $[x_1, x_2]$ *willkürlich wählbare Größe) kommt außer im Integranden auch noch in den Integrationsgrenzen vor. Man sagt in diesem Zusammenhang, daß die durch Formel* (1.1) *eingeführte Funktion* $F(x)$ d u r c h e i n I n t e - g r a l d a r g e s t e l l t *wird.*

Bei der Berechnung des Parameterintegrals wird die Variable x wie eine Konstante behandelt. In Formel (1.1) benutzt man beide Schreibweisen für das Parameterintegral; bei der zweiten Schreibweise wird noch einmal besonders hervorgehoben, daß nach der unbestimmten Integration nach y für die Variable y die Grenzen $y_1(x)$ und $y_2(x)$ einzusetzen sind.

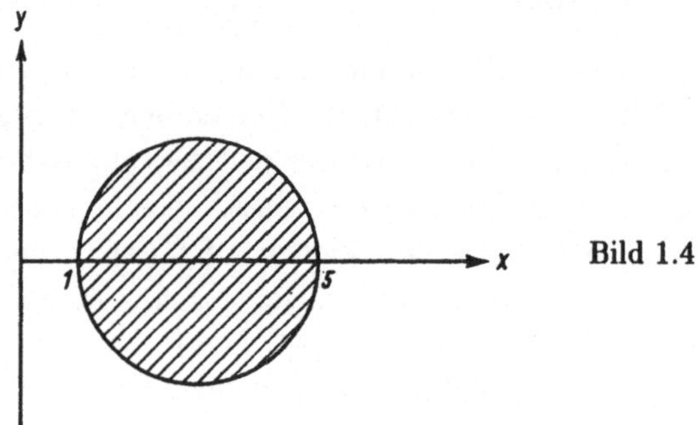

Bild 1.4

Beispiel 1.3 Vorgegeben seien eine Kreisscheibe B vom Radius 1 mit dem Mittelpunkt im Ursprung O des zugrundegelegten x, y-Koordinatensystems und eine Funktion $f(x, y) = x^2 + y^2$. Man berechne für ein beliebiges, aber festes $x \in [-1, 1]$ das entsprechende Parameterintegral. Für die Punkte der Kreisscheibe B gilt (s. Bild 1.5):

$$(x, y) \in B \iff \begin{cases} -1 \le x \le 1, \\ -\sqrt{1 - x^2} \le y \le \sqrt{1 - x^2}. \end{cases}$$

Hieraus folgt:

$$F(x) = \int\limits_{y_1(x)}^{y_2(x)} f(x, y)\, \mathrm{d}y = \int\limits_{-\sqrt{1-x^2}}^{\sqrt{1-x^2}} (x^2 + y^2)\, \mathrm{d}y = \left[x^2 y + \frac{y^3}{3}\right]_{y=-\sqrt{1-x^2}}^{y=\sqrt{1-x^2}}$$

$$= \frac{2}{3}\sqrt{1 - x^2}\, (2x^2 + 1)$$

(x ist ein fester Wert aus dem Intervall $[-1, 1]$; bei der Integration nach y wird er daher wie eine Konstante behandelt).

Ergänzung zur Definition 1.2:   Neben Parameterintegralen nach Formel (1.1) hat man noch Parameterintegrale mit dem Parameter y:

$$G(y) := \int\limits_{x_1(y)}^{x_2(y)} f(x, y)\, \mathrm{d}x. \tag{1.2}$$

Ausgangspunkt für diese Parameterintegrale sind Normalbereiche bezüglich der y-Achse. Der Parameter y ist eine (im Intervall $[y_1, y_2]$) willkürlich wählbare Größe.

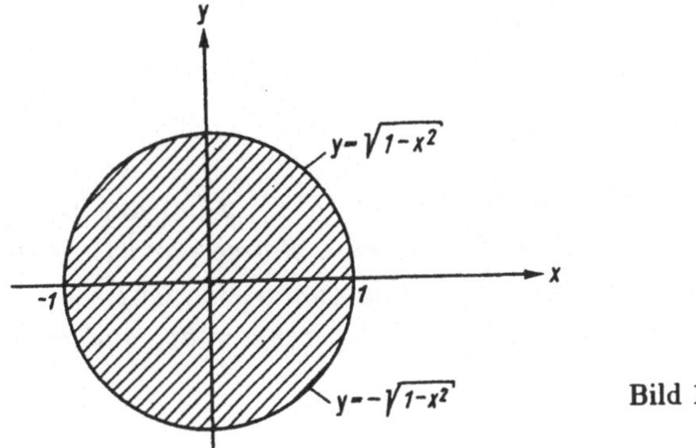

Bild 1.5

Aufgabe 1.1 Man berechne das Parameterintegral $\int_{-x}^{2x} x\,(1+y)\,\mathrm{d}y$. (Auf welchem Intervall verläuft die Kurve $y = y_1(x) = -x$ unterhalb der Kurve $y = y_2(x) = 2x$?)

1.2 Differentiation von Parameterintegralen

Parameterintegrale (Darstellungen von Funktionen durch bestimmte Integrale) – siehe Formel (1.1) bzw. (1.2) – begegnen uns in den Anwendungen sehr oft. Die erste Frage, die sowohl vom theoretischen als auch vom praktischen Standpunkt von Interesse ist, lautet: Unter welchen Voraussetzungen ist eine durch ein Integral dargestellte Funktion

$$F(x) = \int_{y_1(x)}^{y_2(x)} f(x,y)\,\mathrm{d}y \quad \text{bzw.} \quad G(y) = \int_{x_1(y)}^{x_2(y)} f(x,y)\,\mathrm{d}x$$

stetig und differenzierbar in dem jeweiligen Definitionsbereich? Bezüglich der Frage der Stetigkeit von $F(x)$ wird man erwarten, daß die Stetigkeit der Funktion $f(x,y)$ auf B und der Funktionen $y_1(x)$, $y_2(x)$ auf $[x_1, x_2]$ die Stetigkeit von $F(x)$ zur Folge haben wird. Bezüglich der Differenzierbarkeit ist der Sachverhalt ein wenig komplizierter. Sicher wird man zunächst einmal verlangen müssen, daß $y_1(x)$, $y_2(x)$ auf $[x_1, x_2]$ differenzierbar sind. Darüber hinaus muß selbstverständlich auch die Funktion $f(x,y)$ irgendeine Differenzierbarkeitsforderung auf B erfüllen: Die Differenzierbarkeit von $F(x)$ nach x verlangt die Existenz der partiellen Ableitung von $f(x,y)$ nach x.

Nach diesen Vorbemerkungen wollen wir nun den Satz formulieren, der Auskunft auf die oben gestellte Frage gibt. (Beweis: siehe [BHW, Bd. 1].)

Satz 1.1 *B sei ein Normalbereich bezüglich der x-Achse (s. Bild 1.1). Wenn die Funktionen $y_1(x)$, $y_2(x)$ auf $[x_1, x_2]$ und $f(x,y)$ auf B stetig sind, dann ist auch die durch ein Integral dargestellte Funktion*

$$F(x) = \int\limits_{y_1(x)}^{y_2(x)} f(x,y)\,\mathrm{d}y$$

auf $[x_1, x_2]$ stetig. Sind überdies die Funktionen $y_1(x)$, $y_2(x)$ auf $[x_1, x_2]$ differenzierbar und besitzt die Funktion $f(x,y)$ eine stetige partielle Ableitung $f_x(x,y)$ (auf einem B ganz im Inneren enthaltenden Bereich), so ist auch die Funktion $F(x)$ auf dem Intervall $[x_1, x_2]$ differenzierbar, und es gilt die Gleichung

$$\begin{aligned}
F'(x) &= \frac{\mathrm{d}}{\mathrm{d}x} \int\limits_{y_1(x)}^{y_2(x)} f(x,y)\,\mathrm{d}y \\[2mm]
&= \int\limits_{y_1(x)}^{y_2(x)} f_x(x,y)\,\mathrm{d}y - y_1'(x)\,f(x, y_1(x)) + y_2'(x)\,f(x, y_2(x)). \quad (1.3)
\end{aligned}$$

Sind die Funktionen $y_1(x)$, $y_2(x)$ konstant, etwa $y_1(x) = c$, $y_2(x) = d$, so vereinfacht sich – wegen $y_1'(x) = 0$ und $y_2'(x) = 0$ – die Formel (1.3) wesentlich:

$$\frac{\mathrm{d}}{\mathrm{d}x} \int\limits_{y_1(x)}^{y_2(x)} f(x,y)\,\mathrm{d}y = \int\limits_{y_1(x)}^{y_2(x)} f_x(x,y)\,\mathrm{d}y. \qquad (1.4)$$

Im Falle $y_1(x) = c$, $y_2(x) = d$ spricht man von einem Parameterintegral mit festen Grenzen. B ist ein Rechteckbereich (s. Bild 1.6; $x_1 = a$, $x_2 = b$); obere und untere Begrenzungskurve sind Parallelen zur x-Achse.

Beispiel 1.4 Das Parameterintegral

$$F(x) = \int\limits_0^1 \frac{x\,\mathrm{d}y}{\sqrt{1 - x^2 y^2}} \quad \text{mit} \quad f(x,y) = \frac{x}{\sqrt{1 - x^2 y^2}}$$

soll auf Stetigkeit und Differenzierbarkeit untersucht werden! Der Normalbereich ist in diesem Fall durch die Geraden $y_1(x) = 0$, $y_2(x) = 1$ begrenzt. In

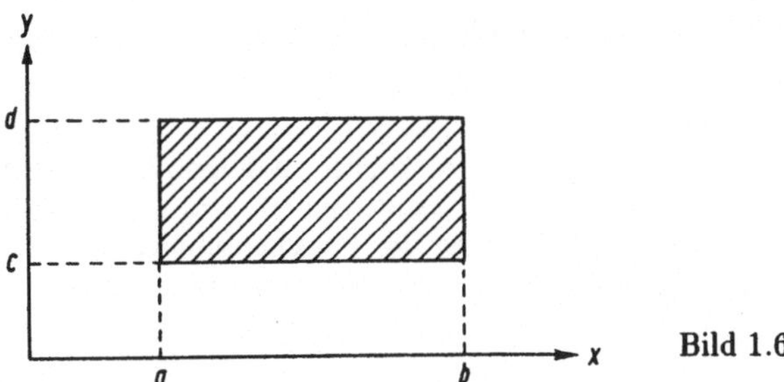

Bild 1.6

welchem Intevall darf sich x bewegen, damit die Funktion $f(x,y)$ zunächst einmal überhaupt definiert ist? Damit der Ausdruck unter dem Wurzelzeichen
stets positiv ist, muß man – wegen $0 \leq y \leq 1$ – die Variable x auf das offene Intervall $-1 < x < 1$ beschränken. ($x = 1$ bzw. -1 darf nicht zugelassen werden,
denn dann wäre für $y = 1$ der Ausdruck $1 - x^2 y^2$ gleich null.) Die Funktion
$f(x,y)$ ist also sicherlich für alle Punkte (x,y) des Rechteckbereiches

$$B = \{(x,y) \mid a \leq x \leq b, \, 0 \leq y \leq 1, \, -1 < a < b < 1\}$$

definiert. Auf Grund des einfachen Aufbaus der Funktion $f(x,y)$ – im Zähler
steht eine rationale Funktion, im Nenner die Wurzel aus einer rationalen Funktion – ist in diesem Bereich die Funktion $f(x,y)$ auch stetig und besitzt stetige
partielle Ableitungen (s. [HRS]). Aus Satz 1.1 folgt dann: $F(x)$ ist für alle
$x \in (-1,1)$ stetig und differenzierbar. Für die Ableitung $F'(x)$ erhält man nach
Formel (1.4):

$$F'(x) = \int\limits_0^1 f_x(x,y)\,\mathrm{d}y = \int\limits_0^1 (1 - x^2 y^2)^{-\frac{3}{2}}\,\mathrm{d}y = \frac{1}{\sqrt{1 - x^2}}.$$

Das Nachprüfen der letzten Umformung betrachte man als eine kleine Übungs-
aufgabe: Zunächst kann man das unbestimmte Integral $\int (1 - x^2 y^2)^{-\frac{3}{2}}\,\mathrm{d}y$ durch
die Substitution $xy = u$ ($x\,\mathrm{d}y = \mathrm{d}u$; x wird bei der Integration nach y als
konstant betrachtet) auf das Integral

$$\frac{1}{x} \int \frac{\mathrm{d}u}{\sqrt{1 - u^2}^{\,3}}$$

zurückführen. Das letzte Integral entnehmen wir einer Formelsammlung (s. z.B.
[BSE]):

$$\int \frac{\mathrm{d}u}{\sqrt{1 - u^2}^{\,3}} = \frac{u}{\sqrt{1 - u^2}}.$$

Rücktransformation und Einsetzen der Grenzen liefern die oben angegebene Beziehung.

Man hätte natürlich auch $F'(x)$ dadurch bekommen können, daß man zunächst das rechts stehende Integral ausrechnet und anschließend nach x differenziert. Das wollen wir bei diesem Beispiel einmal durchführen, zumal das Ausrechnen des Parameterintegrales zusätzlich ein interessantes Ergebnis liefert. Die Substitution $xy = u$ ($x\,dy = du$) ergibt:

$$F(x) = \int_0^1 \frac{x\,dy}{\sqrt{1-x^2y^2}} = \int_0^x \frac{du}{\sqrt{1-u^2}} = \arcsin u \,\big|_{u=0}^{u=x} = \arcsin x.$$

Es gilt also

$$\int_0^1 \frac{x\,dy}{\sqrt{1-x^2y^2}} = \arcsin x.$$

Die Funktion $\arcsin x$ wird also durch das links stehende Parameterintegral dargestellt. Von der Funktion $\arcsin x$ wissen wir aber, daß $(\arcsin x)' = \frac{1}{\sqrt{1-x^2}}$ gilt.

Beispiel 1.5 Man berechne das Parameterintegral $\int_0^1 y^x\,dy$! (Voraussetzung über den Parameter x : $x \geq 0$. Für x-Werte zwischen -1 und 0 erhält man uneigentliche Integrale; im Falle $x = -\frac{1}{2}$ zum Beispiel ergibt sich $\int_0^1 \frac{dy}{\sqrt{y}}$. Das Integral $\int_0^1 y^x\,dy$ stellt für x-Werte mit $-1 < x < 0$ ein sogenanntes uneigentliches Parameterintegral dar, auf das wir in Abschnitt 1.4 näher eingehen werden.) y^x ist (für jedes konstante $x \geq 0$) eine auf dem Intervall $0 \leq y \leq 1$ stetige Funktion der Variablen y und daher auf $[0,1]$ integrierbar:

$$\int_0^1 y^x\,dy = \left[\frac{y^{x+1}}{x+1}\right]_{y=0}^{y=1} = \frac{1}{x+1}.$$

Bemerkung 1.2 Die Formel (1.3) bzw. (1.4) wird vor allem bei theoretischen Untersuchungen benötigt. Oft hat sie aber auch eine praktische Bedeutung, und zwar dann, wenn das Integral $\int f_x(x,y)\,dy$ einfacher zu lösen ist als das Integral $\int f(x,y)\,dy$.

Aufgabe 1.2 Von der durch ein Parameterintegral dargestellten differenzierbaren Funktion $F(x) = \int_0^x \sin(xy)\,dy$ berechne man die Ableitung $F'(x)$ auf zwei Arten:
a) indem man das Parameterintegral ausrechnet und das Ergebnis anschließend differenziert,
b) mit Hilfe der Formel (1.3).

1.3   Zweifache Integrale (Integration von Parameterintegralen)

Unter den in Satz 1.1 angegebenen Voraussetzungen (Stetigkeit der Funktionen $f(x,y)$, $y_1(x)$, $y_2(x)$ auf den entsprechenden Bereichen) ist die durch das Parameterintegral

$$\int\limits_{y_1(x)}^{y_2(x)} f(x,y)\,\mathrm{d}y$$

dargestellte Funktion $F(x)$ eine (auf dem Intervall $[x_1, x_2]$) stetige Funktion. Da jede stetige Funktion auch integrierbar ist, muß das Integral von $F(x)$ über dem Intervall $[x_1, x_2]$ existieren:

$$\int\limits_{x_1}^{x_2} F(x)\,\mathrm{d}x = \int\limits_{x_1}^{x_2}\left(\int\limits_{y_1(x)}^{y_2(x)} f(x,y)\,\mathrm{d}y\right)\mathrm{d}x.$$

Definition 1.3   *Den Ausdruck*

$$\int\limits_{x_1}^{x_2}\left(\int\limits_{y_1(x)}^{y_2(x)} f(x,y)\,\mathrm{d}y\right)\mathrm{d}x \qquad\qquad (\mathrm{I})$$

– für den man abkürzend auch $\int\limits_{x_1}^{x_2}\int\limits_{y_1(x)}^{y_2(x)} f(x,y)\,\mathrm{d}y\,\mathrm{d}x$ *schreibt – nennt man*

z w e i f a c h e s   I n t e g r a l.

(An Stelle des Ausdruckes „zweifaches Integral" sagt man auch „Doppelintegral" oder „iteriertes Integral".) Den durch die Kurven $x = x_1$, $x = x_2$, $y = y_1(x)$, $y = y_2(x)$ begrenzten Bereich (s. Bild 1.1) nennt man den zu diesem zweifachen Integral gehörigen Normalbereich.

Wenn man von einem Parameterintegral der Form

$$G(y) = \int\limits_{x_1(y)}^{x_2(y)} f(x,y)\,\mathrm{d}x$$

ausgeht (s. Formel (1.2)) und $G(y)$ nach y integriert, erhält man ein zweifaches

Integral der Form

$$\int\limits_{y_1}^{y_2}\left(\int\limits_{x_1(y)}^{x_2(y)} f(x,y)\,\mathrm{d}x\right)\,\mathrm{d}y. \tag{II}$$

In der abkürzenden Schreibweise läßt man dann wieder die (um $G(y)$ gesetzten) Klammern weg.

Erläuterung zur Definition 1.3:   Bei einem zweifachen Integral vom Typ (I) wird die Funktion $f(x,y)$ zunächst unbestimmt nach y integriert – wobei x wie eine Konstante behandelt wird –, anschließend werden für y die Grenzen $y_1(x)$ und $y_2(x)$ eingesetzt, und zum Schluß wird der erhaltene Ausdruck nach x integriert. Ein zweifaches Integral erhält man also durch die Hintereinanderausführung von zwei einfachen Integrationen. Bei einem zweifachen Integral vom Typ (II) geht man analog vor; hier wird die Funktion $f(x,y)$ zunächst unbestimmt nach x integriert, wobei y wie eine Konstante behandelt wird.

Bemerkung 1.3   In der Literatur wird der Begriff „Doppelintegral" leider manchmal auch für das in Abschnitt 2 definierte „Bereichsintegral" verwendet. Daher werden wir den Ausdruck „Doppelintegral" (an Stelle der Sprechweise „zweifaches Integral") zunächst ganz vermeiden.

Beispiel 1.6   Man berechne das zweifache Integral

$$D = \int\limits_{1}^{3}\int\limits_{0}^{x^2} xy\,\mathrm{d}y\,\mathrm{d}x\,!$$

Es handelt sich um ein zweifaches Integral vom Typ (I) (s. Definition 1.3) mit $f(x,y) = xy$, $x_1 = 1$, $x_2 = 3$, $y_1(x) = 0$, $y_2(x) = x^2$. Wir berechnen zunächst das innere Integral:

$$\int\limits_{0}^{x^2} xy\,\mathrm{d}y = \int\limits_{y=0}^{x^2} xy\,\mathrm{d}y = \left[x\frac{y^2}{2}\right]_{y=0}^{y=x^2} = \frac{x^5}{2}.$$

Hieraus folgt:

$$D = \int\limits_{1}^{3} \frac{x^5}{2}\,\mathrm{d}x = \left.\frac{x^6}{12}\right|_{1}^{3} = \frac{728}{12} = 60{,}67.$$

Der zu dem zweifachen Integral gehörige Normalbereich bezüglich der x-Achse wird durch die Kurven $x = 1$, $x = 3$, $y = 0$, $y = x^2$ begrenzt (s. Bild 1.7).

Beispiel 1.7 $D = \int_{-4}^{-2} \int_{y}^{-y} (x+y)\, \mathrm{d}x\, \mathrm{d}y$ ist ein zweifaches Integral vom Typ (II) mit $y_1 = -4$, $y_2 = -2$, $x_1(y) = y$, $x_2(y) = -y$ und $f(x,y) = x+y$ (s. Definition 1.3).

Es erfolgt zunächst wieder die Berechnung des „inneren Integrales":

$$\int_{y}^{-y} (x+y)\, \mathrm{d}x = \left[\frac{x^2}{2} + xy\right]_{x=y}^{x=-y} = \frac{(-y)^2}{2} + y\,(-y) - \left(\frac{y^2}{2} + y^2\right) = -2y^2.$$

Hieraus folgt

$$D = \int_{-4}^{-2} (-2y^2)\, \mathrm{d}y = -\frac{2}{3}y^3 \Big|_{-4}^{-2} = -\frac{2}{3}((-2)^3 - (-4)^3) = -\frac{112}{3}.$$

Der zu diesem zweifachen Integral gehörige Normalbereich bezüglich der y-Achse wird durch die Kurven $y = -4$, $y = -2$, $x = y$, $x = -y$ begrenzt (s. Bild 1.8). Man beachte: Für alle y mit $-4 = y_1 \leq y \leq y_2 = -2$ gilt $y = x_1(y) \leq x_2(y) = -y$. Bei einem zweifachen Integral ist nach unserer Definition streng zwischen den Typen (I) und (II) zu unterscheiden: beim Typ (I) wird erst nach y, dann nach x integriert – beim Typ (II) ist es gerade umgekehrt. Die Reihenfolge der Integrationen ist also ganz wesentlich! Nur bei einem zweifachen Integral mit konstanten Grenzen – der zugehörige Normalbereich ist in diesem Fall ein achsenparalleler Rechteckbereich – ist die Reihenfolge der Integrationen vertauschbar. Es gilt

Satz 1.2 *Ist $f(x,y)$ eine auf dem Rechteckbereich $a \leq x \leq b$, $c \leq y \leq d$ (s. Bild 1.6) stetige Funktion, so gilt:*

$$\int_{a}^{b} \int_{c}^{d} f(x,y)\, \mathrm{d}y\, \mathrm{d}x = \int_{c}^{d} \int_{a}^{b} f(x,y)\, \mathrm{d}x\, \mathrm{d}y.$$

Auf den Beweis dieses Satzes, den man z.B. in [MKN, Bd. 3] finden kann, verzichten wir. Wir werden uns an keiner Stelle auf diesen Satz beziehen.

Wir kommen nun zur geometrischen Veranschaulichung des zweifachen Integrals. Dabei erinnern wir zunächst an die geometrische Deutung eines einfachen bestimmten Integrals. Unter der Voraussetzung, daß die Funktion $f(x)$ auf dem Intervall $[a,b]$ stetig und nirgends negativ ist, liefert das Integral $\int_{a}^{b} f(x)\, \mathrm{d}x$ den Flächeninhalt des durch die Kurven $x = a$, $x = b$, $y = 0$ und $y = f(x)$ begrenzten ebenen Bereichs (s. [PFS]). $\int_{a}^{b} f(x)\, \mathrm{d}x$ liefert also den Inhalt des zwischen dem „Integrationsintervall" $J = [a,b]$ und der Kurve $f(x)$, $a \leq x \leq b$, liegenden

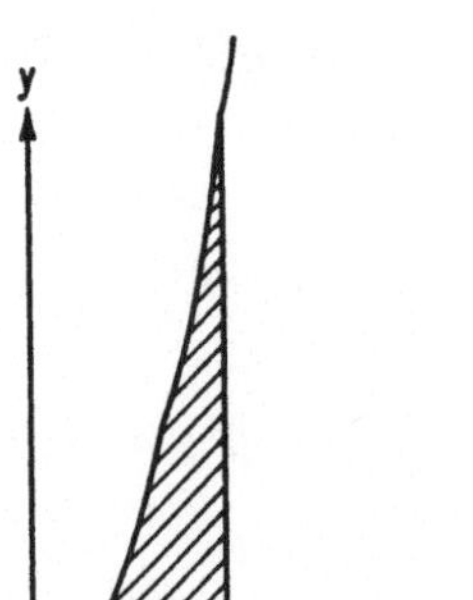

Bild 1.7

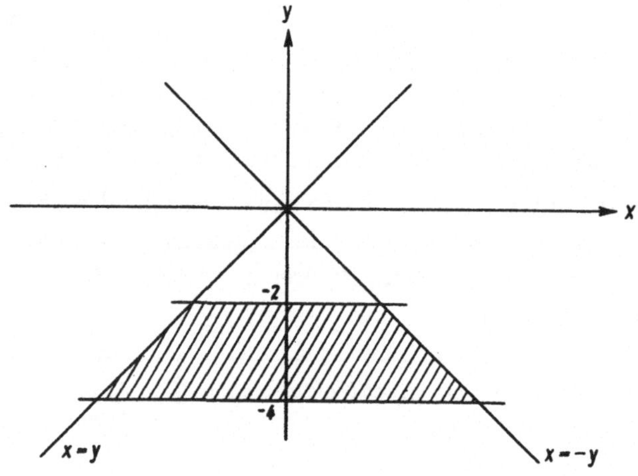

Bild 1.8

ebenen Bereichs, der sogenannten O r d i n a t e n m e n g e $O(J,f)$ (s. Bild 1.9).
Man wird erwarten, daß man bei einem zweifachen Integral

$$\int\limits_{x_1}^{x_2} \int\limits_{y_1(x)}^{y_2(x)} f(x,y)\,\mathrm{d}y\,\mathrm{d}x$$

– unter der Voraussetzung, daß die Funktion $f(x,y)$ auf dem zugehörigen Normalbereich B stetig und nirgends negativ ist – ebenfalls eine einfache geometrische Deutung vornehmen kann. In Analogie zur Ordinatenmenge $O(J,f)$, die wir beim gewöhnlichen Integral eingeführt haben, betrachten wir hier die Ordinatenmenge $O(B,f)$. Die Ordinatenmenge $O(B,f)$ besteht aus der Menge aller

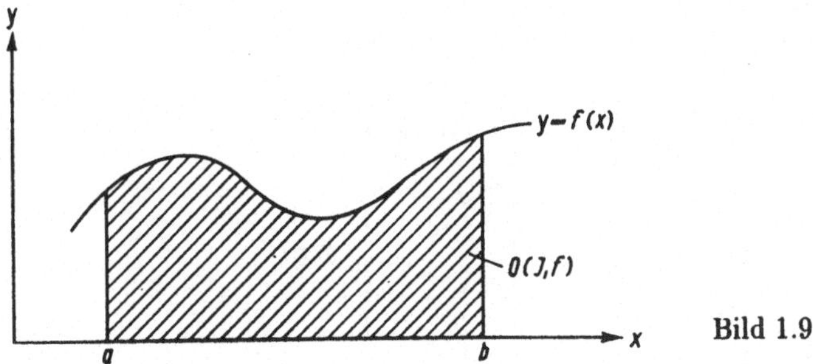

Bild 1.9

zwischen dem Normalbereich $B = \{(x,y)\,|\,x_1 \leq x \leq x_2,\, y_1(x) \leq y \leq y_2(x)\}$
und der Fläche $z = f(x,y)$, $(x,y) \in B$, liegenden Punkten (x,y,z) (s. Bild
1.10). Es gilt also:

Definition 1.4 $(x,y,z) \in O(B,f) \Leftrightarrow \{(x,y) \in B \text{ und } 0 \leq z \leq f(x,y)\}$.
$O(B,f)$ *heißt die zu* B *und* $f(x,y)$ *gehörige* O r d i n a t e n m e n g e.

Satz 1.3   *Ist* $B = \{(x,y)\,|\,x_1 \leq x \leq x_2,\, y_1(x) \leq y \leq y_2(x)\}$ *der zu dem*
zweifachen Integral

$$\int\limits_{x_1}^{x_2} \int\limits_{y_1(x)}^{y_2(x)} f(x,y)\,\mathrm{d}y\,\mathrm{d}x$$

gehörige Normalbereich, $O(B,f)$ *die zu* B *und* $f(x,y)$ *gehörige Ordinaten-*
menge, so gilt für das Volumen V *von* $O(B,f)$:

$$V = \int\limits_{x_1}^{x_2} \int\limits_{y_1(x)}^{y_2(x)} f(x,y)\,\mathrm{d}y\,\mathrm{d}x. \tag{1.5}$$

(Voraussetzungen: $f(x,y) \geq 0$ *für alle* $(x,y) \in B$, $f(x,y)$ *stetig auf* B.*)*

Zum Beweis von Satz 1.3 verwenden wir das Prinzip von Cavalieri (s.[PFS]). Ist
x irgendein zwischen x_1 und x_2 gelegener Wert, so ist

$$q(x) = \int\limits_{y_1(x)}^{y_2(x)} f(x,y)\,\mathrm{d}y$$

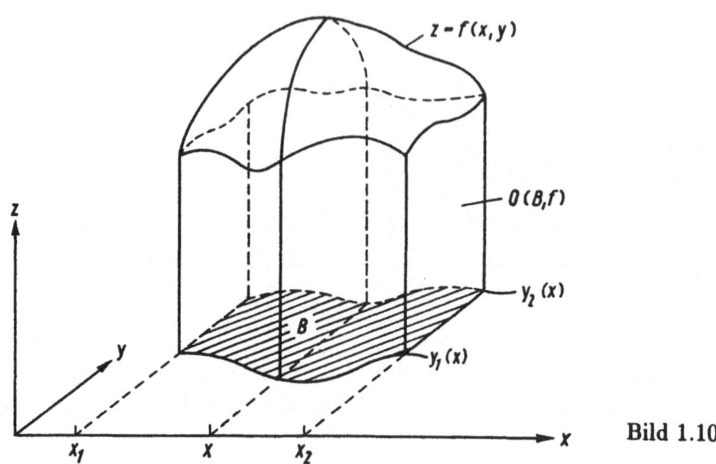

Bild 1.10

der Flächeninhalt der durch die Ebene E_x aus $O(B, f)$ ausgeschnittenen Fläche. E_x ist die durch den Punkt $(x, 0, 0)$ gehende und parallel zur y, z-Ebene verlaufende Ebene. Für das Volumen V von $O(B, f)$ gilt dann (vgl. [PFS, Kap. 10])

$$V = \int\limits_{x_1}^{x_2} q(x)\,\mathrm{d}x = \int\limits_{x_1}^{x_2} \int\limits_{y_1(x)}^{y_2(x)} f(x, y)\,\mathrm{d}y\,\mathrm{d}x.$$

Die Voraussetzung für Satz 10.20 – $q(x)$ stetig – ist wegen der Stetigkeit der Funktionen $y_1(x)$, $y_2(x)$, $f(x, y)$ erfüllt (vgl. Satz 1.1).

Beispiel 1.8 Von dem durch die Flächen $z = 0$, $y = 0$, $x = 0$, $3x + 4y = 12$, $z = x^2 + y^2$ begrenzten räumlichen Bereich B^* berechne man das Volumen V.

Wir verschaffen uns zunächst eine anschauliche Vorstellung von dem räumlichen Bereich B^*: Er wird „nach unten" von der x, y-Ebene ($z = 0$), „seitlich" durch die drei auf der x, y-Ebene senkrecht stehenden Ebenen $y = 0$ (die x, z-Ebene), $x = 0$ (die y, z-Ebene), $3x + 4y = 12$ und „nach oben" durch das Rotationsparaboloid $z = x^2 + y^2$ begrenzt. (Das Rotationsparaboloid entsteht durch Rotation der in der x, z-Ebene gelegenen Parabel $z = x^2$ um die z-Achse.) Der räumliche Bereich B^* ist also eine Ordinatenmenge $O(B, f)$ mit dem Normalbereich $B = \{(x, y)\,|\,0 \le x \le 4,\ 0 \le y \le 3 - \frac{3}{4}x\}$ (s. Bild 1.11) und der Fläche $z = f(x, y) = x^2 + y^2$. Bild 1.12 liefert eine anschauliche Vorstellung vom räumlichen Bereich B^*. Der ebene Bereich B ist der Grundriß des räumlichen Bereiches B^*! Nach Satz 1.3 ergibt sich für das Volumen V von B^* das folgende

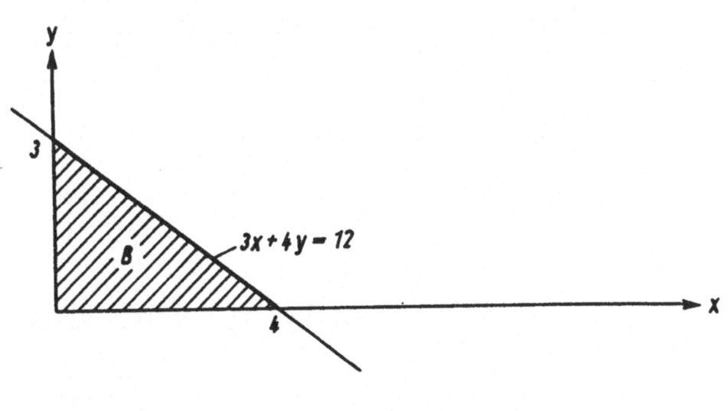

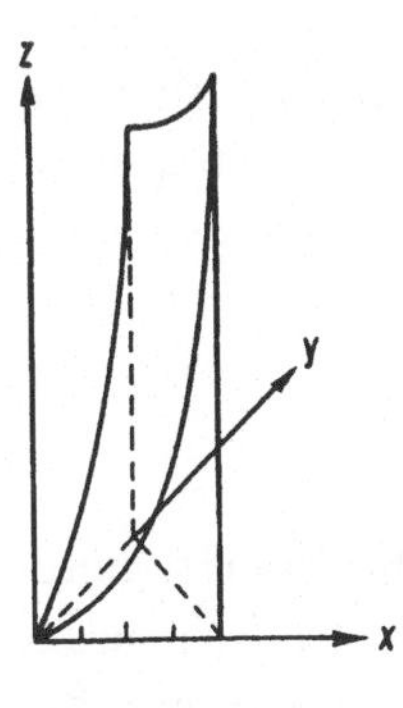

Bild 1.11   Bild 1.12

Doppelintegral:

$$V = \int\limits_0^4 \int\limits_0^{3-\frac{3}{4}x} (x^2 + y^2)\,\mathrm{d}y\,\mathrm{d}x.$$

Für das innere Integral erhält man:

$$\left[x^2 y + \frac{1}{3}y^3\right]_{y=0}^{y=3-\frac{3}{4}x} = 9 - \frac{27}{4}x + \frac{75}{16}x^2 - \frac{57}{64}x^3.$$

Also ist

$$V = \left[9x - \frac{27}{8}x^2 + \frac{25}{16}x^3 - \frac{57}{256}x^4\right]_0^4 = 25.$$

Aufgabe 1.3 Von dem durch die Flächen $z = 0$, $y = 0$, $x = 0$, $x+y = 3$ sowie $z = -x-2y+6$ begrenzten räumlichen Bereich B^* berechne man das Volumen V. (Man skizziere B^*!)

Aufgabe 1.4 Zu berechnen ist das Volumen des (im ersten Oktanten des x, y, z-Raumes gelegenen) Körpers B^*, der nach unten durch die x, y-Ebene, nach oben durch die Sattelfläche $z = xy$ und seitlich durch die Kreiszylinderfläche $(x-3)^2 + (y-4)^2 = 4$ begrenzt wird. (Man zeichne den Grundriß B von B^*!) (1. Oktant: Menge aller Punkte (x, y, z) mit $x \geq 0$, $y \geq 0$, $z \geq 0$.)

1.4   Uneigentliche Parameterintegrale

Bei den „gewöhnlichen" Integralen werden uneigentliche Integrale behandelt (s. z.B. [PFS, Kap. 11]): a) uneigentliche Integrale mit wenigstens einer unendlichen Grenze, b) uneigentliche Integrale mit nichtbeschränkter Funktion. (Natürlich können auch „gemischte" uneigentliche Integrale auftreten, die sowohl bezüglich einer Grenze als auch der Funktion (nichtbeschränkt!) uneigentlich sind.) Beim Übergang von uneigentlichen Integralen zu uneigentlichen

Parameterintegralen betrachten wir von den vielen Typen, die es bei uneigentlichen Integralen gibt, hier nur den Typ

$$\int\limits_{a}^{\infty} f(x)\,dx\,.$$

Die Übertragung der Problematik auf die anderen Typen bereitet keine prinzipiellen Schwierigkeiten.

Wenn nun bei dem hier vorgegebenen uneigentlichen Integral der Integrand noch von einer anderen veränderlichen (von x unabhängigen) Größe y abhängt – man spricht dann in diesem Zusammenhang vom P a r a m e t e r y –, so erhält man ein uneigentliches Integral der Form

$$\int\limits_{a}^{\infty} f(x,y)\,dx,$$

ein sogenanntes uneigentliches Parameterintegral (mit dem Parameter y). Allgemein definiert man:

Definition 1.5 *Ein* u n e i g e n t l i c h e s P a r a m e t e r i n t e g r a l *ist ein uneigentliches Integral, dessen Integrand neben der Integrationsvariablen x noch von einem Parameter y abhängt.*

Bemerkung 1.4 Uneigentliche Parameterintegrale begegnen uns vor allem bei Integraltransformationen. In der Elektro- und Regelungstechnik benutzt man z.B. die Laplace-Transformation. Bei dieser Transformation wird jeder Funktion $f(t)$, $0 \le t < \infty$ durch ein uneigentliches Parameterintegral (mit dem Parameter p) eine neue Funktion $F(p)$ zugeordnet:

$$F(p) = \int\limits_{0}^{\infty} e^{-pt} f(t)\,dt.$$

Das Produkt $e^{-pt} f(t)$ ist eine Funktion von t und p; wir schreiben $e^{-pt} f(t) = \varphi(t,p)$. Für die Bildfunktion $F(p)$ gilt also

$$F(p) = \int\limits_{0}^{\infty} \varphi(t,p)\,dt.$$

Die Bildfunktion $F(p)$ heißt die „Laplace-Transformierte" der Originalfunktion $f(t)$.

Bei oberflächlicher Betrachtung der Definition 1.5 könnte man der Meinung sein, daß sich bei einem uneigentlichen Parameterintegral $\int_a^\infty f(x,y)\,dx$ gegenüber dem „eigentlichen" Parameterintegral $\int_a^b f(x,y)\,dx$ (s. Abschnitt 1.2) keine wesentlich neuen Gesichtspunkte ergeben. Das ist aber leider nicht der Fall! In Rahmen dieses Buches können wir aber keineswegs alle mit uneigentlichen Parameterintegralen zusammenhängenden Fragen untersuchen. Wir verdeutlichen in dem folgenden Beispiel 1.9 ausführlich die zwischen dem eigentlichen und uneigentlichen Parameterintegral bestehenden Unterschiede. Im übrigen beschränken wir uns auf die Darstellung einiger wichtiger Aussagen bezüglich Stetigkeit, Differenzierbarkeit und Integrierbarkeit von Funktionen, die durch ein uneigentliches Integral dargestellt werden. Weiterführende Betrachtungen, alle Beweise und sehr viele Beispiele über uneigentliche Parameterintegrale findet man in [FHZ, Bd. 2]. In diesem Zusammenhang möchten wir auch auf [BHW, Bd. 3] und [DEL, Bd. 2] verweisen.

Betrachten wir zunächst das den beiden Integralen

$$\int\limits_a^b f(x,y)\,dx = G(y) \tag{1.6}$$

und

$$\int\limits_a^\infty f(x,y)\,dx = F(y) \tag{1.7}$$

Gemeinsame: Wenn das Integral (1.6) bzw. (1.7) für alle y aus einem Intervall J existiert, so stellt es eine Funktion $G(y)$ bzw. $F(y)$ dar, die mindestens für alle $y \in J$ definiert ist. Man sagt, daß $G(y)$ eine durch ein eigentliches Integral, $F(y)$ eine durch ein uneigentliches Integral dargestellte Funktion ist.

Existenz (Konvergenz) des Integrals (1.7) für alle $y \in J$ heißt nach Definition der uneigentlichen Integrale: Für jedes $y \in J$ existiert der Grenzwert

$$\lim_{A\to\infty} \int\limits_a^A f(x,y)\,dx.$$

Der wesentliche Unterschied zwischen den Integralen (1.6) und (1.7) liegt in den folgenden Aussagen begründet:

Ist die Funktion $f(x,y)$ auf dem Bereich $D = \{(x,y)\,|\,a \leq x \leq b,\, y \in J\}$ stetig, so ist die durch das eigentliche Integral (1.6) dargestellte Funktion $G(y)$

stetig (vergleiche Satz 1.1 in Abschnitt 1.2). Die hierzu analoge Aussage gilt für die durch das uneigentliche Integral (1.7) dargestellte Funktion $F(y)$ im allgemeinen nicht! Es kann also vorkommen, daß das Integral $\int_a^\infty f(x,y)\,dx$ $(= F(y))$ für jedes $y \in J$ existiert (konvergiert), $f(x,y)$ auf dem Bereich $B = \{(x,y) \mid a \le x < \infty,\ y \in J\}$ stetig ist und trotzdem die durch das uneigentliche Integral (1.7) dargestellte Funktion $F(y)$ auf J unstetig sein kann. Hierzu ein Beispiel.

Beispiel 1.9 Für welche y-Werte ist das uneigentliche Parameterintegral

$$F(y) = \int\limits_0^\infty \frac{\sin xy}{x}\,dx$$

definiert (konvergent), und welchen Wert hat es?

Bei der Beantwortung dieser Fragen setzen wir als bekannt voraus:

$$\int\limits_0^\infty \frac{\sin z}{z}\,dz = \frac{\pi}{2}. \tag{I}$$

$$f(x,y) = \begin{cases} \dfrac{\sin xy}{x} & \text{für} \quad \text{alle} \quad (x,y) \quad \text{mit} \quad x \ne 0, \\ y & \text{für} \quad \text{alle} \quad (x,y) \quad \text{mit} \quad x = 0 \end{cases} \tag{II}$$

ist eine auf der gesamten x, y-Ebene stetige Funktion.

Bemerkung zur Voraussetzung I: Der Nachweis der Existenz (Konvergenz) dieses uneigentlichen Integrals ist einfach (s. z.B. [MKN, Bd. 3] bzw. [FHZ, Bd. 2]. Dagegen ist die Berechnung dieses uneigentlichen Integrals schwierig; eine relativ übersichtliche Berechnung (unter Ausnutzung von Gesetzmäßigkeiten über unendliche Reihen) findet man in [FHZ, Bd. 2].

Bemerkung zur Voraussetzung II: Die Funktion $f(x,y)$ ist auf Grund allgemeiner Gesetzmäßigkeiten für Funktionen von mehreren Veränderlichen (s. [HRS]) in allen Punkten (x,y) mit $x \ne 0$ stetig. Für die restlichen Punkte $(0, y_0)$ (das sind alle Punkte der y-Achse) gilt:

$$\lim_{(x,y)\to(0,y_0)} \frac{\sin xy}{x} = y_0$$

(s. Aufgabe 1.5). Die Festlegung $f(0,y) = y$ ergibt auch für diese Punkte Stetigkeit.

Wir kommen nun zur Beantwortung der in Beispiel 1.9 gestellten Fragen. Für jeden festen y-Wert ist

$$\frac{\sin xy}{x} = \varphi(x)$$

eine für alle x-Werte erklärte stetige Funktion, wenn man für die „Unstetigkeitsstelle" $x = 0$ (Nenner gleich null!) nachträglich festlegt: $\varphi(0) = y$. Nach der l'Hospitalschen Regel gilt nämlich:

$$\lim_{x \to 0} \frac{\sin xy}{x} \quad \left(= \frac{0}{0} \right) = \lim_{x \to 0} \frac{(\cos xy)y}{1} = y.$$

Durch die Substitution $t = xy$, $dt = y\,dx$ (y konstant!) erhält man

$$\int\limits_0^\infty \frac{\sin xy}{x}\,dx = \int\limits_0^\infty \frac{\sin t}{t}\,dt \quad (*) \quad \text{bzw.} \quad \int\limits_0^\infty \frac{\sin xy}{x}\,dx = \int\limits_0^{-\infty} \frac{\sin t}{t}\,dt \quad (**),$$

je nachdem, ob $y > 0$ oder $y < 0$ ist. Das Integral $(**)$ kann man wie folgt umformen:

$$\int\limits_0^{-\infty} \frac{\sin(-t)}{-t}\,dt = -\int\limits_0^\infty \frac{\sin \tau}{\tau}\,d\tau \quad (\text{Substitution:} \quad \tau = -t).$$

In Falle $y = 0$ ist

$$\int\limits_0^\infty \frac{\sin xy}{x}\,dx = 0 \quad (***).$$

Unter Berücksichtigung der Voraussetzung I folgt aus den Feststellungen $(*)$, $(**)$ und $(***)$:
$F(y)$ existiert für jedes y, und es gilt

$$F(y) = \int\limits_0^\infty \frac{\sin xy}{x}\,dx = \begin{cases} -\frac{\pi}{2} & f\ddot{u}r \quad y < 0, \\ 0 & f\ddot{u}r \quad y = 0, \\ \frac{\pi}{2} & f\ddot{u}r \quad y > 0 \end{cases}$$

(s. Bild 1.13).

Fassen wir die Ergebnisse zusammen: Obwohl das $F(y)$ darstellende uneigentliche Integral für alle y existiert (konvergiert) und der Integrand $\frac{\sin xy}{x}$ auf dem entsprechenden Bereich $B = \{(x,y)\,|\,0 \le x < \infty,\ -\infty < y < \infty\}$ stetig ist, ist $F(y)$ unstetig. Um zu garantieren, daß eine durch $\int_a^\infty f(x,y)\,dx$ dargestellte Funktion $F(y)$ auf dem Intervall J stetig ist, muß man neben der Stetigkeit der Funktion $f(x,y)$ auf dem Bereich $B = \{(x,y)\,|\,a \le x < \infty,\ y \in J\}$ die sogenannte gleichmäßige Konvergenz des uneigentlichen Parameterintegrals auf J voraussetzen. Auf diesen Begriff werden wir jetzt eingehen! Zuvor soll aber noch eine Aufgabe formuliert werden, auf die wir im Beispiel 1.9 bereits hingewiesen haben.

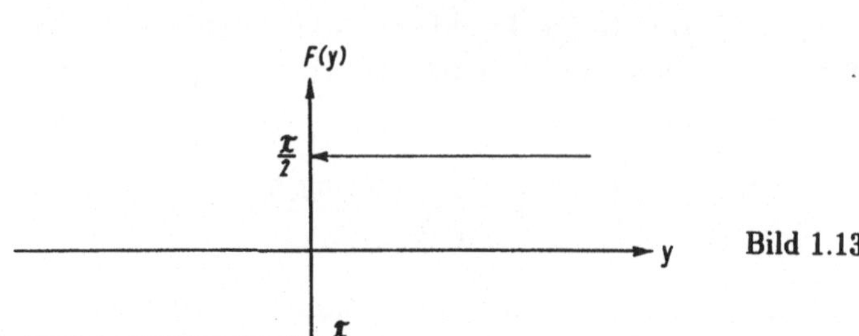

Bild 1.13

Aufgabe 1.5 Man beweise, daß für jede durch den Punkt $(0, y_0)$ gehende differenzierbare Kurve $y = f(x)$ gilt

$$\lim_{x \to 0} \frac{\sin(x f(x))}{x} = y_0.$$

Ist damit die Aussage

$$\lim_{(x,y) \to (0,y_0)} \frac{\sin xy}{x} = y_0$$

bewiesen?

Definition 1.6 *Das uneigentliche Parameterintegral*

$$F(y) = \int\limits_{a}^{\infty} f(x, y)\, \mathrm{d}x$$

heißt g l e i c h m ä ß i g   k o n v e r g e n t   a u f   d e m   I n t e r v a l l *J, wenn es*
a) *für jedes $y \in J$ existiert (konvergiert) und*
b) *zu jedem (noch so kleinen) $\epsilon > 0$ eine von y unabhängige Zahl $B(> a)$ existiert, so daß die Ungleichung*

$$\left| \int\limits_{A}^{\infty} f(x, y)\, \mathrm{d}x \right| < \epsilon$$

für alle $y \in J$ erfüllt ist, wenn $A > B$ ist.

Erläuterung zu Definition 1.6: Für jedes feste $y \in J$ ist $f(x,y)$ eine Funktion von x, für welche das Integral $\int_a^\infty f(x,y)\,\mathrm{d}x$ existiert (s. Bild 1.14). Das „Restintegral"

$$\int\limits_{A}^{\infty} f(x,y)\,\mathrm{d}x = \int\limits_{a}^{\infty} f(x,y)\,\mathrm{d}x - \int\limits_{a}^{A} f(x,y)\,\mathrm{d}x$$

kann für alle $y \in J$ absolut genommen beliebig klein gemacht werden, wenn nur A rechts von einem hinreichend groß gewähltem B liegt. (Wenn bei vorgegebenen y die Funktion $f(x,y) \geq 0$ ist für alle x, so liefert der Flächeninhalt des in Bild 1.14 schraffiert eingezeichneten Bereiches den Wert des zu A gehörigen Restintegrals.)

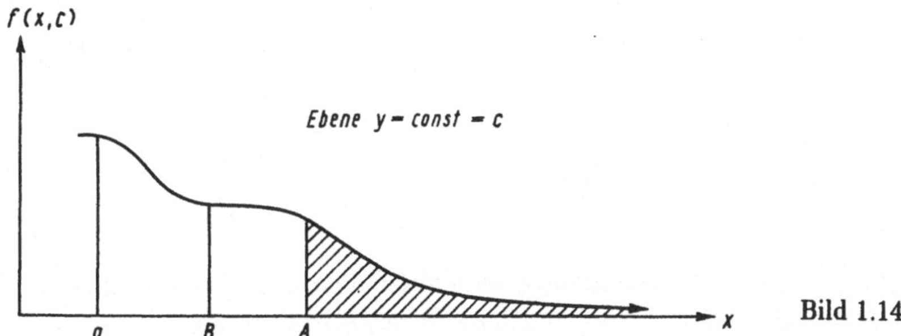

Bild 1.14

Unter der Voraussetzung der gleichmäßigen Konvergenz gelten für die durch ein uneigentliches Integral dargestellte Funktion $F(y)$ die folgenden Sätze bezüglich Stetigkeit, Integrierbarkeit und Differenzierbarkeit.

Satz 1.4 *Ist das Integral*

$$F(y) = \int\limits_{a}^{\infty} f(x,y)\,\mathrm{d}x$$

gleichmäßig konvergent auf dem Intervall J, die Funktion $f(x,y)$ stetig auf dem Bereich $B = \{(x,y)\,|\,x \geq a,\, y \in J\}$, so ist $F(y)$ stetig auf J.

Satz 1.5 *Wenn die in Satz 1.4 angegebenen Voraussetzungen erfüllt sind, ist $F(y)$ auf jedem in J enthaltenen Intervall $[c,d]$ integrierbar, und es gilt*

$$\int\limits_{c}^{d} F(y)\,\mathrm{d}y = \int\limits_{c}^{d}\left(\int\limits_{a}^{\infty} f(x,y)\,\mathrm{d}x\right)\mathrm{d}y = \int\limits_{a}^{\infty}\left(\int\limits_{c}^{d} f(x,y)\,\mathrm{d}y\right)\mathrm{d}x.$$

Bemerkung zu Satz 1.5: Die Integrierbarkeit von $F(y)$ ist schon durch Satz 1.4

gesichert, weil aus der Stetigkeit die Integrierbarkeit der Funktion folgt. Die eigentliche Aussage des Satzes 1.5 besteht in der Möglichkeit, die Reihenfolge der Integration auch bei einem uneigentlichen Parameterintegral zu vertauschen. Satz 1.5 kann in diesem Sinne als eine Verallgemeinerung des Satzes 1.2 angesehen werden.

Satz 1.6   *Die Funktionen $f(x,y)$ und $f_y(x,y)$ seien auf dem Bereich $B = \{(x,y)\,|\,x \geq a, y \in J\}$ stetig. Außerdem existiere (konvergiere) das uneigentliche Parameterintegral $\int_a^\infty f(x,y)\,\mathrm{d}x$ für alle $y \in J$, und das uneigentliche Parameterintegral $\int_a^\infty f_y(x,y)\,\mathrm{d}x$ konvergiere gleichmäßig auf J. Unter diesen Voraussetzungen ist $F(y)$ für jedes $y \in J$ differenzierbar, und es gilt*

$$\frac{\mathrm{d}}{\mathrm{d}y}F(y) = \frac{\mathrm{d}}{\mathrm{d}y}\int_a^\infty f(x,y)\,\mathrm{d}x = \int_a^\infty f_y(x,y)\,\mathrm{d}x. \tag{1.8}$$

Bemerkung zu Satz 1.6: Die angegebene Formel ist eine Erweiterung der Formel (1.4) in Abschnitt 1.2 auf uneigentliche Parameterintegrale.

1.5   Die Gammafunktion

Ein wichtiges Beispiel für eine durch ein uneigentliches Integral dargestellte Funktion ist die sogenannte Gammafunktion, auf die man durch folgende Fragestellung geführt wurde: Das Zeichen $n!$ (n-Fakultät) ist bekanntlich nur für die nichtnegativen ganzen Zahlen erklärt. Bei der Suche nach einer stetigen Funktion $f(x)$, die für alle reellen positiven x-Werte erklärt ist und für ganzzahlige positive Werte $x = n$ mit $n!$ übereinstimmt – d.h. $f(n) = n!$ für jede positive ganze Zahl n –, wurde man auf die folgende Funktion $\Gamma(x)$ geführt:

$$\Gamma(x) = \int_0^\infty \mathrm{e}^{-t}t^{x-1}\,\mathrm{d}t. \tag{1.9}$$

Definition 1.7   *Die durch das uneigentliche Parameterintegral (1.9) dargestellte Funktion heißt   E u l e r s c h e   G a m m a f u n k t i o n* [1] *(Γ-Funktion).*

---

[1] LEONHARD EULER (1707 - 1783).

(Hinweis: Die Funktion $f(t,x) = e^{-t}t^{x-1}$ wird nach t integriert, x ist der Parameter; s. Definition 1.5.)

Das in Definition 1.7 betrachtete Integral ist in doppelter Hinsicht uneigentlich; es gehört sowohl zu den uneigentlichen Integralen mit unendlichen Grenzen (obere Grenze gleich ∞) als auch zu den uneigentlichen Integralen mit nichtbeschränkter Funktion (der Integrand besitzt eine Unendlichkeitsstelle[1]) bei $t = 0$, falls $0 < x < 1$ gilt). Bei der Untersuchung eines solchen „doppelt" uneigentlichen Integrals erfolgt eine Aufspaltung in zwei „einfache" uneigentliche Integrale:

$$J = \int_0^\infty e^{-t}t^{x-1}\,\mathrm{d}t = J_1 + J_2 = \int_0^1 e^{-t}t^{x-1}\,\mathrm{d}t + \int_1^\infty e^{-t}t^{x-1}\,\mathrm{d}t.$$

J_1 ist ein uneigentliches Parameterintegral mit nicht beschränkter Funktion. J_2 gehört zu dem in 1.4 behandelten Typ. Der Nachweis, daß das Ausgangsintegral J eine bestimmte Eigenschaft hat – z.B. gleichmäßig konvergent zu sein –, wird dadurch erbracht, daß man die betreffende Eigenschaft getrennt für die Integrale J_1 und J_2 nachweist. Anwendung dieses Gedankenganges auf das bei der Gammafunktion auftretende uneigentliche Parameterintegral liefert die folgende Aussage über die Existenz und Differenzierbarkeit der Gammafunktion $\Gamma(x)$. Einen ausführlichen Beweis findet man in [FHZ, Bd. 2] bzw. [MKN, Bd. 3]. Auf die zum Beweis erforderlichen Untersuchungen der Konvergenz bzw. der gleichmäßigen Konvergenz der auftretenden uneigentlichen Parameterintegrale wollen wir hier nicht eingehen. Wir wollen nur die Anwendung der Formel (1.8) auf das uneigentliche Parameterintegral (1.9) näher betrachten. Für $\Gamma'(x)$ ergibt sich:

$$\begin{aligned}
\Gamma'(x) &= \frac{\mathrm{d}}{\mathrm{d}x}\Gamma(x) = \frac{\mathrm{d}}{\mathrm{d}x}\int_0^\infty f(t,x)\,\mathrm{d}t = \int_0^\infty f_x(t,x)\,\mathrm{d}t \\
&= \int_0^\infty \left(e^{-t}t^{x-1}\right)_x\,\mathrm{d}t = \int_0^\infty e^{-t}t^{x-1}\ln t\,\mathrm{d}t.
\end{aligned}$$

(Man beachte die Differentiationsregel $(a^x)' = a^x \ln a$.)

---

[1]) Wegen $0 < x < 1$ ist $1 - x > 0$. Also gilt $\lim\limits_{t\to+0} e^{-t}t^{x-1} = \lim\limits_{t\to+0} \dfrac{e^{-t}}{t^{1-x}} = \infty$.

Satz 1.7 *Die in Definition 1.7 eingeführte Gammafunktion $\Gamma(x)$ ist für alle $x > 0$ definiert und differenzierbar. Für die erste Ableitung von*

$$\Gamma(x) = \int\limits_0^\infty e^{-t} t^{x-1}\, dt$$

gilt

$$\Gamma'(x) = \int\limits_0^\infty e^{-t} t^{x-1} \ln t\, dt.$$

Wir kommen nun zu zwei für die Gammafunktion besonders wichtigen Eigenschaften.

Satz 1.8 a) *Für jede positive Zahl x gilt*
$$\Gamma(x+1) = x \cdot \Gamma(x),$$
F u n k t i o n a l g l e i c h u n g   d e r Γ - F u n k t i o n .
b) *Für jede nichtnegative ganze Zahl n gilt $\Gamma(n+1) = n!$*

Beweis: a) Durch partielle Integration ergibt sich zunächst

$$\int e^{-t} t^{x-1}\, dt = \frac{t^x}{x} e^{-t} + \int \frac{t^x}{x} e^{-t}\, dt.$$

Hieraus folgt

$$\Gamma(x) = \int\limits_0^\infty e^{-t} t^{x-1}\, dt = \frac{t^x}{x} e^{-t} \bigg|_{t=0}^{t=\infty} + \frac{1}{x} \int\limits_0^\infty t^x e^{-t}\, dt = 0 + \frac{1}{x} \Gamma(x+1).$$

(Hinweis: Mit Hilfe der l'Hospitalschen Regel kann man leicht zeigen, daß $\lim\limits_{t\to\infty} \frac{t^x}{e^t} = 0$ ist.)

b) Aus $\Gamma(1) = \int_0^\infty e^{-t}\, dt = [-e^{-t}]_0^\infty = 1$ und $\Gamma(n+1) = n \cdot \Gamma(n)$ für alle $n = 1, 2, \ldots$ (vgl. a)) folgt: $\Gamma(2) = 1 = 1!$, $\Gamma(3) = 2 \cdot \Gamma(2) = 2!$, $\Gamma(4) = 3 \cdot \Gamma(3) = 3!$, $\ldots$, allgemein: $\Gamma(n+1) = n!$

Bemerkung 1.5 Mit Hilfe der Gammafunktion $\Gamma(x)$, bei der $\Gamma(n) = (n-1)!$ für alle $n = 1, 2, \ldots$ gilt, kann man sofort eine Funktion $\Gamma^*(x)$ konstruieren, für welche die Gleichung $\Gamma^*(n) = n!$ für alle $n = 1, 2, \ldots$ erfüllt ist. Für $\Gamma^*(x) := x \cdot \Gamma(x)$ gilt $\Gamma^*(n) = n \cdot \Gamma(n) = n \cdot (n-1)! = n!$ Die Funktion $\Gamma^*(x) = \Gamma(x+1)$

kann also als eine natürliche Verallgemeinerung der Funktion $n!$ (n-Fakultät), die nur für nichtnegative ganze Zahlen definiert ist, angesehen werden. Beim praktischen Rechnen mit der Gammafunktion wird man sich auf vorliegende Tabellen stützen. Eine kleine, aber für viele Fälle schon ausreichende Tabelle der Gammafunktion findet man in [BSE].

Aufgabe 1.6   Aus der Tabelle der Gammafunktion entnehmen wir die folgenden Werte

x	1,0	1,1	1,2	1,3	1,4	1,5	1,6	1,7	1,8	1,9	2,0
$\Gamma(x)$	1,000	0,951	0,918	0,897	0,887	0,886	0,893	0,909	0,931	0,962	1,000

Mit Hilfe der in Satz 1.9 angegebenen Funktionalgleichung der Gammafunktion berechne man $\Gamma(x)$ für $x = 0,1; 0,2; \ldots; 0,9$ und $x = 2,1; 2,2; \ldots; 3,0$. Welchen Verlauf nimmt $\Gamma(x)$?

2 Integrale über ebene Bereiche

2.1 Der Begriff des Bereichsintegrals

Wir erinnern zunächst an das bestimmte Integral der Funktion $f(x)$ über dem
Intervall $[a, b]$:

$$\int\limits_a^b f(x)\,\mathrm{d}x.$$

Der Integrationsbereich ist hier ein Intervall $[a, b]$ auf der x-Achse, der Integrand
eine Funktion $f(x)$ einer Variablen. Wie in der Einleitung bereits skizziert,
gibt es nun viele Möglichkeiten, diesen Integralbegriff auf mehrdimensionale
Bereiche zu erweitern. Wenn man zum Beispiel an Stelle eines eindimensionalen
Bereiches $[a, b] \subset \mathbb{R}^1$ und einer Funktion $f(x)$ von einer Variablen einen ebenen
Bereich $B \subset \mathbb{R}^2$ und eine Funktion $f(x, y)$ von zwei Variablen wählt, so führt
der beim bestimmten Integral kennengelernte Gedankengang zum Begriff des
(ebenen) Bereichsintegrals.

Unter dem Integrationsbereich B eines Bereichsintegrals stellen wir uns anschaulich eine Teilmenge einer gewissen Ebene E vor. Führt man in der Ebene
E ein rechtwinklig-kartesisches x, y-Koordinatensystem ein, so ist die Sprechweise üblich, daß B ein Bereich in der x, y-Ebene ist. Die Schreibweise $P(x, y)$
bedeutet dann, daß der Punkt $P \in E$ bezüglich des eingeführten Koordinatensystems die Koordinaten x, y besitzt. Ein derartiges Koordinatensystem liefert
also eine umkehrbar eindeutige Abbildung von E auf $\mathbb{R}^2$: jedem $P \in E$ wird
eineindeutig zugeordnet $(x, y) \in \mathbb{R}^2$.

Mit dem Bereichsintegral und seinen Anwendungen werden wir uns in diesem Abschnitt beschäftigen. Wir beginnen mit der Zusammenstellung derjenigen Begriffe, die man bei der Definition des Bereichsintegrals benötigt. Dabei
werden wir solche Begriffe, wie z.B. „Abstand zweier Punkte", „Flächeninhalt
eines ebenen Bereiches", „Randpunkte einer Menge", als anschaulich gegeben
ansehen und nicht weiter erläutern.

Definition 2.1 *B sei ein ebener Bereich. Ein System von (endlich vielen)
Teilmengen B_1, B_2, ..., B_n von B nennt man eine* Z e r l e g u n g *von B,
wenn die Vereinigung der Teilmengen B_i $(i = 1, 2, \ldots, n)$ den Bereich B
ergibt und je zwei verschiedene Teilmengen B_i, B_k höchstens Randpunkte
gemein haben (s. Bild 2.1).*

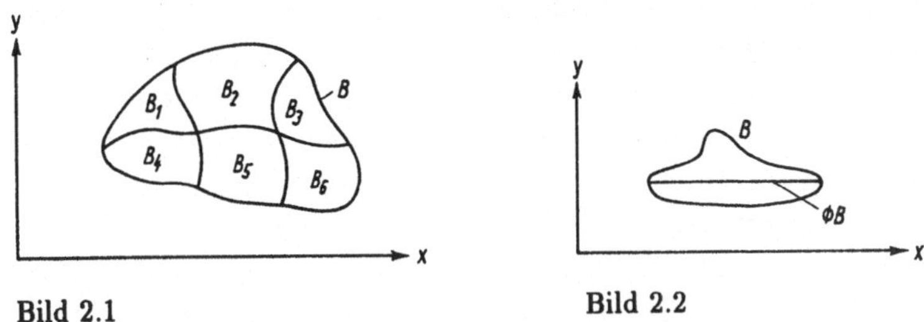

Bild 2.1   Bild 2.2

Definition 2.2   *B sei ein ebener, beschränkter Bereich.   Unter dem* **Durchmesser** *von B – in Zeichen $\emptyset B$ – versteht man die obere Grenze der Abstände $\overline{XY}$ je zweier Punkte $X \in B, Y \in B$ (s. Bild 2.2).*

Der Durchmesser von B ist also – anschaulich gesehen – die größte Ausdehnung von B. Anstelle von obere Grenze (= kleinste obere Schranke) ist auch die Bezeichnung *Supremum* (Abkürzung sup) gebräuchlich. Für den Durchmesser von B kann man daher schreiben:

$$\emptyset B = \sup_{X \in B, Y \in B} \overline{XY}.$$

Definition 2.3   *$Z = \{B_1, B_2, \ldots, B_n\}$ sei eine Zerlegung von B.*

$$\delta := \max_{i=1,\ldots,n} \emptyset B_i$$

nennt man das **Feinheitsmaß** *der Zerlegung Z. Eine Folge von Zerlegungen $Z_1, Z_2, \ldots$ des Bereiches B heißt eine Folge von unbegrenzt feiner werdenden Zerlegungen von B, wenn die entsprechenden Feinheitsmaße $\delta_1, \delta_2, \ldots$ gegen null streben, d. h. wenn*

$$\lim_{n \to \infty} \delta_n = 0.$$

Die Definition des Bereichsintegrals erfolgt nun in völliger Analogie zu der des bestimmten Integrals. (Man vergleiche die entsprechenden Ausführungen in [PFS, Abschnitt 10.1]).

Vorgegeben sind ein ebener Bereich B und eine reellwertige Funktion $f(P)$, die mindestens für alle Punkte $P \in B$ definiert ist. B bzw. $f(P)$ spielen beim Bereichsintegral die Rolle des Integrationsbereiches bzw. des Integranden. In der Regel stelle man sich unter B einen Bereich in der x,y-Ebene vor; an Stelle von $f(P)$ wird dann $f(x,y)$ geschrieben. In diesem Sinne ist $f(P) = f(x,y)$ eine auf $B \subset \mathbb{R}^2$ definierte reellwertige Funktion der beiden Variablen x und y. Vor allem auch in Hinblick auf die Anwendungen werden wir bei der Definition und allgemeinen Darstellungen für den Integranden immer die neutrale, vom Koordinatensystem unabhängige Schreibweise $f(P)$ benutzen. $f(P)$ ist eine auf B definierte s k a l a r e   P u n k t f u n k t i o n: jedem Punkt $P \in B$ wird eine reelle Zahl (ein Skalar) $f(P)$ zugeordnet. Skalare Punktfunktionen (skalare Felder) werden ausführlich in [HRS] behandelt. Ein einfaches Beispiel für ein ebenes skalares Feld erhält man, wenn ein ebener Bereich B mit einer bestimmten Massenbelegung versehen wird. Jeder Punkt $P \in B$ hat dann eine bestimmte Flächendichte $\varrho = \varrho(P)$. Das heißt: $\varrho(P)$ ist eine skalare Punktfunktion.

Für den Integrationsbereich B und den Integranden $f(P)$ sollen folgende Voraussetzungen erfüllt sein:

a) B ist ein beschränkter, abgeschlossener und meßbarer ebener Bereich,

b) $f(P)$ ist eine auf B beschränkte reellwertige Funktion.

Die Begriffe „beschränkte Menge", „abgeschlossene Menge", „meßbare Menge" und „beschränkte Funktion" wurden in [SSZ], [PFS] und [HRS] ausführlich erläutert. Wir können uns daher an dieser Stelle mit einer anschaulichen Interpretation dieser Begriffe begnügen. Eine Menge ist beschränkt, wenn ihr Durchmesser endlich ist (sie dehnt sich in keiner Richtung bis ins Unendliche aus). Wenn eine Menge alle ihre Randpunkte enthält, so ist sie abgeschlossen. Von einer meßbaren Menge spricht man, wenn diese (ebene) Menge einen bestimmten Flächeninhalt hat (der mit elementargeometrischen Formeln oder bestimmten Integralen berechnet werden kann). Eine reellwertige Funktion heißt beschränkt, wenn der Wertebereich dieser Funktion eine beschränkte Menge ist. Bemerken möchten wir noch, daß man im $\mathbb{R}^n$ von einer „kompakten Menge" spricht, wenn diese Menge sowohl abgeschlossen als auch beschränkt ist.

Ausgangspunkt bei der Einführung des Bereichsintegrals ist die zu einer Zerlegung Z von B gehörige Integralsumme

$$S(Z) := \sum_{i=1}^{n} f(P_i)\,\Delta B_i. \tag{2.1}$$

Jede Integralsumme stellt eine Näherung des entsprechenden Bereichsintegrals dar; den genauen Wert des Bereichsintegrals erhält man, wenn man die Zerlegung Z immer feiner werden läßt. Präzisieren wir diese Bemerkungen!

Definition 2.4 *Sind $Z = \{B_1,\ldots,B_n\}$ eine Zerlegung von B, P_i ein beliebig gewählter Punkt aus B_i und ΔB_i der Flächeninhalt von B_i ($i = 1,\ldots,n$), so nennt man die Summe (2.1) die zu der Zerlegung Z gehörige* Integralsumme.

Anstelle von Integralsumme sagt man auch *Zwischensumme, Zerlegungssumme* oder *Riemann-Summe*. In Definition 2.4 muß natürlich vorausgesetzt werden, daß der Flächeninhalt $\Delta B_i\,(i = 1,\ldots,n)$ existiert, d.h. alle B_i meßbar sind.

$Z_1, Z_2,\ldots$ sei eine Folge unbegrenzt feiner werdender Zerlegungen von B, und $S(Z_1), S(Z_2),\ldots$ sei die zugehörige Folge der Integralsummen. Wenn nun diese Folge von Integralsummen gegen einen bestimmten Wert G konvergiert – und zwar unabhängig von der Wahl der Folge unbegrenzt feiner werdender Zerlegungen und unabhängig von der Wahl der zu der jeweiligen Zerlegung gehörigen Punkte P_i (s. Definition 2.4) –, so wollen wir diesen Grenzwert G mit dem Symbol

$$\lim_{\emptyset B_i \to 0} \sum_i f(P_i) \cdot \Delta B_i \tag{2.2}$$

bezeichnen. Damit haben wir schon das Bereichsintegral:

Definition 2.5 *$f(P)$ sei eine auf dem ebenen Bereich B definierte reellwertige Funktion. Unter dem* Bereichsintegral *der Funktion $f(P)$ über dem Bereich B versteht man den Grenzwert (2.2), und man bezeichnet es mit $\iint\limits_B f(P)\,\mathrm{d}b$. Es gilt also:*

$$\iint\limits_B f(P)\,\mathrm{d}b = \lim_{\emptyset B_i \to 0} \sum_i f(P_i) \cdot \Delta B_i. \tag{2.3}$$

Bemerkung 2.1 Anstelle von Bereichsintegral sagt man auch *Flächenintegral* bzw. *Gebietsintegral*. Die Bezeichnung (das Symbol) für das Bereichsintegral ist ebenfalls unterschiedlich. Am Ende des Abschnitts 2.3 werden wir ausführlich die unterschiedliche Bezeichnungsweise beim Bereichsintegral darstellen und die Gründe dafür angeben. Bezeichnungsfragen sind beim ebenen Bereichsintegral (aber auch beim Raumintegral, Kurvenintegral und Oberflächenintegral) deshalb von Wichtigkeit, weil in der Literatur die Bezeichnungen zum Teil sehr voneinander abweichen. Das betrifft vor allem auch die Schreibweise dieser Integrale in den Ingenieur- und Naturwissenschaften. – Für $\iint\limits_B f(P)\,\mathrm{d}b$ kann man natürlich $\iint_B f(x,y)\,db$ schreiben, falls B ein Bereich in der x,y-Ebene ist.

Wenn das Bereichsintegral der Funktion $f(P)$ über dem Bereich B existiert, so sagt man, die Funktion $f(P)$ ist über dem Bereich B (im Riemannschen Sinne) *integrierbar*.

Bevor wir auf die Fragen nach der Existenz und den Eigenschaften des Bereichsintegrals eingehen, wollen wir eine wichtige Anwendung kennenlernen.

In Satz 1.3 haben wir mit Hilfe des Prinzips von Cavalieri von einem speziellen räumlichen Bereich, der Ordinatenmenge $M = O(B, f)$, das Volumen V berechnet. Ausgangspunkt für die Berechnung des Volumens mit Hilfe des Prinzips von Cavalieri (vgl. [PFS, Kap. 10]) ist eine Zerlegung des räumlichen Bereiches M in „Scheiben". Im folgenden Beispiel soll das Volumen V von M nach einem anderen Prinzip berechnet werden. Man zerlegt den räumlichen Bereich M in zylindrische Säulen M_i und berechnet von diesen Säulen näherungsweise das Volumen V_i. Summation aller V_i ergibt eine Näherung für das gesuchte Volumen V von M. Den genauen Wert von V erhält man, indem man die Säulen immer „feiner" („dünner") werden läßt. Dieser Grenzprozeß führt dann automatisch auf ein Bereichsintegral.

Beispiel 2.1 B sei ein Bereich in der x,y-Ebene, auf dem eine nichtnegative Funktion $z = f(x,y) = f(P)$ definiert ist. Von der Ordinatenmenge $M = O(B, f)$ (s. Definition 1.4 und Bild 1.10) ermittle man mit Hilfe des eben beschriebenen Prinzips der Säulenzerlegung das Volumen V. (Von dem ebenen Bereich B wird nicht vorausgesetzt, daß es sich um einen Normalbereich im Sinne von Definition 1.1 handelt.)

Der ebene Bereich B wird in Teilmengen $B_1, B_2, \ldots, B_n$ zerlegt. Außerdem wird in jeder Teilmenge B_i ein Punkt P_i ausgewählt. Die Zerlegung von B bewirkt eine Zerlegung des räumlichen Bereiches M in zylindrische Säulen $S_1, S_2, \ldots, S_n$, wobei B_i der Grundriß von dem jeweiligen S_i ist (s. Bild 2.3). Für das Volumen V_i von S_i gilt: $V_i \approx \Delta B_i \cdot f(P_i)$, d.h., (Flächeninhalt von B_i) mal (Höhe der Säule in P_i). Hieraus folgt:

$$V = \sum_i V_i \approx \sum_i f(P_i)\,\Delta B_i.$$

Je feiner die Zerlegung von B ist, um so feiner ist auch die Zerlegung von M in Säulen. Den genauen Wert von V erhält man durch unbegrenzte Verfeinerung der Zerlegung von B, d.h.:

$$V = \lim_{\emptyset B_i \to 0} \sum_i f(P_i)\,\Delta B_i.$$

Damit haben wir nach Definition 2.5 das Schlußergebnis:

$$V = \iint_B f(P)\,\mathrm{d}b.$$

Wegen der Wichtigkeit fassen wir Fragestellung und Ergebnis noch einmal in einem Satz zusammen.

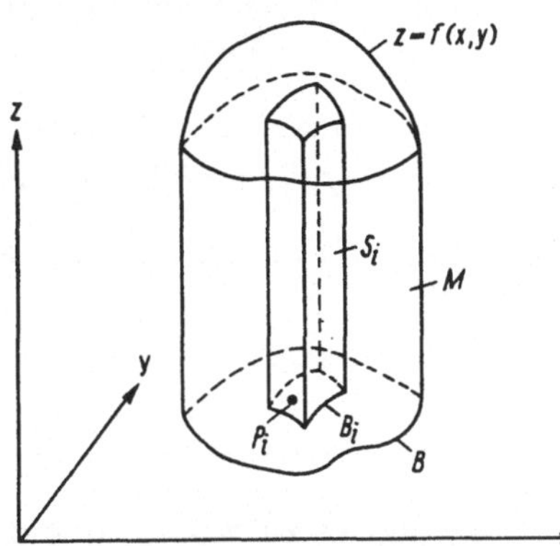

Bild 2.3

Satz 2.1 *Ist $z = f(x,y) = f(P)$ eine auf dem in der x,y-Ebene gelegenen Bereich B definierte nichtnegative Funktion, so kann man das Volumen $V = V_M$ der zu B und f gehörigen Ordinatenmenge M (s. Bild 2.3) durch ein Bereichsintegral berechnen. Es gilt*

$$V = \iint_B f(P)\,\mathrm{d}b. \tag{2.4}$$

Folgerung: Ist $f(P) \equiv 1$ für alle $P \in B$, so liefert

$$\iint_B f(P)\,\mathrm{d}b = \iint_B 1\,\mathrm{d}b = \iint_B \mathrm{d}b$$

das Volumen $V = V_{M_0}$ eines allgemeinen Zylinders M_0 mit der Grundfläche B und der Höhe $h = 1$. Wegen $V_{M_0} = A_B \cdot 1$ (Grundfläche mal Höhe) gilt für den Flächeninhalt $A = A_B$ des ebenen Bereiches B

$$A = \iint_B \mathrm{d}b \tag{2.5}$$

$$\left(\iint_B \mathrm{d}b \text{ ist eine Kurzschreibweise für } \iint_B 1\,\mathrm{d}b;\ f(P) \equiv 1 \right).$$

2.2   Existenz und Eigenschaften des Bereichsintegrals

Bei den in Beispiel 2.1 angestellten Überlegungen haben wir die Existenz des Bereichsintegrals $\iint_B f(P)\,db$, d.h. des Grenzwertes $\lim\limits_{\emptyset B \to 0} \sum\limits_i f(P_i)\,\Delta B_i$, als anschaulich gesichert angesehen. Der folgende Satz bestätigt, daß unter sehr allgemeinen Voraussetzungen – die bei den Anwendungen fast immer erfüllt sind – das Bereichsintegral existiert.

Satz 2.2 *Das Bereichintegral $\iint_B f(P)\,db$ existiert, falls bezüglich des ebenen Bereichs B und der auf B definierten Funktion $f(P)$ folgende Voraussetzungen erfüllt sind:*

a) B ist ein beschränkter, meßbarer und abgeschlossener Bereich,
b) $f(P)$ ist auf B stetig.

Für die uns interessierenden Anwendungen genügt es zu wissen, daß die Voraussetzung a) für jeden Normalbereich (s. Definition 1.1) und jeden aus endlich vielen Normalbereichen zusammengesetzten Bereich erfüllt ist. (Bild 2.4 zeigt einen Bereich B, der durch die Gerade $x = x_0$ in drei Normalbereiche B_1, B_2, B_3 bezüglich der x-Achse zerlegt wird.)

Aus der Definition 2.5 des Bereichsintegrals ergeben sich leicht einige wichtige Eigenschaften, die wir in einem Satz zusammenfassen wollen.

Satz 2.3 *Wenn für die im folgenden auftretenden Funktionen $(f(P), g(P))$ und Bereiche (B, B_1, B_2) die in Satz 2.2 genannten Voraussetzungen erfüllt sind, gilt:*

a) Für jede Konstante c ist $\iint_B c\,f(P)\,db = c \iint_B f(P)\,db$.

b) $\iint_B (f(P) + g(P))\,db = \iint_B f(P)\,db + \iint_B g(P)\,db$.

c) Ist $\{B_1, B_2\}$ eine Zerlegung von B, (s. Bild 2.5), so gilt:
$\iint_B f(P)\,db = \iint_{B_1} f(P)\,db + \iint_{B_2} f(P)\,db$.

d) (Mittelwertsatz für Bereichsintegrale) Es gibt einen Punkt $P_0 \in B$, so daß für den Flächeninhalt A von B gilt: $\iint_B f(P)\,db = f(P_0) \cdot A$.

Alle Beweise werden dadurch erbracht, daß man zunächst Integralsummen betrachtet und anschließend einen Grenzübergang durchführt. Als Beispiel geben wir eine Beweisskizze für die Aussage b) des Satzes 2.3:

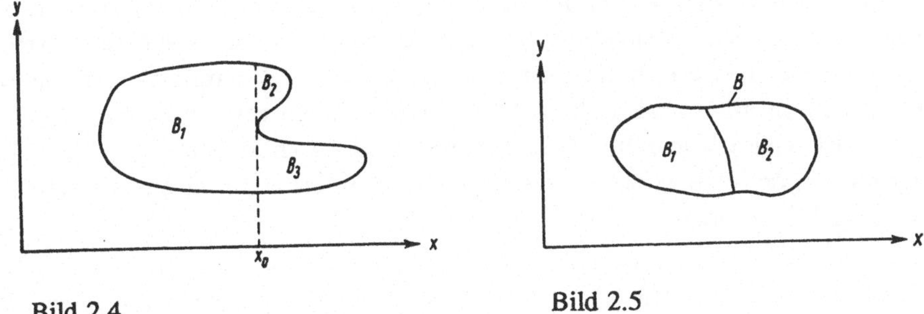

Bild 2.4   Bild 2.5

$$\iint\limits_{B} (f(P)+g(P))\, db \;=\; \lim_{\emptyset B\to 0}\sum_i (f(P_i)+g(P_i))\,\Delta B_i$$

$$=\; \lim_{\emptyset B\to 0}\left[\sum_i f(P_i)\,\Delta B_i + \sum_i g(P_i)\,\Delta B_i\right]$$

$$=\; \lim_{\emptyset B\to 0}\sum_i f(P_i)\,\Delta B_i + \lim_{\emptyset B\to 0}\sum_i g(P_i)\,\Delta B_i$$

$$=\; \iint\limits_{B} f(P)\, db + \iint\limits_{B} g(P)\, db \quad (\text{vgl. Definition 2.5}).$$

Auf die Aussage c) des Satzes 2.3 werden wir oft zurückgreifen. Vom geometrischen Standpunkt aus ist die in c) angegebene Gleichung im Falle $f(P)$ ≥ 0 (für alle $P \in B$) sofort einleuchtend; sie ist nach Satz 2.1 äquivalent mit Volumen von $O(B, f)$ = Volumen von $O(B_1, f)$ + Volumen von $O(B_2, f)$, d.h.: das Volumen der oberhalb von B gelegenen Ordinatenmenge ist die Summe aus den Volumina der oberhalb von B_1 und B_2 gelegenen Ordinatenmengen.

2.3 Berechnung von Bereichsintegralen mit Hilfe von zweifachen Integralen

Die Berechnung von Bereichsintegralen nach der in Definition 2.5 angegebenen Vorschrift

$$\iint\limits_{B} f(P)\, db = \lim_{\emptyset B_i\to 0}\sum_i f(P_i)\,\Delta B_i$$

ist so kompliziert, daß man damit schon bei einfachsten Beispielen große Schwierigkeiten zu überwinden hat. Definition 2.5 scheidet daher als eine praktisch brauchbare Berechnungsmethode aus. Im folgenden Satz lernen wir den Weg kennen, auf dem man auf einfache Weise den Wert eines Bereichsintegrals berechnen kann. Die Einschränkung, daß es sich bei dem Integrationbereich B um einen Normalbereich im Sinne von Definition 1.1 handeln muß, ist nicht wesentlich. In allen praktisch vorkommenden Fällen kann man den Bereich B in (endlich viele) Normalbereiche zerlegen und anschließend die in Satz 2.3 c) angegebene Zerlegungsformel anwenden. Kommen wir nun zur Formulierung dieses wichtigen Satzes.

Satz 2.4 *Ist $B = \{(x,y) \mid x_1 \leq x \leq x_2,\, y_1(x) \leq y \leq y_2(x)\}$ ein Normalbereich bezüglich der x-Achse (vgl. Def. 1.1) und $f(P) = f(x,y)$ eine auf B stetige Funktion, so gilt*

$$\iint\limits_{B} f(P)\,\mathrm{d}b = \int\limits_{x_1}^{x_2} \int\limits_{y_1(x)}^{y_2(x)} f(x,y)\,\mathrm{d}y\,\mathrm{d}x. \tag{2.6}$$

Ist $B = \{(x,y) \mid y_1 \leq y \leq y_2,\, x_1(y) \leq x \leq x_2(y)\}$ ein Normalbereich bezüglich der y-Achse (vgl. Def. 1.1) und $f(P) = f(x,y)$ eine auf B stetige Funktion, so gilt

$$\iint\limits_{B} f(P)\,\mathrm{d}b = \int\limits_{y_1}^{y_2} \int\limits_{x_1(y)}^{x_2(y)} f(x,y)\,\mathrm{d}x\,\mathrm{d}y. \tag{2.7}$$

Jedes Bereichsintegral kann also mit Hilfe eines zweifachen Integrals berechnet werden, falls der Integrationsbereich ein Normalbereich ist. Über zweifache Integrale haben wir ausführlich in Abschnitt 1.3 gesprochen; durch Satz 2.4 beherrschen wir damit auch die Berechnung von Bereichsintegralen. Einen Beweis für Satz 2.4 findet man z.B. in [MVA, Bd. 1]. Wir begnügen uns hier mit der Feststellung, daß unter den Voraussetzungen „$f(P) \geq 0 \quad \forall P \in B$" und „$B$ ist ein Normalbereich" der Satz sicher richtig ist, wie man durch einen Vergleich der Formeln (2.4) und (1.5) aus Abschnitt 2.1 bzw. 1.3 sofort sieht:

$$V = \iint\limits_{B} f(P)\,\mathrm{d}b \quad \text{und} \quad V = \int\limits_{x_1}^{x_2} \int\limits_{y_1(x)}^{y_2(x)} f(x,y)\,\mathrm{d}y\,\mathrm{d}x.$$

Sowohl die linke als auch die rechte Seite in Formel (2.6) sind gleich dem Volumen V der zu B und f gehörigen Ordinatenmenge.

Beispiel 2.2 Vorgegeben seien der in Bild 2.6 dargestellte Bereich B der

x, y-Ebene und die Funktion $f(P) = f(x,y) = 2x - y$. Man berechne das Bereichsintegral $\iint\limits_B f(P)\,\mathrm{d}b$.

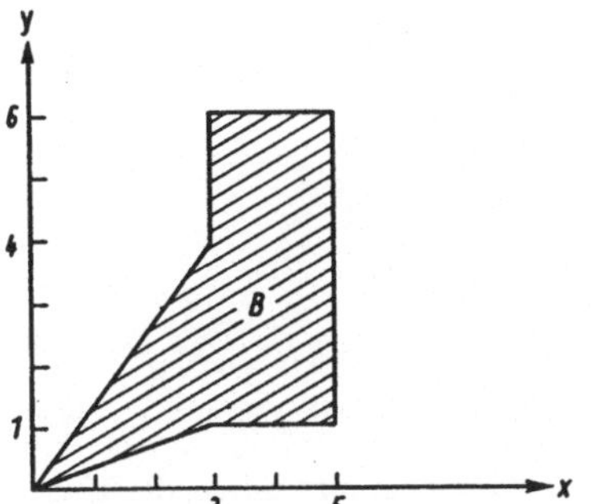

Bild 2.6

Wir zerlegen den Bereich B zunächst in den dreieckigen Bereich B_1 (mit den Ecken $(0,0)$, $(3,1)$ und $(3,4)$) und den Rechteckbereich B_2 (mit den Ecken $(3,1)$, $(5,1)$, $(5,6)$ und $(3,6)$). Nach der in Satz 2.3 c) angegebenen „Zerlegungsformel" gilt

$$\iint\limits_B f(P)\,\mathrm{d}b = \iint\limits_{B_1} f(P)\,\mathrm{d}b + \iint\limits_{B_2} f(P)\,\mathrm{d}b. \tag{2.8}$$

Auf die rechts stehenden Bereichsintegrale können wir Formel (2.6) anwenden. $B_1 = \{(x,y)\,|\,0 \le x \le 3,\ x/3 \le y \le 4x/3\}$ und $B_2 = \{(x,y)\,|\,3 \le x \le 5,\ 1 \le y \le 6\}$ sind Normalbereiche bezüglich der x-Achse, und die Funktion $f(P) = f(x,y) = 2x - y$ ist überall stetig. Aus (2.8) folgt dann:

$$\begin{aligned}
\iint\limits_B f(P)\,\mathrm{d}b &= \int\limits_0^3 \int\limits_{\frac{x}{3}}^{\frac{4x}{3}} (2x - y)\,\mathrm{d}y\,\mathrm{d}x + \int\limits_3^5 \int\limits_1^6 (2x - y)\,\mathrm{d}y\,\mathrm{d}x \\[2mm]
&= \int\limits_0^3 \left[2xy - \frac{1}{2}y^2\right]_{y=\frac{x}{3}}^{y=\frac{4x}{3}}\,\mathrm{d}x + \int\limits_3^5 \left[2xy - \frac{1}{2}y^2\right]_{y=1}^{y=6}\,\mathrm{d}x \\[2mm]
&= \int\limits_0^3 \frac{7}{6}x^2\,\mathrm{d}x + \int\limits_3^5 \left(10x - \frac{35}{2}\right)\,\mathrm{d}x = \frac{21}{2} + 45 = \frac{111}{2} = 55{,}5.
\end{aligned}$$

Aufgabe 2.1 Man berechne das Bereichsintegral der Funktion $f(P) = f(x,y) = xy$ über dem in Bild 2.7 dargestellten Bereich B. (B wird begrenzt durch die Parabel $y = x^2$, die x-Achse und die durch die Punkte $(6,0)$ und $(2,4)$ hindurchgehende Gerade.)

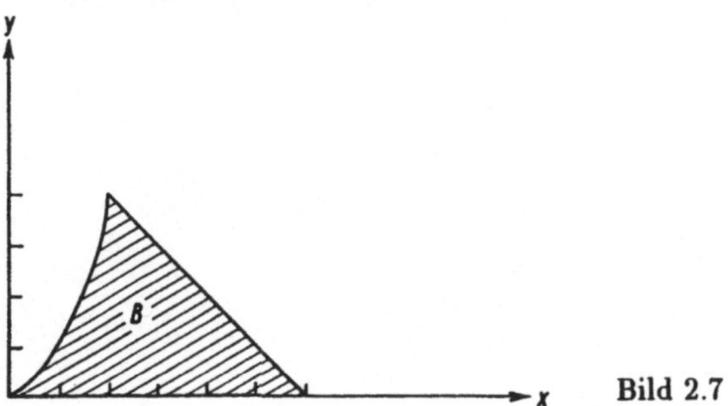

Bild 2.7

Aufgabe 2.2 Der Bereich B (in der x, y-Ebene) wird begrenzt durch die Kurven $x = 0$, $y = 2$, $y = 5$ und $y = e^x/5$. (B liegt ganz im 1. Quadranten!) Man skizziere B, beschreibe B durch Ungleichungen und berechne das Bereichsintegral der Funktion $f(P) = f(x, y) = y \cdot e^{3x}$ über dem Bereich B.

Bemerkung 2.2 In der Literatur ist der Name (die Benennung) und die Schreibweise (das Symbol) für das ebene Bereichsintegral nicht einheitlich. Wir haben bereits erwähnt, daß man an Stelle von „Bereichsintegral" auch von „Flächenintegral" bzw. „Gebietsintegral" spricht. Etwas verwirrend scheint der Umstand zu sein, daß man manchmal an Stelle von „Bereichsintegral" auch „Doppelintegral" sagt. Diese Bezeichnungsweise wird aber verständlich, wenn man an den engen Zusammenhang von Bereichsintegral und Doppelintegral (im Sinne eines zweifachen Integrals) denkt. Nach Satz 2.4 läßt sich jedes Bereichsintegral mit Hilfe eines zweifachen Integrals (eines Doppelintegrals) berechnen, falls der Integrationsbereich B ein ebener Normalbereich ist. Für uns ist das Wort „Doppelintegral" nur ein Synonym für die Bezeichnung „zweifaches Integral".

Auch das Symbol zur Bezeichnung eines Bereichsintegrals ist recht unterschiedlich. Neben solchen Symbolen wie

$$\iint\limits_B f(P) \, \mathrm{d}b, \quad \iint\limits_B f(\mathbf{x}) \, \mathrm{d}b, \quad \iint\limits_B f(x, y) \, \mathrm{d}x \, \mathrm{d}y, \quad \iint\limits_B f \, \mathrm{d}F\,^1)$$

verwendet man – vor allem in den Ingenieurwissenschaften – auch Symbole mit nur einem Integralzeichen, z.B.

$$\int\limits_B f(P) \, \mathrm{d}b, \quad \int\limits_B f(x, y) \, \mathrm{d}A, \quad {}^{(B)}\!\!\int f(x, y) \, \mathrm{d}b, \quad \int\limits_B f(\mathbf{x}) \, \mathrm{d}\mathbf{x}.$$

---

^{1}) Unter $\mathbf{x}$ verstehen wir hier den zweidimensionalen Ortsvektor $\mathbf{x} = x\,\mathbf{e}_1 + y\,\mathbf{e}_2$.

In den Anwendungen wird der Integrationsbereich oft explizit überhaupt nicht angegeben; diesen muß man sich dann aus dem Zusammenhang erschließen. Erwähnen möchten wir auch noch eine ganz andere (moderne) Schreibweise. Das Bereichsintegral ist festgelegt durch den Integranden f und den Integrationsbereich B. Daher wäre es ganz natürlich, folgende Bezeichnung

$$\int\limits_B f$$

zu verwenden.

2.4 Anwendungen des Bereichsintegrals

Wir beginnen mit einer einfachen physikalischen Fragestellung: Vorgegeben sei ein ebener Bereich B, den man sich mit einer Massenbelegung versehen denkt. Jedem Punkt $P \in B$ ist dann eine bestimmte Flächendichte $\varrho = \varrho(P)$ zugeordnet. Ist die Flächendichte ϱ konstant, d.h. $\varrho(P) = \varrho_0 = \text{const}$ für alle $P \in B$, so ergibt sich die Gesamtmasse m des mit Masse belegten Bereiches B:

$$m = \varrho_0 A. \tag{2.9}$$

A ist dabei der Flächeninhalt von B.
Beispiel: $\varrho = \varrho_0 = 0,5 \text{gcm}^{-2}$, $A = 25 \text{cm}^2 \implies m = 12,5\text{g}$.

Es erhebt sich nun die Frage, wie man zur Gesamtmasse von B kommt, wenn die Flächendichte nicht konstant, sondern eine sich i. allg. von Punkt zu Punkt ändernde stetige Größe $\varrho = \varrho(P)$ ist? ($\varrho = \varrho(P)$ ist also eine auf B definierte stetige Funktion.) Zerlegt man B in kleine Teilbereiche $B_1, B_2, \ldots$, so wird sich innerhalb eines Teilbereiches B_i die Flächendichte nur wenig ändern. Ist P_i irgendein Punkt aus B_i, ΔB_i der Flächeninhalt von B_i, so gilt für die Masse m_i von B_i die Beziehung $m_i \approx \varrho(P_i)\Delta B_i$ (vgl. Formel (2.9)), und für die Gesamtmasse m von B erhält man:

$$m = \sum_i m_i \approx \sum_i \varrho(P_i)\,\Delta B_i.$$

Diese Näherung wird um so genauer sein, je feiner die Zerlegung von B ist; den genauen Wert erhält man durch den in Definition 2.5 beschriebenen Grenzprozeß $\emptyset B_i \to 0$. Es gilt also:

$$m = \lim_{\emptyset B_i \to 0} \sum_i \varrho(P_i)\,\Delta B_i.$$

Der rechts stehende Grenzwert ist aber gleich dem Bereichsintegral der Funktion $\varrho(P)$ über dem Bereich B (vgl. Def. 2.5). Zusammengefaßt erhalten wir den

---

Satz 2.5 *Für die* G e s a m t m a s s e *m eines mit Masse belegten ebenen Bereiches B gilt*

$$m = \iint\limits_B \varrho \, \mathrm{d}b.$$

Hierbei ist $\varrho = \varrho(P)$ die Flächendichte, von der man voraussetzt, daß es sich um eine auf B stetige Funktion handelt.

Bemerkung 2.3 Ist $\varrho = \varrho(P)$ die Ladungsdichte, so liefert das Bereichsintegral der Funktion $\varrho(P)$ über dem Bereich B die Gesamtladung Q auf B:

$$Q = \iint\limits_B \varrho \, \mathrm{d}b.$$

Beispiel 2.3 Vorgegeben sei der in Bild 2.8 dargestellte ebene Bereich B, den man sich mit einer Massenbelegung versehen denkt. Für die Flächendichte möge gelten: $\varrho = \varrho(P) = \varrho(x,y) = (x+y)/2$. Man berechne die Gesamtmasse m von B.

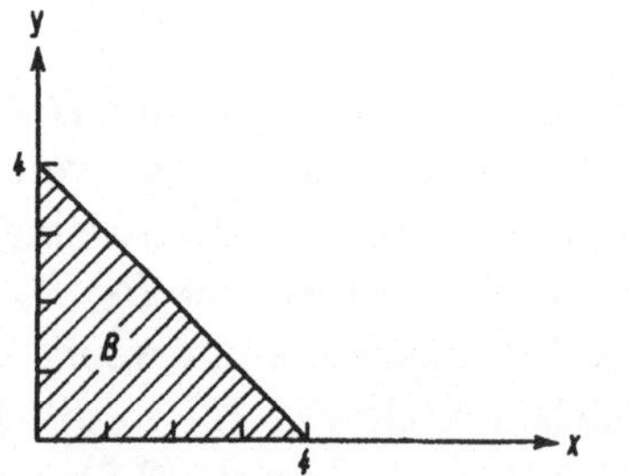

Bild 2.8

Nach den Sätzen 2.5 und 2.4 gilt:

$$m = \iint\limits_B \varrho \, \mathrm{d}b = \int\limits_0^4 \int\limits_0^{4-x} \frac{1}{2}(x+y)\,\mathrm{d}y\,\mathrm{d}x = \int\limits_0^4 \left[\frac{1}{2}\left(xy + \frac{y^2}{2} \right) \right]_{y=0}^{y=4-x} \mathrm{d}x$$

$$= \int\limits_0^4 \frac{1}{2}\left(8 - \frac{x^2}{2} \right) \mathrm{d}x = \frac{32}{3}.$$

Aufgabe 2.3 $B = \{(x,y) \mid -2 \leq x \leq 2,\ x^2 \leq y \leq 4\}$ sei mit Masse der Flächendichte $\varrho = x^2 + y^2$ belegt. Man berechne die Gesamtmasse von B.

Wir kommen zu einer weiteren wichtigen Anwendung des Bereichsintegrals, nämlich zur Bestimmung des *Schwerpunktes* eines (mit Masse belegten) ebenen Bereiches B mit der Flächendichte $\varrho = \varrho(P)$. In [PFS] wurden bereits Formeln für die Koordinaten des sogenannten geometrischen Schwerpunktes von B hergeleitet. Es mußte die Voraussetzung $\varrho = \mathrm{const}$ für alle Punkte von B erfüllt sein. Wir wenden uns nun dem allgemeinen Fall zu. Aus [PFS] übernehmen wir folgenden Sachverhalt: Für den Schwerpunkt $(\overline{x}, \overline{y})$ eines Systems von Massenpunkten $P_1(x_1, y_1)$, $P_2(x_2, y_2), \ldots, P_n(x_n, y_n)$ mit den Massen $m_1, m_2, \ldots, m_n$ gelten die Formeln

$$\overline{x} = \frac{m_1 x_1 + \cdots + m_n x_n}{m_1 + \cdots + m_n}, \quad \overline{y} = \frac{m_1 y_1 + \cdots + m_n y_n}{m_1 + \cdots + m_n}.$$

Bei der Herleitung der Formeln für die Koordinaten x_S, y_S des Schwerpunktes S eines ebenen Bereiches B wenden wir dasselbe Prinzip an wie bei der Herleitung der Formel für die Gesamtmasse von B. Der (mit Masse belegte) Bereich B wird in kleine Teilbereiche $B_1, B_2, \ldots, B_n$ zerlegt, und jeder Teilbereich B_i wird durch einen Massenpunkt $P_i \in B_i$ mit der Masse $m_i = m(B_i) = $ Masse von B_i ersetzt. Von diesem System von Massenpunkten $P_1, P_2, \ldots, P_n$ bestimmen wir nach den angegebenen Formeln den Schwerpunkt $(\overline{x}, \overline{y})$. Setzt man zur Abkürzung $m = m_1 + m_2 + \cdots + m_n$ ($=$ Gesamtmasse von B) und berücksichtigt die Näherungsbeziehung $m(B_i) \approx \varrho(P_i) \cdot \Delta B_i$ (s. Herleitung zum Satz 2.5), so erhält man

$$\overline{x} = \frac{1}{m} \sum_i m_i x_i = \frac{1}{m} \sum_i m(B_i) \cdot x(P_i) \approx \frac{1}{m} \sum_i \varrho(P_i)\, \Delta B_i\, x(P_i).$$

Es gilt also

$$\overline{x} \approx \frac{1}{m} \sum_i [x\varrho](P_i) \cdot \Delta B_i \quad \text{und analog} \quad \overline{y} \approx \frac{1}{m} \sum_i [y\varrho](P_i) \cdot \Delta B_i.$$

(Die Schreibweise $[x\varrho](P_i)$ bzw. $[y\varrho](P_i)$ bringt zum Ausdruck, daß man das Produkt aus x (x-Koordinate) und ϱ (Flächendichte) für den Punkt P_i bilden soll.) Der Punkt $(\overline{x}, \overline{y})$ ist eine Näherung für den gesuchten Schwerpunkt (x_S, y_S) von B. Den genauen Wert erhält man wieder durch den Grenzprozeß $\emptyset B_i \to 0$:

$$x_S = \lim_{\emptyset B_i \to 0} \{\frac{1}{m} \sum_i [x\varrho](P_i) \cdot \Delta B_i\}, \qquad y_S = \lim_{\emptyset B_i \to 0} \{\frac{1}{m} \sum_i [y\varrho](P_i) \cdot \Delta B_i\}.$$

Den konstanten Faktor $\frac{1}{m}$ kann man vor das Limeszeichen setzen, und aus Definition 2.5 folgt der

---

Satz 2.6

$$x_S = \frac{1}{m} \iint\limits_B x\varrho \, db, \qquad y_S = \frac{1}{m} \iint\limits_B y\varrho \, db$$

sind die Koordinaten des Schwerpunktes eines ebenen Bereiches B mit der Flächendichte $\varrho = \varrho(P)$.

Bemerkung 2.4 Die Gesamtmasse m von B wird nach der in Satz 2.5 angegebenen Formel berechnet. Ist $\varrho = \varrho_0 = \text{const}$ für alle $P \in B$, so kann ϱ vor das Integralzeichen gesetzt werden. Unter Beachtung der Formel (2.9) erhält man dann für den sogenannten *geometrischen Schwerpunkt* von B:

$$x_0 = \frac{1}{A} \iint\limits_B x \, db, \qquad y_0 = \frac{1}{A} \iint\limits_B y \, db.$$

Der Flächeninhalt A von B kann nach Formel (2.5) berechnet werden, falls elementargeometrische Formeln nicht anwendbar sind.

Beispiel 2.4 Von dem in Beispiel 2.3 angegebenen Bereich B mit $\varrho = (x+y)/2$ ermittle man den Schwerpunkt S. Man berechne außerdem den geometrischen Schwerpunkt S_0 von B und vergleiche S_0 mit S.

Für S erhält man nach Satz 2.6:

$$x_S = \frac{3}{32} \int\limits_0^4 \int\limits_0^{4-x} x \cdot \frac{1}{2}(x+y) \, dy \, dx, \qquad y_S = \frac{3}{32} \int\limits_0^4 \int\limits_0^{4-x} y \cdot \frac{1}{2}(x+y) \, dy \, dx.$$

Die mit ein wenig Rechnung verbundene Auswertung der zweifachen Integrale liefert die Werte $x_S = \frac{3}{2}$ und $y_S = \frac{3}{2}$. Für die Koordinaten x_0, y_0 des geometrischen Schwerpunktes von B erhält man:

$$x_0 = \frac{1}{8} \int\limits_0^4 \int\limits_0^{4-x} x \, dy \, dx = \frac{4}{3}, \qquad y_0 = \frac{1}{8} \int\limits_0^4 \int\limits_0^{4-x} y \, dy \, dx = \frac{4}{3}.$$

Bezüglich der Lage von S und S_0 siehe Bild 2.9. (Warum liegen S und S_0 beide auf der 45°-Geraden $y = x$? Warum muß S_0 etwas unterhalb von S liegen?)

Aufgabe 2.4 Der durch die Kurven $y = \frac{1}{4}x^2 + 1$, $y = 9 - x$, $x = 0$ und $y = 0$ begrenzte Bereich B (s. Bild 2.10) sei mit einer Massenbelegung der Flächendichte $\varrho = \varrho(x,y) = xy$ versehen. Man berechne den Schwerpunkt von B.

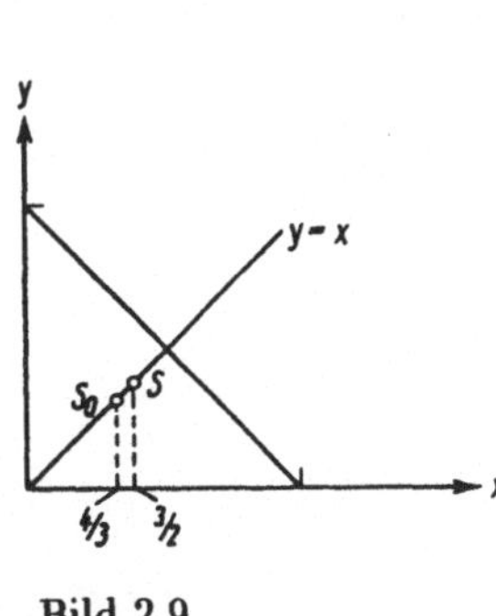

Bild 2.9

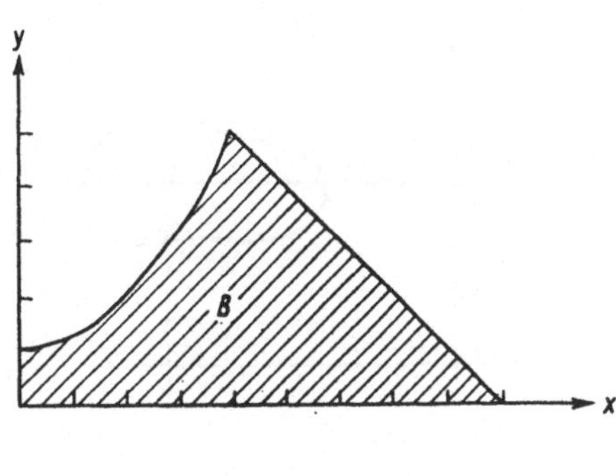

Bild 2.10

Eng mit dem Begriff des Schwerpunktes hängt der Begriff des statischen Momentes von B bezüglich der x- bzw. y-Achse zusammen. Man denkt sich die Gesamtmasse m des (mit Masse belegten) Bereiches B im Schwerpunkt (x_S, y_S) vereinigt. Das statische Moment des Massenpunktes S mit der Masse m ist dann gleich dem statischen Moment von B. Es gilt also die

---

Definition 2.6 *Ist m die Gesamtmasse und (x_S, y_S) der Schwerpunkt des Bereiches B, so heißt das Produkt $M_y = m \cdot x_S$ das* s t a t i s c h e M o m e n t *von B bezüglich der y-Achse. („Gesamtmasse" mal „Abstand des Schwerpunktes S von der y-Achse".) Analog ist $M_x = m \cdot y_S$ das statische Moment von B bezüglich der x-Achse (s. Bild 2.11).*

Aus Satz 2.6 ergibt sich dann sofort der

Satz 2.7 *Für die statischen Momente M_x und M_y von B bezüglich der x- bzw. y-Achse gelten die Formeln*

$$M_x = \iint\limits_B y\varrho \, db, \qquad M_y = \iint\limits_B x\varrho \, db.$$

Den Themenkreis *Masse, Schwerpunkt, statisches Moment* wollen wir mit dem Begriff *Trägheitsmoment* abschließen. Als Trägheitsmoment eines Massenpunktes $P_0(x_0, y_0)$ mit der Masse m_0 bezüglich der x- bzw. y-Achse führt man das Produkt $m_0 \cdot y_0^2$ bzw. $m_0 \cdot x_o^2$ ein, also „Masse" mal „Quadrat des Abstandes von der betreffenden Achse". Durch „Masse" mal „Quadrat des Abstandes von der Achse" definiert man auch das Trägheitsmoment bezüglich einer beliebigen Achse. Das Trägheitsmoment eines Systems von Massenpunkten

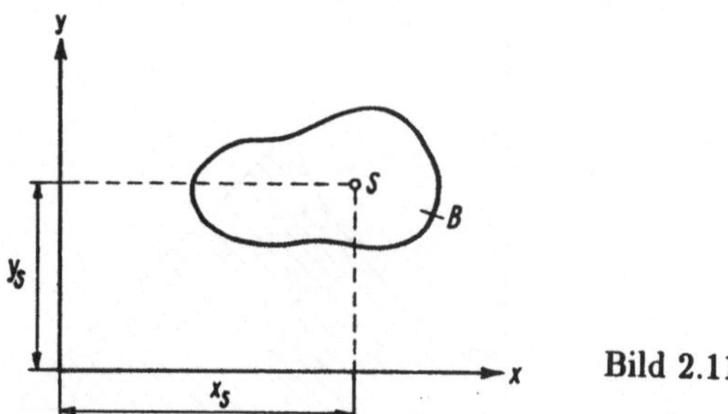

Bild 2.11

wird als Summe der Trägheitsmomente der einzelnen Massenpunkte eingeführt:

Definition 2.7   *Unter dem* T r ä g h e i t s m o m e n t *eines Systems von Massenpunkten* $P_1(x_1, y_1), \ldots, P_n(x_n, y_n)$ *mit den Massen* $m_1, \ldots, m_n$ *bezüglich der x- bzw. y-Achse versteht man*

$$J_x = \sum_i m_i y_i^2, \qquad J_y = \sum_i m_i x_i^2.$$

Derselbe Gedankengang wie bei der Herleitung der Sätze 2.5 und 2.6 (Zerlegung des Bereiches B in endlich viele Teilbereiche $B_1, B_2, \ldots$; Ersetzung der Teilbereiche durch ein System von Massenpunkten $P_1, P_2, \ldots$; Berechnung des Trägheitsmomentes dieses Systems von Massenpunkten nach der in Definition 2.7 angegebenen Formel; Grenzprozeß $\emptyset B_i \to 0$) führt bei einem ebenen Bereich B mit der Flächendichte $\varrho = \varrho(P) = \varrho(x, y)$ zum

---

Satz 2.8   *Für die Trägheitsmomente* J_x *und* J_y *von B bezüglich der x- bzw. y-Achse gelten die Formeln*

$$J_x = \iint\limits_B y^2 \varrho \, \mathrm{d}b, \qquad J_y = \iint\limits_B x^2 \varrho \, \mathrm{d}b.$$

Bemerkung 2.5 Trägheitsmomente bezüglich einer Achse bezeichnet man als „axiale Trägheitsmomente" bzw. „axiale Flächenmomente". Die Schreibweise mit nur einem Integralzeichen liefert die Gleichung

$$J_y = \int x^2 \varrho \, \mathrm{d}b \quad \text{oder} \quad J_y = \int x^2 \, \mathrm{d}m.$$

Die formale Gleichsetzung $\varrho\,\mathrm{d}b\ =\ \mathrm{d}m$ ist durch Formel (2.9) gerechtfertigt; mathematisch gesehen ist $\int x^2\,\mathrm{d}m$ nur eine verkürzte Schreibweise für $\int x^2\,\varrho\,\mathrm{d}b$. Der Übergang von einem System von Massenpunkten $P_1,\ldots,P_n$ („diskrete Massenverteilung") zu einem gleichmäßig mit Masse belegten Bereich B („stetige Massenverteilung")

$$\sum x_i^2\,m_i \to \int x^2\,\mathrm{d}m$$

erfolgt formal durch die Ersetzungen

$$\sum \longrightarrow \int \quad,\quad x_i \longrightarrow x \quad,\quad m_i \longrightarrow \mathrm{d}m\ .$$

Beispiel 2.5 B sei der durch die Kurven $y = 4 - x^2$ und $y = 0$ begrenzte Bereich (s. Bild 2.12). Für die Massenbelegung von B gelte $\varrho = x^2 + y$. Man berechne das Trägheitsmoment von B bezüglich der y-Achse.

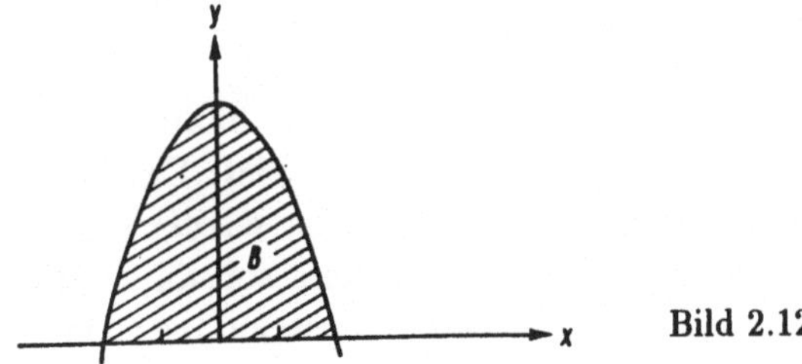

Bild 2.12

Nach den Sätzen 2.8 und 2.4 (B wird als Normalbereich bezüglich der x-Achse angesehen) gilt

$$J_y = \int\limits_{-2}^{2} \int\limits_{0}^{4-x^2} x^2(x^2 + y)\,\mathrm{d}y\,\mathrm{d}x.$$

Für das innere Integral erhält man

$$x^2\left(x^2 y + \frac{1}{2}y^2\right)\Bigg|_{y=0}^{y=4-x^2} = 8x^2 - \frac{1}{2}x^6.$$

Hieraus folgt

$$J_y = \int\limits_{-2}^{2}\left(8x^2 - \frac{1}{2}x^6\right)\,\mathrm{d}x = \frac{512}{21}.$$

(Die entsprechenden Zwischenrechnungen wurden weggelassen.)

Aufgabe 2.5 Von dem in Beispiel 2.5 beschriebenen Bereich B mit der Flächendichte $\varrho = \varrho(x,y) = x^2 + y$ berechne man das Trägheitsmoment bezüglich der x-Achse.

2.5   Uneigentliche Bereichsintegrale

In Analogie zur Erweiterung der einfachen Integrale, d.h. der bestimmten Riemannschen Integrale, auf uneigentliche Integrale (s. [PFS]) soll jetzt auch der Begriff des Bereichsintegrals auf uneigentliche Bereichsintegrale erweitert werden. Bei der Definition des Bereichsintegrals

$$\iint\limits_{B} f(P)\, db \tag{2.10}$$

gingen wir von den Voraussetzungen aus

a)   der Bereich B ist beschränkt und

b)   die Funktion $f(P)$ ist auf B beschränkt.

Unser Ziel ist es, dem Symbol aus Formel (2.10) auch dann einen Sinn zu geben, wenn eine der Voraussetzungen a), b) nicht erfüllt ist. Der Weg, der zur Definition der uneigentlichen Bereichsintegrale führt, ist wieder ein geeigneter Grenzprozeß. Bevor wir auf diese Problematik eingehen, soll an einem Beispiel das Nichterfülltsein der Bedingungen a) und b) demonstriert werden.

Beispiel 2.6 a) Der durch den Hyperbelast $y = 1/x$ $(x > 0)$, die positive x-Achse und die positive y-Achse begrenzte Bereich B (s. Bild 2.13) ist nicht beschränkt; der Bereich B erstreckt sich ins Unendliche.

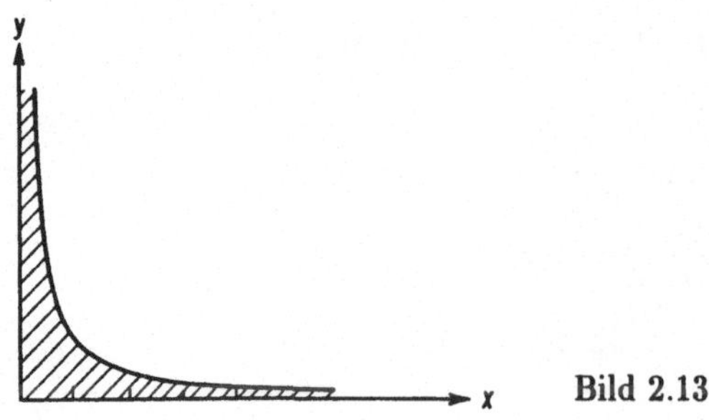

Bild 2.13

b) Die Funktion $f(P) = f(x,y) = (x^2 + y^2)^{-1}$ ist für $(x,y) = (0,0)$ nicht definiert, für alle anderen Punkte ist sie definiert und stetig. Für $(x,y) \to (0,0)$ gilt $f(x,y) \to \infty$. Die Funktion $f(x,y)$ ist also für jede „punktierte Umgebung" des Punktes $(0,0)$ unbeschränkt.

Wir beginnen mit den uneigentlichen Integralen über einem nicht beschränkten Bereich B. Der Integrand $f(P) = f(x,y)$ sei auf B beschränkt. Was soll man in diesem Fall unter dem Bereichsintegral von $f(P)$ über B verstehen? Die Antwort findet man nach dem schon bei den gewöhnlichen uneigentlichen Integralen kennengelernten Prinzip. Der nicht beschränkte Bereich B wird durch eine Folge $B_1, B_2, \ldots$ beschränkter, aber immer größer werdender Teilmengen von B „ausgefüllt". Die genaue Formulierung liefert die

---

Definition 2.8   *Ist B ein nichtbeschränkter (ebener) Bereich, so nennt man jede Folge beschränkter, aber immer größer werdender Teilbereiche $B_1, B_2, \ldots$ von B (d.h.: $B_1 \subset B_2 \subset B_3 \subset \cdots \subset B$), die in ihrer Gesamtheit den nichtbeschränkten Bereich B ausfüllen (d.h.: zu jeder beschränkten Teilmenge $M \subset B$ gibt es ein B_n mit $M \subset B_n$), eine Folge von B ausfüllenden Teilbereichen (s. Bild 2.14).*

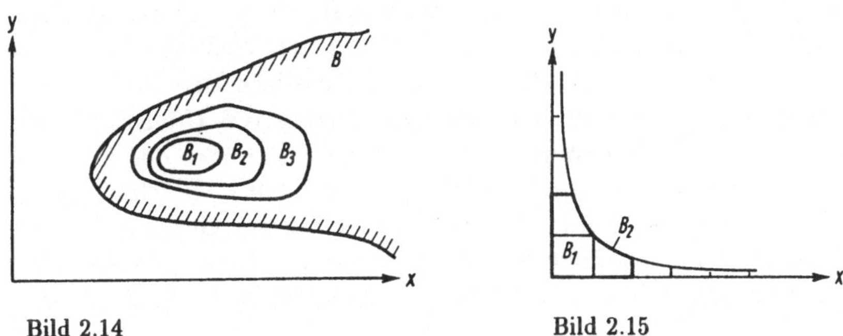

Bild 2.14   Bild 2.15

Bei dem durch Bild 2.13 dargestellten nichtbeschränkten Bereich B könnte eine solche Folge $B_1, B_2, \ldots$ wie folgt gewonnen werden: Durch die Geraden $x = n, y = n\,(n = 1, 2, \ldots)$ wird von dem nichtbeschränkten Bereich B ein beschränkter Teilbereich B_n abgeschnitten (s. Bild 2.15). $B_1, B_2, \ldots$ ist dann eine Folge von B ausfüllenden Teilbereichen. Für jedes B_n kann man das Bereichsintegral

$$I_n = \iint\limits_{B_n} f(P)\, db$$

im gewöhnlichen Sinn bilden. Falls nun die Folge $I_n\,(n = 1, 2, \ldots)$ konvergiert, so wird man den Grenzwert als uneigentliches Bereichsintegral von $f(P)$ über dem nichtbeschränkten Bereich B bezeichnen.

Die bisherigen – an einem Beispiel orientierten – Überlegungen wollen wir in allgemeiner Form in der folgenden Definition zusammenfassen.

Definition 2.9 *B sei ein nichtbeschränkter Bereich, auf dem die reellwertige Funktion $f(P)$ definiert ist. Wenn für jede Folge B_1, $B_2, \ldots$ von B ausfüllenden (meßbaren) Teilbereichen (vgl. Definition 2.8) der Grenzwert*

$$G = \lim_{n \to \infty} \iint\limits_{B_n} f(P)\, \mathrm{d}b \qquad (2.11)$$

existiert und immer den gleichen Wert hat, so nennt man diesen Grenzwert das u n e i g e n t l i c h e   B e r e i c h s i n t e g r a l der Funktion $f(P)$ über dem nichtbeschränkten Bereich B.

Auch bei den uneigentlichen Bereichsintegralen ist die Sprechweise üblich, daß das uneigentliche Bereichsintegral konvergiert bzw. divergiert, je nachdem, ob der Grenzwert (2.11) existiert oder nicht. Die Entscheidung, ob ein uneigentliches Bereichsintegral konvergiert oder nicht, ist nach Definition 2.9 mit einigen Schwierigkeiten verbunden. Selbst wenn man für eine Folge B_1, $B_2, \ldots$ von B ausfüllenden Teilbereichen den Grenzwert (2.11) ermittelt hat, so ist damit natürlich noch nicht gesichert, daß das uneigentliche Bereichsintegral konvergiert. Erst wenn man weiß, daß jede andere Folge von B ausfüllenden Teilbereichen zum selben Grenzwert G führt, ist die Frage nach der Konvergenz des uneigentlichen Bereichsintegrals eindeutig entschieden. Glücklicherweise ist es so, daß man in vielen Fällen mit der Ermittlung des Grenzwertes G für eine einzige Folge von B ausfüllenden Teilbereichen das Problem gelöst hat, wie der folgende Satz zeigt. (Einen Beweis findet man z.B. in [DEL, Bd. 2].)

Satz 2.9 *Ist die Funktion $f(P)$ auf dem nichtbeschränkten Bereich B nirgends negativ (d.h. $f(P) \geq 0$ für alle $P \in B$), so ist die Konvergenz des uneigentlichen Bereichsintegrals gesichert, falls bei einer einzigen Folge B_1, $B_2, \ldots$ von B ausfüllenden Teilbereichen der Grenzwert (2.11) existiert. Es gilt dann:*

$$\iint\limits_{B} f(P)\, \mathrm{d}b = \lim_{n \to \infty} \iint\limits_{B_n} f(P)\, \mathrm{d}b.$$

Beispiel 2.7 Der Integrationsbereich B sei die ganze x, y-Ebene, der Integrand f die Funktion $f(P) = f(x, y) = \mathrm{e}^{-(x^2 + y^2)}$. Die Funktion f ist auf dem nichtbeschränkten Bereich B stets positiv und beschränkt: $0 < f(x, y) \leq 1$. Es braucht daher nur von einer einzigen Folge B_1, $B_2, \ldots$ von B ausfüllenden Teilbereichen nachgewiesen zu werden, daß der Grenzwert (2.11) existiert. B_n soll der folgende quadratische Bereich sein: $B_n = \{(x, y)\,|\, -n \leq x \leq n, \, -n \leq y \leq n\}$

(s. Bild 2.16). Die Folge B_1, B_2,... füllt dann die ganze x,y-Ebene aus.

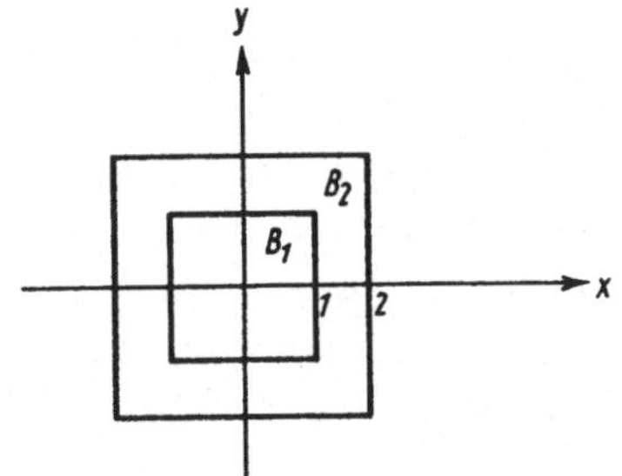

Bild 2.16

Wegen

$$\iint\limits_{B_n} f(P)\,db = \int\limits_{-n}^{n}\int\limits_{-n}^{n} e^{-(x^2+y^2)}\,dy\,dx$$

$$= \int\limits_{-n}^{n}\left[e^{-x^2}\int\limits_{-n}^{n} e^{-y^2}\,dy\right]dx = \left(\int\limits_{-n}^{n} e^{-y^2}\,dy\right)\left(\int\limits_{-n}^{n} e^{-x^2}\,dx\right)$$

$$= \left(\int\limits_{-n}^{n} e^{-x^2}\,dx\right)^2 = \left(2\cdot\int\limits_{0}^{n} e^{-x^2}\,dx\right)^2$$

gilt

$$\lim_{n\to\infty}\iint\limits_{B_n} f(P)\,db = \left(2\cdot\int\limits_{0}^{\infty} e^{-x^2}\,dx\right)^2.$$

Der Wert des rechts stehenden gewöhnlichen uneigentlichen Integrals ist gleich $\frac{1}{2}\sqrt{\pi}$. (Einen Beweis für diese tiefliegende Aussage findet man z.B. in [COU, Bd. 2].) Das vorgegebene uneigentliche Bereichsintegral ist also konvergent und hat den Wert $(2(\sqrt{\pi}/2))^2 = \pi$. Wesentlich einfacher würde man zum Ziel kommen, wenn man die x,y-Ebene durch eine Folge immer größer werdender Kreisscheiben $B_n = \{(x,y)\,|\,x^2 + y^2 \le n^2\}$ ausfüllen würde und bei der Berechnung der Bereichsintegrale über B_n von kartesischen Koordinaten x,y zu Polarkoordinaten r,φ übergehen würde. Da die Transformation mehrfacher Integrale erst im Abschnitt 4 behandelt wird, konnte dieser Weg jetzt noch nicht beschritten werden. Wir werden in Abschnitt 4 noch einmal auf dieses Beispiel zurückkommen.

Nach der Behandlung der uneigentlichen Bereichsintegrale über einen nichtbeschränkten Bereich kommen wir nun zu den uneigentlichen Bereichsintegralen mit nichtbeschränkter Funktion (vgl. Beispiel 2.6 b)).

Definition 2.10 *Auf dem beschränkten Bereich B sei eine Funktion $f(P)$ gegeben, die in der Umgebung des Punktes P_0 nichtbeschränkt ist. (Den Ausnahmepunkt P_0 nennt man in diesem Zusammenhang auch s i n g u - l ä r e r   P u n k t.) Die Funktion $f(P)$ soll aber auf der Menge $B\backslash U(P_0)$ – wobei $U(P_0)$ jede beliebige Umgebung von P_0 sein kann – beschränkt sein (s. Bild 2.17). Wenn nun für jede Folge $U_1, U_2, \ldots$ von Umgebungen des Punktes P_0, deren Durchmesser gegen null konvergieren, der Grenzwert*

$$\lim_{n \to \infty} \iint\limits_{B\backslash U_n} f(P)\, db$$

existiert und immer den gleichen Wert hat, so nennt man diesen Grenzwert das u n e i g e n t l i c h e   B e r e i c h s i n t e g r a l der nichtbeschränkten Funktion $f(P)$ über dem Bereich B.

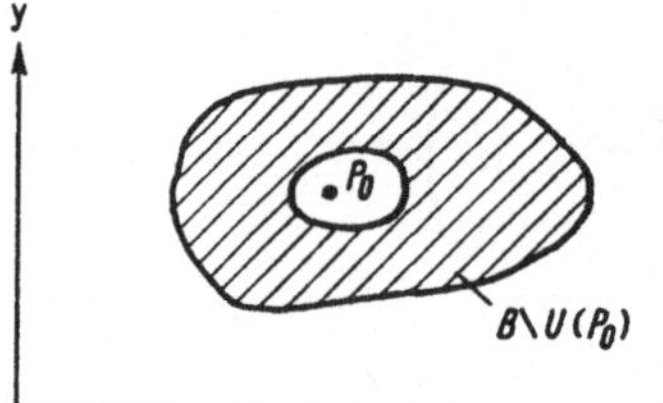

Bild 2.17

Satz 2.9 gilt – in entsprechend abgewandelter Form – auch für uneigentliche Bereichsintegrale mit nichtbeschränkter Funktion. — Ist die Funktion $f(P)$ in der Umgebung mehrerer Punkte $P_1, P_2, \ldots, P_k$ nichtbeschränkt, so muß bei der Untersuchung des obigen Grenzwertes an Stelle einer Umgebung U von P_0 ein System von Umgebungen $U^{(1)}, U^{(2)}, \ldots, U^{(k)}$ der Punkte $P_1, P_2, \ldots, P_k$ betrachtet werden. — Hat man an Stelle eines oder mehrerer singulärer Punkte eine singuläre Kurve, so ändert sich im Prinzip an den Formulierungen der Definition 2.10 nichts; $U_1, U_2, \ldots$ muß jetzt eine Folge von Umgebungen der Kurve sein, die sich auf diese Kurve zusammenziehen.

Aufgabe 2.6 Es sei B der durch die Geraden $x = 0$, $x = \sqrt{8}$, $y = 0$, $y = 4$ begrenzte Rechteckbereich und $f(P) = f(x,y) = y \cdot x^{-\frac{1}{3}}$. Man prüfe, ob das uneigentliche Bereichsintegral $\iint_B f(P)\, db$ konvergent ist. (Hinweis: Das zwischen $y = 0$ und $y = 4$ gelegene Stück der y-Achse ist ein singuläres Kurvenstück.)

3 Integrale über räumliche Bereiche

3.1 Der Begriff des Raumintegrals

Bei der Definition des Raumintegrals kann man fast wörtlich die bei der Einführung des Bereichsintegrals im Abschnitt 2 verwendete Formulierung übernehmen. Es kommt im Prinzip kein neuer Gedanke hinzu; eine Begriffsbildung wird von der (2dimensionalen) Ebene auf den (3dimensionalen) Raum übertragen. Anstelle eines ebenen Bereiches B (i. allg. stellt man sich B als Teilmenge einer x, y-Ebene vor) mit einer darauf definierten Funktion $f(P) = f(x, y)$ hat man jetzt einen räumlichen Bereich B (eine Teilmenge des x, y, z-Raumes) mit einer darauf definierten Funktion $f(P) = f(x, y, z)$. Wir können uns daher bei der Einführung des Raumintegrals sehr kurz fassen.

Die Formulierungen „Zerlegung von B", „Durchmesser von B", „Feinheitsmaß der Zerlegung von B", „Integralsumme der Zerlegung von B" in den Definitionen 2.1 bis 2.4 können wir fast wörtlich auf räumliche Bereiche B übertragen. Es ist lediglich der „ebene Bereich" B durch den „räumlichen Bereich" B zu ersetzen. Wir empfehlen dem Leser, sich die entsprechenden Definitionen noch einmal genau durchzulesen. Wesentlich ist natürlich, daß man jetzt alle Erklärungen mit einer räumlichen Vorstellung verbindet. Die Zerlegung eines räumlichen Bereiches B veranschaulicht Bild 3.1; hier wird ein spezieller räumlicher Bereich B (ein Würfel) in 8 Teilbereiche $B_1, \ldots, B_8$ zerlegt.

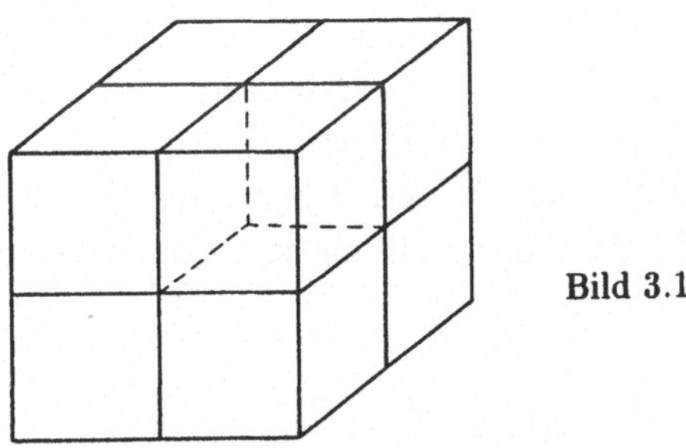

Bild 3.1

Bei der Übertragung der Definition 2.4 auf räumliche Bereiche ist selbstverständlich unter ΔB_i der Rauminhalt von B_i zu verstehen. Auch Definition 2.5 bedarf – einschließlich der betreffenden Vorbetrachtungen – keiner großen Abänderung. Diese letzte, aber entscheidende Definition wollen wir hier aber noch einmal extra formulieren. Die genaue Bedeutung des bei der Definition 3.1 benutzten Grenzwertes G kann man unmittelbar den Vorbetrachtungen zu Definition 2.5 entnehmen.

> **Definition 3.1**   *$f(P)$ sei eine auf dem räumlichen Bereich B definierte reellwertige Funktion. (Legt man ein rechtwinklig kartesisches x, y, z-Koordinatensystem zugrunde, so gilt $f(P) = f(x, y, z)$.) Falls der Grenzwert der Integralsummen*
>
> $$G = \lim_{\emptyset B_i \to 0} \sum_i f(P_i)\,\Delta B_i$$
>
> *existiert, so nennt man diesen Grenzwert das* R a u m i n t e g r a l *der Funktion $f(P)$ über dem Bereich B und bezeichnet es mit dem Symbol $\iiint\limits_B f(P)\,\mathrm{d}b$. Es gilt also*
>
> $$\iiint\limits_B f(P)\,\mathrm{d}b = \lim_{\emptyset B_i \to 0} \sum_i f(P_i)\,\Delta B_i\,. \qquad (3.1)$$

Für den Integrationsbereich B und den Integranden $f(P) = f(x, y, z)$ sollen wieder die folgenden Voraussetzungen erfüllt sein:

a) B ist beschränkt, abgeschlossen und meßbar,

b) $f(P)$ ist auf B beschränkt. (Vgl. Ausführungen in Abschnitt 2.1.)

Ist B ein räumlicher Normalbereich (vgl. Def. 3.2) und $f(P)$ eine auf B definierte stetige Funktion, so sind die Voraussetzungen a) und b) erfüllt.

Bemerkung 3.1   Anstelle von „Raumintegral" sagt man auch „V o l u m e n - i n t e g r a l" oder „r ä u m l i c h e s   B e r e i c h s i n t e g r a l" oder „R i e - m a n n s c h e s   I n t e g r a l   i m $\mathbb{R}^3$". Bei Verwendung der Bezeichnung „räumliches Bereichsintegral" benutzt man für das in Abschnitt 2.1 eingeführte Bereichsintegral die Bezeichnung „ebenes Bereichsintegral".

Vergleicht man die beiden Definitionen 2.5 und 3.1 für das Bereichsintegral bzw. das Raumintegral, so stellt man fest, daß sie in ihrer äußeren Form vollkommen übereinstimmen:

$$\iint\limits_B f(P)\,\mathrm{d}b = \lim_{\emptyset B_i \to 0} \sum_i f(P_i)\,\Delta B_i, \qquad (\mathrm{I})$$

$$\iiint\limits_B f(P)\,\mathrm{d}b = \lim_{\emptyset B_i \to 0} \sum_i f(P_i)\,\Delta B_i. \qquad (\mathrm{II})$$

In (I) bilden die B_i, $(i = 1, 2, \ldots, n)$ eine Zerlegung des ebenen Bereiches B, P_i ist ein Punkt aus der ebenen Teilmenge B_i, ΔB_i der Flächeninhalt von B_i, $f(P)\,(= f(x, y))$ eine auf dem ebenen Bereich B definierte Funktion. In (II) ist $f(P)\,(= f(x, y, z))$ eine auf dem räumlichen Bereich B definierte Funktion, die

B_i, $(i = 1, 2, \ldots, n)$ sind räumliche Teilmengen von B, die eine Zerlegung von B bilden, ΔB_i ist der Rauminhalt von B_i. – Ähnlich wie beim Bereichsintegral ist auch beim Raumintegral die Bezeichnungsweise sehr uneinheitlich; wir werden auf diesen Sachverhalt in Bemerkung 3.2 etwas ausführlicher eingehen.

Das Bereichsintegral konnten wir im Falle einer nichtnegativen Funktion $f(P) = f(x, y)$ als Volumen eines gewissen Bereiches im $\mathbb{R}^3$ interpretieren (vgl. Satz 2.1). Auch beim Raumintegral mit nichtnegativem Integranden $f(P) = f(x, y, z)$ ist es möglich, dasselbe als „Volumen" (Riemann-Inhalt) eines gewissen Bereichs im $\mathbb{R}^4$ anzusehen. Von einer „Veranschaulichung" im $\mathbb{R}^4$ kann natürlich keine Rede mehr sein. (Eine kleine Einführung in den mit dem Riemann-Inhalt zusammenhängenden Fragenkreis findet man in [PFS].)

Beispiel 3.1 (Masse und Volumen eines Körpers): B sei ein räumlicher Bereich (Körper) mit der Dichte $\varrho = \varrho(P) \, (= \varrho(x, y, z))$. Masse m und Volumen V von B sollen mit Hilfe eines Raumintegrales dargestellt werden.

Ist B ein homogener Bereich, d.h. ein Bereich mit konstanter Dichte $\varrho = \varrho_0$, so gilt natürlich $m = \varrho_0 V$, oder anders ausgedrückt $m/V = \varrho_0$. Ist die Dichte ϱ nicht konstant, so kann man die Masse m von B durch folgenden Grenzprozeß gewinnen: B wird in (möglichst kleine) Teilbereiche $B_1, B_2, \ldots, B_n$ zerlegt. Ist P_i irgendein Punkt aus B_i $(i = 1, 2, \ldots, n)$, ΔB_i das Volumen von B_i, so ist das Produkt $\varrho(P_i) \cdot \Delta B_i$ näherungsweise gleich der Masse m_i von B_i. (Vorausgesetzt, daß die Dichtefunktion $\varrho = \varrho(P)$ stetig ist.) Für die Masse m von B gilt daher

$$m = \sum_i m_i \approx \sum_i \varrho(P_i) \cdot \Delta B_i \, .$$

Diese Näherung für m ist umso genauer, je „feiner" die Zerlegung $B_1, B_2, \ldots, B_n$ von B ist; den genauen Wert von m erhält man durch den uns schon hinreichend bekannten Grenzprozeß $\emptyset B_i \to 0$, d.h.:

$$m = \lim_{\emptyset B_i \to 0} \sum_i \varrho(P_i) \cdot \Delta B_i \, .$$

Nach der Definition des Raumintegrals (vgl. Formel (3.1)) ist also

$$m = \iiint\limits_B \varrho \, db \, . \tag{3.2}$$

Hierbei ist ϱ eine Funktion von P, d.h. $\varrho = \varrho(P)$. Ist im Spezialfall $\varrho = \varrho_0 = $ const, so kann man den konstanten Faktor ϱ_0 vor das Integral setzen und erhält

$$m = \varrho_0 \iiint\limits_B db \, .$$

Hieraus folgt – wegen $m/\varrho_0 = V$ – die Beziehung

$$V = \iiint\limits_B db. \tag{3.3}$$

Auch hier möchten wir wieder darauf hinweisen, daß $\iiint\limits_B db$ eine Kurzschreibweise für $\iiint\limits_B 1\, db$ ist.

Die Aussagen bezüglich Existenz und Eigenschaften bei Bereichsintegralen (s. Abschnitt 2.2) kann man sinngemäß auf Raumintegrale übertragen. Beispielsweise hat man anstelle von Formel c) in Satz 2.3 jetzt zu schreiben:

$$\iiint\limits_B f(P)\, db = \iiint\limits_{B_1} f(P)\, db + \iiint\limits_{B_2} f(P)\, db. \tag{3.4}$$

Hierbei wurde der räumliche Bereich B in die beiden Teilbereiche B_1, B_2 zerlegt.

Wir kommen nun zur Berechnung von Raumintegralen. Die in Definition 3.1 angegebene Methode zur Ermittlung des Wertes eines Raumintegrales scheidet wegen ihrer Kompliziertheit als eine praktisch brauchbare Berechnungsmethode aus. (Dagegen ist diese Methode, wie wir in Beispiel 3.1 gesehen haben, sehr nützlich für die Anwendung des Raumintegrals.) Bereichsintegrale wurden mit Hilfe von zweifachen Integralen berechnet, falls der Bereich B ein ebener Normalbereich bezüglich der x- bzw. y-Achse war (vgl. Satz 2.4). Einen ähnlichen Zusammenhang hat man bei den Raumintegralen: Raumintegrale werden mit Hilfe von dreifachen Integralen berechnet, falls der Integrationbereich B ein *räumlicher Normalbereich* ist. Wir wollen zunächst erklären, was ein räumlicher Normalbereich ist.

Definition 3.2   *Unter einem* r ä u m l i c h e n   N o r m a l b e r e i c h *bezüglich der x,y-Ebene versteht man einen räumlichen Bereich B, der „nach unten" und „nach oben" durch stetige Flächen $z = z_1(x,y)$, $z = z_2(x,y)$ und seitlich durch einen allgemeinen auf der x,y-Ebene senkrecht stehenden Zylinder* [1] *begrenzt wird. Dabei wird vorausgesetzt, daß die Projektion $B_{x,y}$ von B auf die x,y-Ebene ein ebener Normalbereich bezüglich der x- bzw. y-Achse ist (vgl. Definition 1.1) und die Fläche $z = z_1(x,y)$ stets unterhalb der Fläche $z = z_2(x,y)$ verläuft (für alle $(x,y) \in B_{x,y}$). Analog definiert man räumliche Normalbereiche bezüglich der beiden anderen Koordinatenebenen, der y,z- bzw. x,z-Ebene.*

---

[1] Ist C eine in der Ebene E gelegene geschlossene, doppelpunktfreie Kurve, so bilden die in den Punkten von C errichteten Normalen auf E die Mantelfläche eines allgemeinen Zylinders. Ist speziell C ein Kreis, so erhält man den bekannten Kreiszylinder.

Im nun folgenden Beispiel beschreiben wir einen räumlichen Normalbereich bezüglich der x, y-Ebene. An dieser Stelle möchten wir darauf hinweisen, daß bei allen Beispielen und Aufgaben dieses Abschnitts immer wieder die Möglichkeit geboten wird, das räumliche Vorstellungsvermögen zu schulen.

Beispiel 3.2 Ist $B_{x,y}$ ein ebener Normalbereich bezüglich der x-Achse, d.h. $B_{x,y} = \{(x,y) \,|\, x_1 \leq x \leq x_2,\ y_1(x) \leq y \leq y_2(x)\}$, so wird der räumliche Normalbereich B durch folgende Ungleichungen beschrieben:

$$(x,y,z) \in B \iff \left\{ \begin{array}{ccccc} x_1 & \leq & x & \leq & x_2\,, \\ y_1(x) & \leq & y & \leq & y_2(x)\,, \\ z_1(x,y) & \leq & z & \leq & z_2(x,y)\,. \end{array} \right.$$

(Vor.: $z_1(x,y)$, $z_2(x,y)$ stetig und $z_1(x,y) \leq z_2(x,y)$ für alle $(x,y) \in B_{x,y}$.) Wählt man speziell $x_1 = 2$, $x_2 = 6$, $y_1(x) = -x$, $y_2(x) = x$, $z_1(x,y) = -x - y/3$, $z_2(x,y) = x - y/2$, so ist B ein räumlicher Normalbereich bezüglich der x, y-Ebene, der nach unten durch die Ebene $z = -x - y/3$, nach oben durch die Ebene $z = x - y/2$ begrenzt wird und dessen Projektion $B_{x,y}$ auf die x, y-Ebene ein ebener Normalbereich bezüglich der x-Achse ist (s. Bild 3.2). Ausgehend von Bild 3.2 versuche man sich eine genaue Vorstellung von dem Bereich B zu verschaffen! (Von welchen 6 Ebenen wird B begrenzt? Wie sieht der allgemeine Zylinder in diesem Fall aus? Wie sieht die Projektion $B_{x,z}$ von B auf die x, z-Ebene aus? $B_{x,y}$ ist der Grundriß von B, $B_{x,z}$ ein Seitenriß von B.)

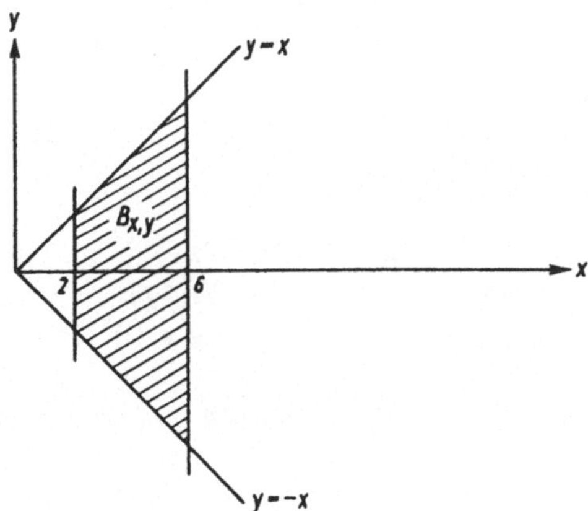

Bild 3.2

Aufgabe 3.1 Von dem räumlichen Normalbereich

$$(x,y,z) \in B \iff \left\{ \begin{array}{ccccc} 1 & \leq & x & \leq & 4\,, \\ -x+1 & \leq & y & \leq & x-1\,, \\ -3 & \leq & z & \leq & 2(x+y+2)/3 \end{array} \right.$$

bestimme man die Projektionen $B_{x,y}$ und $B_{x,z}$ von B auf die x,y-Ebene bzw. x,z-Ebene. Von wieviel Ebenen wird B begrenzt? Wie lauten die Gleichungen dieser Begrenzungsebenen?

Nach Definition 3.2 gibt es zwei Typen von räumlichen Normalbereichen bezüglich der x,y-Ebene (beim ersten Typ ist $B_{x,y}$ ein ebener Normalbereich bezüglich der x-Achse, beim zweiten Typ ist $B_{x,y}$ ein ebener Normalbereich bezüglich der y-Achse). Analog gibt es je zwei Typen bezüglich der x,z-Ebene und der y,z-Ebene. Insgesamt hat man also 6 verschiedene Typen von räumlichen Normalbereichen. Von einem dieser 6 Typen haben wir zu Beginn des Beispiels 3.2 die allgemeine Beschreibung (Ungleichungen für x, y, z) angegeben. Die anderen 5 Typen wurden explizit nicht behandelt.

Aufgabe 3.2 Von den restlichen – in Beispiel 3.2 nicht behandelten – 5 Typen von räumlichen Normalbereichen gebe man die allgemeine Beschreibung an.

Hinweis: Das vollständige Durchdenken der mit der Aufgabe 3.2 zusammenhängenden Problematik ist sehr zu empfehlen! Insbesondere sollte man sich von jedem Normalbereich eine räumliche Vorstellung verschaffen. Die Kenntnis dieser Zusammenhänge ist das Fundament bei der Berechnung eines jeden Raumintegrals. Es ist sicher ratsam, an dieser Stelle eine kleine Pause einzulegen und erst dann weiterzulesen, wenn man der Meinung ist, über räumliche Normalbereiche einigermaßen Bescheid zu wissen.

Zu jedem der 6 Typen von räumlichen Normalbereichen gibt es ein dreifaches Integral. In der folgenden Definition wird das dreifache Integral für den in Beispiel 3.2 beschriebenen Normalbereich angegeben. Analog definiert man das dreifache Integral für die 5 anderen Typen von Normalbereichen (vgl. Aufgabe 3.2).

Definition 3.3 *Unter dem zu dem Normalbereich*

$$(x,y,z) \in B \iff \begin{cases} x_1 \leq x \leq x_2, \\ y_1(x) \leq y \leq y_2(x), \\ z_1(x,y) \leq z \leq z_2(x,y) \end{cases}$$

gehörigen d r e i f a c h e n I n t e g r a l *der Funktion* $f(x,y,z)$ *versteht man folgenden Ausdruck*

$$\int\limits_{x_1}^{x_2} \int\limits_{y_1(x)}^{y_2(x)} \int\limits_{z_1(x,y)}^{z_2(x,y)} f(x,y,z)\,\mathrm{d}z\,\mathrm{d}y\,\mathrm{d}x = \int\limits_{x=x_1}^{x_2} \left(\int\limits_{y=y_1(x)}^{y_2(x)} \left(\int\limits_{z=z_1(x,y)}^{z_2(x,y)} f(x,y,z)\,\mathrm{d}z \right) \mathrm{d}y \right) \mathrm{d}x\,.$$

Die linke Seite der letzten Gleichung ist eine Kurzschreibweise für die rechte

Seite. Es sind nacheinander drei einfache Integrationen auszuführen. Zunächst wird $f(x, y, z)$ nach z integriert (wobei x und y wie Konstanten behandelt werden), anschließend wird für z in der bekannten Weise die obere und die untere Grenze ($z_2(x, y)$ bzw. $z_1(x, y)$) eingesetzt und die Differenz gebildet. Im zweiten Schritt wird der erhaltene Ausdruck nach y integriert (wobei x wie eine Konstante behandelt wird), und für y werden die Grenzen $y_2(x)$ und $y_1(x)$ eingesetzt. Der nunmehr vorliegende Ausdruck wird im dritten Schritt nach x integriert, anschließend werden für die einzige noch vorkommende Variable x die Grenzen eingesetzt.

Beispiel 3.3 Man berechne das dreifache Integral

$$J = \int\limits_{1}^{2} \int\limits_{x}^{3x} \int\limits_{0}^{xy} xyz \, dz \, dy \, dx \, .$$

Es gilt: $x_1 = 1$, $x_2 = 2$; $y_1(x) = x$, $y_2(x) = 3x$; $z_1(x, y) = 0$, $z_2(x, y) = xy$; $f(x, y, z) = xyz$ (vgl. Definition 3.3).

Beim ersten Schritt berechnen wir das „innere Integral"

$$J_1 = \int\limits_{0}^{xy} xyz \, dz = \left[xy \frac{z^2}{2} \right]_{z=0}^{z=xy} = \frac{1}{2}(xy)^3 .$$

Beim zweiten Schritt wird das „mittlere Integral" berechnet

$$
\begin{aligned}
J_2 &= \int\limits_{x}^{3x} J_1 \, dy = \int\limits_{y=x}^{3x} \frac{1}{2}(xy)^3 \, dy = \left[\frac{1}{2}x^3 \frac{1}{4}y^4 \right]_{y=x}^{y=3x} \\
&= \frac{1}{8}x^3(81x^4 - x^4) = \frac{1}{8}x^3 \cdot 80x^4 = 10x^7 .
\end{aligned}
$$

Das „äußere Integral" wird schließlich

$$J = J_3 = \int\limits_{1}^{2} J_2 \, dx = \int\limits_{1}^{2} 10x^7 \, dx = \left[\frac{5}{4}x^8 \right]_{1}^{2} = 318{,}75 \, .$$

Hinweis: Der zu diesem dreifachen Integral gehörige Normalbereich B wird „nach unten" durch die x, y-Ebene ($z = 0$), „nach oben" durch die Sattelfläche $z = xy$ und „seitlich" durch die vier auf der x, y-Ebene senkrecht stehenden Ebenen $y = x$, $y = 3x$, $x = 1$, $x = 2$ begrenzt. Die Sattelfläche – sie gehört zu den sogenannten hyperbolischen Paraboloiden – ist eine sehr einfache Fläche;

man begegnet ihr mit Sicherheit bei den ersten Beispielen in der Differential-rechnung für Funktionen mit mehreren Variablen (siehe [HRS] bzw. [BHW, Bd. 1]).

Aufgabe 3.3 Man berechne das dreifache Integral

$$\int_0^8 \int_{x-1}^{3+x/2} \int_0^{x+y+4} (x + y + z)\, dz\, dy\, dx\,.$$

(Durch welche Flächen wird der zugehörige Normalbereich B begrenzt?)

Aufgabe 3.4 Man bestimme zu allen 6 Typen von Normalbereichen das entsprechende dreifache Integral (vgl. Lösung zu Aufgabe 3.2 und Definition 3.3).

Aufgabe 3.5 Man berechne das dreifache Integral

$$\int_0^5 \int_0^{z+2} \int_0^{x+3z} xyz\, dy\, dx\, dz\,.$$

(Durch welche Flächen wird der zugehörige Normalbereich B begrenzt?)

Nach all diesen Vorbereitungen können wir nun den zum Satz 2.4 (Berech-nung der Bereichsintegrale mit Hilfe von zweifachen Integralen) analogen Satz für Raumintegrale formulieren.

> **Satz 3.1** *Ist B ein räumlicher Normalbereich und $f(P) = f(x, y, z)$ eine auf B stetige Funktion, so ist der Wert des Raumintegrals von $f(P)$ über B gleich dem Wert des zu B gehörigen dreifachen Integrals von $f(x, y, z)$ (vgl. Definitionen 3.2 und 3.3).*

Bei einem räumlichen Normalbereich vom Typ

$$(x, y, z) \in B \iff \begin{cases} x_1 \;\le\; x \;\le\; x_2, \\ y_1(x) \;\le\; y \;\le\; y_2(x), \\ z_1(x, y) \;\le\; z \;\le\; z_2(x, y) \end{cases}$$

lautet die entsprechende Formel:

$$\iiint_B f(P)\, db = \int_{x_1}^{x_2} \int_{y_1(x)}^{y_2(x)} \int_{z_1(x,y)}^{z_2(x,y)} f(x, y, z)\, dz\, dy\, dx\,. \tag{3.5}$$

Analoge Formeln erhält man bei räumlichen Normalbereichen der anderen fünf Typen (vgl. Lösung zu Aufgabe 3.4).

Satz 3.1 wollen wir nicht beweisen. Eine N ä h e r u n g s r e c h n u n g soll uns aber die Aussage des Satzes verständlich machen. Wir setzen voraus, daß der räumliche Bereich B ein Quader ist. Es gelte

$$(x, y, z) \in B \iff \begin{cases} a \leq x \leq b, \\ c \leq y \leq d, \\ e \leq z \leq g. \end{cases}$$

Ist $a = x_0 < x_1 < \cdots < x_n = b$ bzw. $c = y_0 < y_1 < \cdots < y_m = d$ bzw. $e = z_0 < z_1 < \cdots < z_l = g$ eine Zerlegung des Intervalls $[a, b]$ bzw. $[c, d]$ bzw. $[e, g]$, so ist

$$(x, y, z) \in B_{ijk} \iff \begin{cases} x_{i-1} \leq x \leq x_i, \\ y_{j-1} \leq y \leq y_j, \\ z_{k-1} \leq z \leq z_k \end{cases}$$

eine Teilmenge von B, und die Gesamtheit der B_{ijk} $(i = 1, \ldots, n;\ j = 1, \ldots, m;\ k = 1, \ldots, l)$ bildet eine Zerlegung von B. Ist $P_{ijk}(\xi_i, \eta_j, \zeta_k)$ eine beliebiger Punkt aus B_{ijk}, so gilt nach Definition 3.1

$$\iiint_B f(P)\, db \approx \sum_{i,j,k} f(P_{ijk})\, \Delta B_{ijk} = \sum_{i,j,k} f(P_{ijk})\, \Delta x_i\, \Delta y_j\, \Delta z_k \tag{3.6}$$

$$(\Delta x_i = x_i - x_{i-1},\ \Delta y_i = y_i - y_{i-1},\ \Delta z_i = z_i - z_{i-1}).$$

Für das dreifache Integral $\int_a^b \int_c^d \int_e^g dz\, dy\, dx$ erhält man die gleiche Näherungsdarstellung, wenn man von der Definition für das bestimmte Integral ausgeht $(\int_a^b f(x)\, dx = \lim_{\Delta x_i \to 0} \sum f(\xi_i)\, \Delta x_i)$. Der besseren Übersicht wegen führen wir einige Abkürzungen ein.

$$F(x, y) \ := \ \int_e^g f(x, y, z)\, dz \approx \sum_k f(x, y, \zeta_k)\, \Delta z_k\,,$$

$$G(x) \ := \ \int_c^d F(x, y)\, dy \approx \sum_j F(x, \eta_j)\, \Delta y_j\,.$$

Hieraus folgt

$$\int_a^b \int_c^d \int_e^g f(x, y, z)\, dz\, dy\, dx = \int_a^b G(x)\, dx \approx \sum_i G(\xi_i)\, \Delta x_i$$

$$\approx \sum_i \left[\sum_j F(\xi_i, \eta_j)\, \Delta y_j \right] \Delta x_i \approx \sum_i \left[\sum_j \left(\sum_k f(\xi_i, \eta_j, \zeta_k)\, \Delta z_k \right) \Delta y_j \right] \Delta x_i\,.$$

Damit haben wir für das dreifache Integral die gewünschte Näherungsdarstellung

$$\int_a^b \int_c^d \int_e^g f(x, y, z)\, dz\, dy\, dx \approx \sum_{ijk} f(\xi_i, \eta_j, \zeta_k)\, \Delta x_i\, \Delta y_j\, \Delta z_k\,. \tag{3.7}$$

Der Vergleich der Formeln (3.6) und (3.7) macht uns die Gültigkeit der in Satz 3.1 bzw. Formel (3.5) formulierten Aussage verständlich.

Hinweis: Ist B kein räumlicher Normalbereich, so zerlegt man zunächst B in Normalbereiche $B_1, \ldots, B_n$ und wendet die *Zerlegungsformel* (3.4) an.

Die Formel (3.4) wird man auch dann heranziehen, wenn die Funktion $f(P)$ auf dem Bereich B nur „stückweise stetig" ist. Dabei wollen wir in Verallgemeinerung zum Begriff der stückweisen Stetigkeit bei Funktionen einer Variablen (siehe [PFS]) eine auf dem räumlichen Bereich B definierte Funktion $f(P)$ stückweise stetig nennen, wenn es eine Zerlegung von B in abgeschlossene Teilmengen $B_1, B_2, \ldots, B_n$ gibt, so daß die Funktion $f(P)$ auf jedem Teilbereich $B_i\,(i = 1, \ldots, n)$ stetig ist.

Beispiel 3.4 Von dem „nach unten" durch die x, y-Ebene ($z = 0$), „nach oben" durch die Ebene $8x + 3y + 12z = 36$ und „seitlich" durch den auf der x, y-Ebene senkrecht stehenden Kreiszylinder $x^2 + y^2 = 4$ begrenzten räumlichen Bereich B berechne man das Volumen V.

B ist ein räumlicher Normalbereich vom Typ B_1 (vgl. Lösungen zu Aufgabe 3.2). Die Projektion B_{xy} von B auf die x, y-Ebene ist eine Kreisscheibe (s. Bild 3.3). Es gilt:

$$(x, y, z) \in B \iff \begin{cases} -2 \leq x \leq 2, \\ -\sqrt{4 - x^2} \leq y \leq \sqrt{4 - x^2}, \\ 0 \leq z \leq (36 - 8x - 3y)/12. \end{cases}$$

(Man könnte B natürlich auch als einen räumlichen Normalbereich von Typ B_2 ansehen!) Nach den Formeln (3.3) und (3.5) erhält man

$$V = \iiint\limits_B \mathrm{d}b = \int\limits_{-2}^{2} \int\limits_{-\sqrt{4-x^2}}^{\sqrt{4-x^2}} \int\limits_{0}^{(36-8x-3y)/12} \mathrm{d}z\,\mathrm{d}y\,\mathrm{d}x.$$

Das rechts stehende dreifache Integral berechnen wir wieder schrittweise:

$$J_1 = \int\limits_{0}^{(36-8x-3y)/12} \mathrm{d}z = (36 - 8x - 3y)/12 = 3 - \frac{2}{3}x - \frac{1}{4}y,$$

$$J_2 = \int\limits_{-\sqrt{4-x^2}}^{\sqrt{4-x^2}} J_1\,\mathrm{d}y = \left[3y - \frac{2}{3}xy - \frac{1}{8}y^2\right]_{y=-\sqrt{4-x^2}}^{y=\sqrt{4-x^2}} = 6\sqrt{4 - x^2} - \frac{4}{3}x\sqrt{4 - x^2},$$

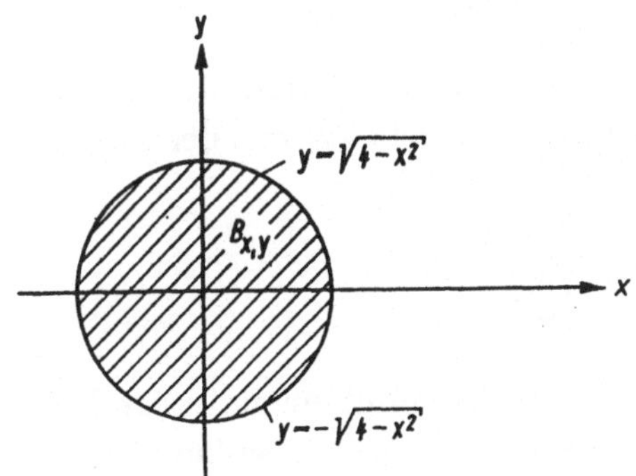

Bild 3.3

$$J_3 \;=\; \int\limits_{-2}^{2} J_2 \,\mathrm{d}x = \int\limits_{-2}^{2} \Big(6\sqrt{4-x^2} - \frac{4}{3}x\sqrt{4-x^2}\Big)\,\mathrm{d}x = 12\pi\,.$$

Ergebnis: $V = 12 \cdot \pi$ (Volumeneinheiten). Die Integrale für $\sqrt{4-x^2}$ und $x\sqrt{4-x^2}$ wurden einer Formelsammlung entnommen (s. z.B. [BSE]).

Bemerkung 3.2 Wie im Anschluß an Definition 3.1 bereits angekündigt wurde, sollen nun noch einige Hinweise zu Bezeichnungsweisen bei Raumintegralen folgen. Ebenso wie bei (ebenen) Bereichsintegralen ist auch bei Raumintegralen die Benennung und das Symbol in der Literatur nicht einheitlich. Anstelle von „Raumintegral" oder „Volumenintegral" sagt man leider auch oft „dreifaches Integral". Auf Grund des in Satz 3.1 beschriebenen engen Zusammenhangs zwischen Raumintegralen (im Sinne von Definition 3.1) und dreifachen Integralen (im Sinne von Definition 3.3) ist diese Sprechweise zwar verständlich, wir würden aber doch empfehlen, die beiden Begriffe „Raumintegral" und „dreifaches Integral" streng auseinanderzuhalten. Beim Symbol für das Raumintegral gibt es – von kleineren Unterschieden einmal abgesehen – zwei Typen: Das Symbol mit drei Integralzeichen (wie wir es benutzt haben) und das Symbol mit einem Integralzeichen (wie es vor allem in den Ingenieurwissenschaften verwendet wird). Neben solchen Symbolen wie

$$\iiint\limits_{B} f(P)\,\mathrm{d}b\,,\qquad \iiint\limits_{B} f(\mathbf{x})\,\mathrm{d}\mathbf{x}\,,\qquad \iiint\limits_{B} f(x,y,z)\,\mathrm{d}x\,\mathrm{d}y\,\mathrm{d}z\,,\qquad \iiint\limits_{B} f\,\mathrm{d}V$$

findet man daher auch die Schreibweise

$$\int\limits_{B} f(P)\,\mathrm{d}b\,,\qquad \int\limits_{V} f(\mathbf{x})\,\mathrm{d}\tau\,,\qquad \int\limits_{V} f(x,y,z)\,\mathrm{d}V\,,\qquad \int\limits_{B} f\,\mathrm{d}V\,.$$

3.2 Anwendungen des Raumintegrals

Ein erstes Anwendungsbeispiel haben wir schon in Abschnitt 3.1 kennengelernt. Für die Gesamtmasse m des räumlichen Bereiches B mit der (ortsabhängigen) Dichte $\varrho = \varrho(P)$ gilt

$$m = \iiint\limits_{B} \varrho \, \mathrm{d}b.$$

Benutzt man für das Raumintegral das Symbol mit einem Integralzeichen – wie es z.B. auch in der Physik sehr oft gebraucht wird – , so lautet die Formel für die Gesamtmasse

$$m = \int \varrho \, \mathrm{d}b.$$

Auf die Angabe des Integrationsbereiches B haben wir hier ausnahmsweise verzichtet, da dies in den Anwendungen auch oft der Fall ist; selbstverständlich muß dann aus dem Zusammenhang ersichtlich sein, über welchen Bereich B man integriert. Schließlich kann man an Stelle von $m = \int \varrho \, \mathrm{d}b$ noch die ganz kurze Schreibweise

$$m = \int \mathrm{d}m$$

finden. Diese Schreibweise entspricht der folgenden physikalischen Vorstellung: man zerlegt den räumlichen Bereich B in kleine Raumteile mit dem Volumen $\mathrm{d}b$. Unter $\mathrm{d}b$ muß man sich also das Volumen eines kleinen „Raumelements" von B vorstellen; für $\mathrm{d}b$ ist daher auch die Sprechweise V o l u m e n e l e m e n t üblich. Multipliziert man das Volumenelement $\mathrm{d}b$ mit der Dichte ϱ (ϱ = Dichte in einem beliebigen Punkt des Raumteiles), so erhält man näherungsweise die Masse $\mathrm{d}m$ des Volumenelements: $\mathrm{d}m = \varrho \, \mathrm{d}b$. Die Summierung (Integration) über die Massenelemente $\mathrm{d}m$ ergibt die Gesamtmasse m:

$$m = \int \mathrm{d}m = \int \varrho \, \mathrm{d}b.$$

(Es ist sehr instruktiv, diese „physikalischen" Formulierungen mit den Ausführungen bei der Herleitung der Formel (3.2) zu vergleichen.)

Für den Schwerpunkt, das statische Moment und das Trägheitsmoment im Raum erhält man Formeln, die mit den entsprechenden Formeln in der Ebene (vgl. Abschnitt 2.4) übereinstimmen, wenn man in den Formeln für die Ebene das Bereichsintegralsymbol durch das Raumintegralsymbol ersetzt. Für den Schwerpunkt gilt der folgende

Satz 3.2 *B sei ein räumlicher Bereich mit der (ortsabhängigen) stetigen Dichte $\varrho = \varrho(P) = \varrho(x,y,z)$. Für den Schwerpunkt $S(x_S, y_S, z_S)$ gilt dann*

$$x_S = \frac{1}{m} \iiint\limits_B x\varrho \; db,$$

$$y_S = \frac{1}{m} \iiint\limits_B y\varrho \; db, \qquad (3.8)$$

$$z_S = \frac{1}{m} \iiint\limits_B z\varrho \; db.$$

Die Gesamtmasse m von B wird dabei nach der Formel

$$m = \iiint\limits_B \varrho \; db$$

berechnet.

Bei der Herleitung dieser drei Formeln läßt man sich vom gleichen Gedankengang leiten wie bei der Herleitung der entsprechenden Formeln für den Schwerpunkt eines ebenen Bereichs. Bei der Skizzierung des Beweises für Satz 3.2 können wir uns ohne Beschränkung der Allgemeinheit auf die Formel für x_S konzentrieren. Als bekannt setzen wir wieder die Formeln für den Schwerpunkt $(\overline{x}, \overline{y}, \overline{z})$ eines Systems von Massenpunkten $P_i(x_i, y_i, z_i)$ mit den Massen m_i $(i = 1, \ldots, n)$ voraus:

$$\overline{x} = \frac{1}{m} \sum_i x_i m_i \,.$$

(Analoge Formeln für $\overline{y}$ und $\overline{z}$). B wird in (kleine) Teilmengen $B_1, B_2, \ldots, B_n$ zerlegt und jede Teilmenge B_i durch einen Massenpunkt $P_i \in B_i$ mit der Masse $m_i = m(B_i) =$ Masse von B_i ersetzt. Es gilt $m_i \approx \varrho(P_i)\,\Delta B_i$; hierbei ist wieder ΔB_i das Volumen von B_i und $\varrho(P_i)$ die Dichte im Punkte P_i. Von diesem System von Massenpunkten $P_1, P_2, \ldots, P_n$ mit den Massen $m_1, m_2, \ldots, m_n$ bestimmen wir nach den bekannten Formeln den Schwerpunkt $(\overline{x}, \overline{y}, \overline{z})$, der eine Näherung für den gesuchten Schwerpunkt (x_S, y_S, z_S) des Bereiches B darstellt. Es gilt also $\overline{x} \approx x_S$, $\overline{y} \approx y_S$, $\overline{z} \approx z_S$. Den genauen Wert von x_S, y_S, z_S erhält man durch den bekannten Grenzprozeß $\emptyset B_i \to 0$.

Diese Überlegungen ergeben formelmäßig:

$$\overline{x} = \frac{1}{m} \sum_i x(P_i) \cdot m_i \approx \frac{1}{m} \sum_i x(P_i)\,\varrho(P_i)\,\Delta B_i,$$

$$x_S = \lim_{\emptyset B_i \to 0} \overline{x} = \lim_{\emptyset B_i \to 0} \frac{1}{m} \sum_i x(P_i)\, \varrho(P_i)\, \Delta B_i$$

$$= \lim_{\emptyset B_i \to 0} \frac{1}{m} \sum_i [x\varrho](P_i)\, \Delta B_i = \frac{1}{m} \iiint\limits_B x\varrho \; \mathrm{d}b\,.$$

(Zur letzten Umformung vergleiche man Formel (3.1).)

Hinweis: Die in Satz 3.2 angegebene Formel für x_S wird wegen der vorhin beschriebenen physikalischen Beziehung $\varrho\, \mathrm{d}b = \mathrm{d}m$ auch in der Form

$$x_S = \frac{1}{m} \iiint\limits_B x \; \mathrm{d}m$$

bzw. – bei Benutzung des Symbols mit einem Integralzeichen –

$$x_S = \frac{1}{m} \int x \; \mathrm{d}m$$

geschrieben. Die drei Gleichungen

$$x_S = \frac{1}{m} \int x \; \mathrm{d}m\,, \; y_S = \frac{1}{m} \int y \; \mathrm{d}m\,, \; z_S = \frac{1}{m} \int z \; \mathrm{d}m$$

können schließlich noch in einer Vektorgleichung zusammengefaßt werden:

$$\begin{pmatrix} x_S \\ y_S \\ z_S \end{pmatrix} = \mathbf{x}_S = \frac{1}{m} \int \mathbf{x} \; \mathrm{d}m = \frac{1}{m} \int \begin{pmatrix} x \\ y \\ z \end{pmatrix} \mathrm{d}m\,.$$

Den Schwerpunkt eines homogenen Bereiches B ($\varrho = $ const) bezeichnet man als *geometrischen Schwerpunkt*. Ist $\varrho = \varrho_0 = $ const, so kann man in den Formeln des Satzes 3.2 den Faktor ϱ_0 vor das Integral setzen, und wegen $m/V = \varrho_0$ erhält man den

---

Satz 3.3 *Für den geometrischen Schwerpunkt (x_0, y_0, z_0) des räumlichen Bereiches B gilt*

$$x_0 = \frac{1}{V} \iiint\limits_B x \; \mathrm{d}b,$$

$$y_0 = \frac{1}{V} \iiint\limits_B y \; \mathrm{d}b, \qquad (3.9)$$

$$z_0 = \frac{1}{V} \iiint\limits_B z \; \mathrm{d}b.$$

V wird nach der Formel $V = \iiint\limits_{B} \mathrm{d}b$ berechnet (vgl. Formel (3.3)).

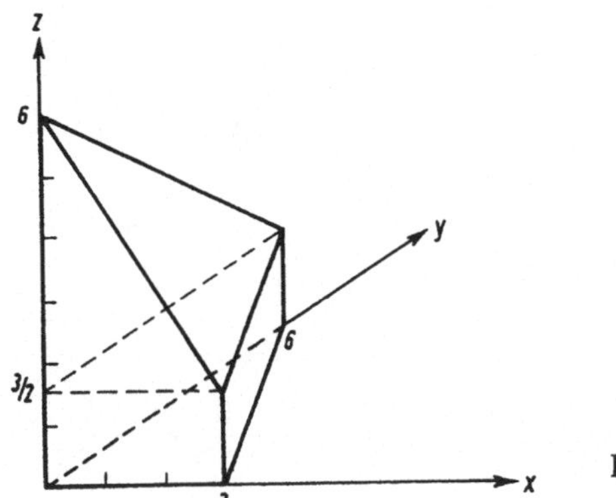

Bild 3.4

Beispiel 3.5   Von dem durch die Koordinatenebenen $x = 0$, $y = 0$, $z = 0$ (y, z-Ebene, x, z-Ebene, x, y-Ebene) sowie die Ebenen $2x+y = 6$ und $6x+3y+4z = 24$ begrenzten räumlichen Bereich B (s. Bild 3.4) bestimme man den geometrischen Schwerpunkt.

Wir berechnen zunächst das Volumen V von B nach der Formel

$$V = \iiint\limits_{B} \mathrm{d}b.$$

Da B ein räumlicher Normalbereich vom Typ B_1 ist (vgl. Lösung zu Aufgabe 3.2), kann man das Raumintegral mit Hilfe eines dreifachen Integrals berechnen (vgl. Formel (3.5)). Wegen

$$(x, y, z) \in B \iff \begin{cases} 0 \leq x \leq 3, \\ 0 \leq y \leq 6 - 2x, \\ 0 \leq z \leq (24 - 6x - 3y)/4 \end{cases}$$

gilt

$$V = \iiint\limits_{B} \mathrm{d}b = \int_{0}^{3} \int_{0}^{6-2x} \int_{0}^{(24-6x-3y)/4} \mathrm{d}z\,\mathrm{d}y\,\mathrm{d}x$$

$$= \frac{1}{4} \int_{0}^{3} \int_{0}^{6-2x} (24 - 6x - 3y)\,\mathrm{d}y\,\mathrm{d}x = \frac{1}{4} \int_{0}^{3} \left[24y - 6xy - \frac{3}{2}y^2 \right]_{y=0}^{y=6-2x} \mathrm{d}x$$

$$= \int_{0}^{3} \left(\frac{45}{2} - 12x + \frac{3}{2}x^2 \right) \mathrm{d}x = 27.$$

Von den Koordinaten des geometrischen Schwerpunktes berechnen wir nur die x-Koordinate x_0. (Bei y_0 und z_0 ergeben sich keine neuen Gesichtspunkte.) Nach Satz 3.3 gilt

$$
x_0 = \frac{1}{V} \iiint\limits_B x\ \mathrm{d}b = \frac{1}{27} \int\limits_0^3 \int\limits_0^{6-2x} \int\limits_0^{(24-6x-3y)/4} x\ \mathrm{d}z\,\mathrm{d}y\,\mathrm{d}x
$$

$$
= \frac{1}{27\cdot 4} \int\limits_0^3 \int\limits_0^{6-2x} x(24 - 6x - 3y)\,\mathrm{d}y\,\mathrm{d}x
$$

$$
= \frac{1}{27} \int\limits_0^3 \left(\frac{45}{2}x - 12x^2 + \frac{3}{2}x^3\right)\,\mathrm{d}x = \frac{1}{27}\cdot\frac{9}{8}\cdot 21 = \frac{7}{8}.
$$

Aufgabe 3.6 B sei ein räumlicher Bereich, der nach unten durch die x,y-Ebene, nach oben durch das Rotationsparaboloid $z = x^2 + y^2 + 2$ und seitlich durch die auf der x,y-Ebene senkrecht stehenden Ebenen $x = 0$, $x = 3$, $y = 1$, $y = 4$ begrenzt wird. (In Bild 3.5 ist die Projektion von B auf die x,y-Ebene eingezeichnet.) Man berechne die x-Koordinate des geometrischen Schwerpunktes von B.

Ist B ein räumlicher Bereich mit dem Schwerpunkt $S(x_S, y_S, z_S)$ und der Gesamtmasse m, so versteht man unter dem statischen Moment von B bezüglich der x,y-Ebene das Produkt $M_{xy} := m \cdot z_S$ (Gesamtmasse von B mal Abstand des Schwerpunktes von der x,y-Ebene). Analog definiert man die statischen Momente von B bezüglich der beiden anderen Koordinatenebenen. Nach Satz 3.2 kann man die statischen Momente von B wieder durch Raumintegrale darstellen. Es gilt

Satz 3.4

$$
M_{xy} = m \cdot z_S = \iiint\limits_B z\varrho\ \mathrm{d}b \qquad (3.10)
$$

ist das s t a t i s c h e M o m e n t *von dem räumlichen Bereich B (mit der Dichte $\varrho = \varrho(P)$) bezüglich der x,y-Ebene.*

Ebenfalls durch Raumintegrale kann man den Begriff des Trägheitsmomentes beschreiben. Unter dem Trägheitsmoment eines Massenpunktes $P(x,y,z)$ mit der Masse m bezüglich einer Ebene E_0 bzw. einer Geraden g_0 bzw. eines Punktes P_0 versteht man das Produkt $m \cdot r^2 =$ Masse mal Quadrat des Abstandes r des Punktes P von E_0 bzw. g_0 bzw. P_0. Das Trägheitsmoment J_{E_0} bzw.

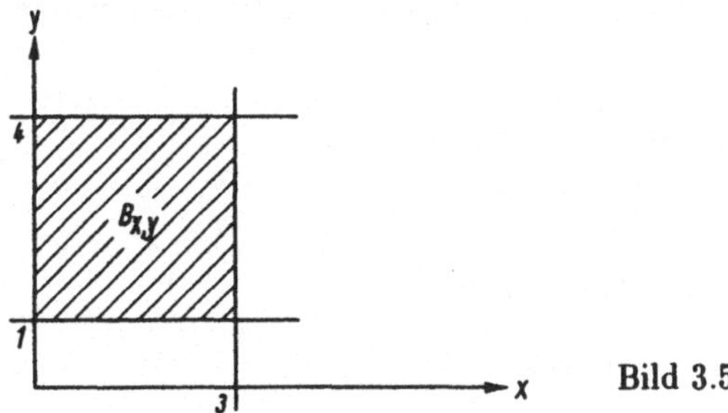

J_{g_0} bzw. J_{P_0} bezüglich einer Ebene E_0 bzw. einer Geraden (Achse) g_0 bzw. eines Punktes (Pols) P_0 bezeichnet man als *planares* bzw. *axiales* bzw. *polares Trägheitsmoment*.

Hat man ein System von Massenpunkten $P_i(x_i, y_i, z_i)$ mit den Massen m_i $(i = 1, 2, \ldots, n)$, so summiert man über die Trägheitsmomente der einzelnen Massenpunkte und erhält das Trägheitsmoment eines Systems von Massenpunkten:

$$J = \sum_i m_i\, r_i^2 . \tag{3.11}$$

Hierbei ist r_i der Abstand des Punktes P_i von E_0 bzw. g_0 bzw. P_0, je nachdem, ob es sich um ein planares, axiales oder polares Trägheitsmoment handelt.

Auf dem nun schon hinreichend bekannten Weg (Zerlegung des Bereiches B in kleine Teilmengen $B_1, \ldots, B_n$ usw.; vgl. die Ausführungen zum Satz 3.2) gelangt man von der Formel (3.11) zu einer Formel für das Trägheitsmoment eines räumlichen Bereichs (eines Körpers) B. Es gilt der

---

Satz 3.5 *Das* T r ä g h e i t s m o m e n t *$J (= J_{E_0}$ bzw. J_{g_0} bzw. J_{P_0}) eines räumlichen Bereiches B mit der (ortsabhängigen) Dichte $\varrho = \varrho(P)$ $= \varrho(x, y, z)$ berechnet man nach der Formel*

$$J = \iiint\limits_{B} r^2 \varrho \; \mathrm{d}b . \tag{3.12}$$

Hierbei ist r der Abstand des (variablen) Punktes $P(x, y, z)$ von E_0 bzw. g_0 bzw. P_0, je nachdem, ob es sich um das planare, axiale oder polare Trägheitsmoment $J = J_{E_0}$ bzw. $J = J_{g_0}$ bzw. $J = J_{P_0}$ handelt.

Bei der Berechnung des Abstandes r (Abstand Punkt—Ebene, Abstand Punkt—Gerade, Abstand Punkt—Punkt) geht es um einfache geometrische

Grundaufgaben. In einigen wichtigen Spezialfällen kann man r bzw. r^2 sofort angeben:

$$
\begin{aligned}
E_0 &= x,y\text{-Ebene} &\Longrightarrow\quad r^2 &= z^2, \\
g_0 &= x\text{-Achse} &\Longrightarrow\quad r^2 &= y^2 + z^2, \\
P_0 &= O &\Longrightarrow\quad r^2 &= x^2 + y^2 + z^2 \\
(O &= \text{Koordinatenursprung}).
\end{aligned}
$$

Die Formel (3.12) wird auch in der Form

$$
J = \iiint r^2 \, \mathrm{d}m \quad \text{bzw.} \quad J = \int r^2 \, \mathrm{d}m
$$

angegeben.

Beispiel 3.6 Von dem in Bild 3.6 dargestellten räumlichen Bereich B (Quader) mit $\varrho \equiv 1$ berechne man das (axiale) Trägheitsmoment bezüglich der z-Achse.

Ist g_0 die z-Achse, so gilt für den Abstand r des variablen Punktes $P(x,y,z)$ von der z-Achse $r^2 = x^2 + y^2$. Für das gesuchte Trägheitsmoment J_z gilt daher nach Formel (3.12)

$$
J_z = \iiint\limits_{B} (x^2 + y^2) \, \mathrm{d}b.
$$

Da B ein räumlicher Normalbereich ist, kann das Raumintegral sofort durch ein dreifaches Integral ersetzt werden (vgl. Satz 3.1):

$$
J_z = \int\limits_0^2 \int\limits_0^3 \int\limits_0^4 (x^2 + y^2) \, \mathrm{d}z \, \mathrm{d}y \, \mathrm{d}x = 104.
$$

Aufgabe 3.7 B sei der in Bild 3.7 dargestellte räumliche Bereich mit der Dichte $\varrho = x + 1$. Man berechne das Trägheitsmoment von B bezüglich der y-Achse. B wird „nach unten" durch die x,y-Ebene, „nach oben" durch eine die Punkte $(3,0,0)$, $(0,5,0)$, $(0,0,2)$ enthaltende Ebene begrenzt.

An dieser Stelle wollen wir zunächst einmal die Reihe der Anwendungen des Raumintegrals abbrechen, da uns im Augenblick zur Berechnung von Raumintegralen nur die kartesischen x,y,z-Koordinaten zur Verfügung stehen. Im Zusammenhang mit der Einführung von „krummlinigen Koordinaten" im nächsten Abschnitt werden wir aber noch weitere Anwendungsbeispiele kennenlernen.

Bei der Berechnung von Trägheitsmomenten ist ein Satz von Bedeutung, mit dessen Hilfe man das Trägheitsmoment eines Körpers bezüglich irgendeiner Achse ermitteln kann, wenn man die Trägheitsmomente dieses Körpers

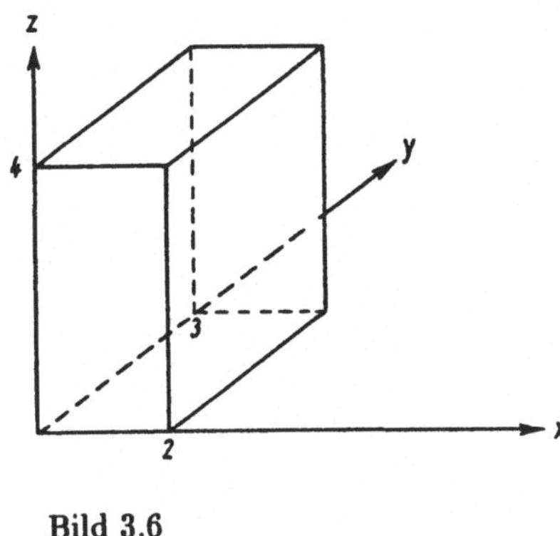

Bild 3.6

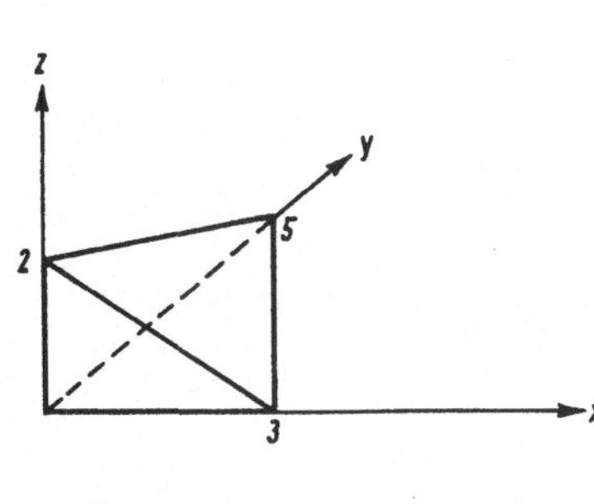

Bild 3.7

bezüglich der durch den Schwerpunkt des Körpers gehenden Achsen kennt. Es handelt sich um den

---

Satz 3.6 *(Satz von Steiner)* *B sei ein Körper mit der Dichte $\varrho = \varrho(P)$ und der Gesamtmasse m. Ist g eine beliebige Achse, g_S eine zu g parallel verlaufende Achse durch den Schwerpunkt (g $\parallel$ g_S, $S \in g_S$, S Schwerpunkt von B), a der Abstand dieser beiden Achsen, so gilt für das Trägheitsmoment J bzw. J_S des Körpers bezüglich g bzw. g_S die Gleichung*

$$J = J_S + ma^2 .$$

Beweis: Wir führen ein rechtwinklig-kartesisches Koordinatensystem ein, dessen z-Achse mit der Achse g zusammenfällt und dessen x, z-Ebene die Achse g_S enthält. Wegen $g \parallel g_S$ ist das möglich! Legt man nun durch den beliebig vorgegebenen Punkt $P(x, y, z)$ eine auf g senkrecht stehende Ebene E_P (wegen „$g \equiv z$-Achse" muß E_P parallel zur x, y-Ebene verlaufen!), so ergibt sich bezüglich der drei Größen r_1 = Abstand (P, g), r_2 = Abstand (P, g_S), a = Abstand (g, g_S) der in Bild 3.8 dargestellte Zusammenhang; dabei ist P_1 bzw. P_2 der Schnittpunkt der Ebene E_P mit g bzw. g_S. Für die Vektoren $\mathbf{r}_1 = \overrightarrow{P_1P}$, $\mathbf{a} = \overrightarrow{P_1P_2}$, $\mathbf{r}_2 = \overrightarrow{P_2P}$ gelten die Beziehungen:

$$\text{I)} \quad |\mathbf{r}_1| = r_1, \ |\mathbf{a}| = a, \ |\mathbf{r}_2| = r_2 ;$$
$$\text{II)} \quad \mathbf{r}_1 = \mathbf{a} + \mathbf{r}_2 ;$$

III) $(x, y, 0)$:   Koordinaten des Vektors $\mathbf{r}_1$,
        $(a, 0, 0)$:   Koordinaten des Vektors $\mathbf{a}$,
        $(x - a, y, 0)$:   Koordinaten des Vektors $\mathbf{r}_2 = \mathbf{r}_1 - \mathbf{a}$
        (bezüglich des eingeführten Koordinatensystems) .

Für die Trägheitsmomente J bzw. J_S gilt nach Satz 3.5:

$$J = \iiint\limits_{B} r_1^2 \varrho \, db, \ J_S = \iiint\limits_{B} r_2^2 \varrho \, db .$$

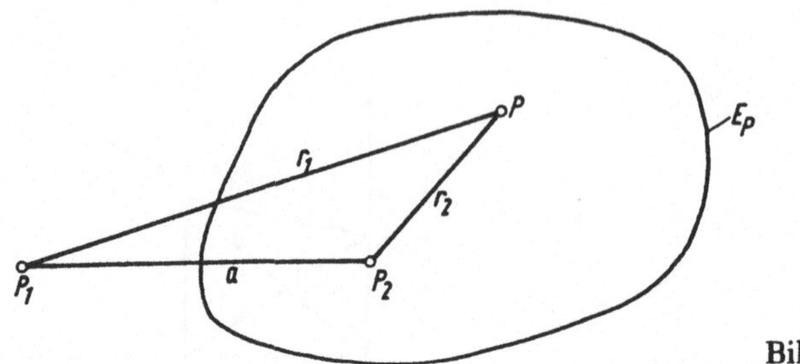

Bild 3.8

Hieraus folgt:

$$
\begin{aligned}
J_S \;&=\; \iiint_B r_2^2\varrho \; db = \iiint_B \mathbf{r}_2^2\varrho \; db = \iiint_B [(x-a)^2 + y^2]\varrho \; db \\[2mm]
&=\; \iiint_B (x^2 + y^2)\,\varrho \; db - \iiint_B 2ax\varrho \; db + \iiint_B a^2\varrho \; db \\[2mm]
&=\; \iiint_B \mathbf{r}_1^2\varrho \; db - 2a \iiint_B x\varrho \; db + \mathbf{a}^2 \iiint_B \varrho \; db \\[2mm]
&=\; J - 2a \cdot x_S\, m + a^2 m \;(\text{vgl. Satz 3.2}).
\end{aligned}
$$

Da der Schwerpunkt S auf g_S liegt, muß für die x-Koordinate des Schwerpunktes (x_S) bezüglich des eingeführten Koordinatensystems die Gleichung $x_S = a$ gelten. Wegen der Gleichung $J_S = J - 2a^2m + a^2m = J - a^2m$ ist damit der Satz von Steiner bewiesen.

Hinweis: Am Schluß des Beweises wurden die Faktoren $2a$ und a^2 vor das jeweilige Raumintegral gesetzt. Das ist möglich, weil diese Faktoren konstant sind. Den Faktor ϱ darf man i. allg. nicht vor das Raumintegral setzen; dies wäre lediglich im Falle eines homogenen Bereichs erlaubt ($\varrho = \text{const}$).

3.3 Die n-dimensionalen Integrale

Die Definition des bestimmten Integrals (Riemann-Integral im $\mathbb{R}^1$), des Bereichsintegrals (Riemann-Integral im $\mathbb{R}^2$) und des Raumintegrals (Riemann-Integral im $\mathbb{R}^3$) verläuft immer nach dem gleichen Schema. Es ist daher naheliegend, den Integralbegriff auch auf den Fall von mehr als drei Dimensionen zu verallgemeinern. Bei einem Bereichsintegral ist ein ebener Bereich B (eine Teilmenge des $\mathbb{R}^2$) und eine darauf definierte Funktion $f(P) = f(x_1, x_2)$ gegeben. (An Stelle von x, y wurde hier die für Verallgemeinerungen zweckmäßigere Schreibweise x_1, x_2 benutzt.) Analog ist bei einem Raumintegral ein räumlicher Bereich B (eine Teilmenge des $\mathbb{R}^3$) und eine darauf definierte Funktion

$f(P) = f(x_1, x_2, x_3)$ vorgegeben. Um eine für alle Dimensionen einheitliche Sprechweise zu ermöglichen, wollen wir bei unseren jetzigen auf Verallgemeinerung gerichteten Betrachtungen die Bereichsintegrale als *zweidimensionale Integrale* und die Raumintegrale als *dreidimensionale Integrale* bezeichnen. Integrale über n-dimensionale Bereiche heißen dann *n-dimensionale Integrale* oder *Riemann-Integrale im* $\mathbb{R}^n$. Die Spezialfälle $n = 1$ bzw. $n = 2$ bzw. $n = 3$ liefern das bestimmte Integral bzw. das Bereichsintegral bzw. das Raumintegral.

Bei einem n-dimensionalen Integral ist der Integrationsbereich ein n-dimensionaler Bereich B (eine Teilmenge des $\mathbb{R}^n$), der Integrand eine auf B definierte Funktion $f(P) = f(\mathbf{x}) = f(x_1, x_2, \ldots, x_n)$. Die wesentlichen Begriffe im *n-dimensionalen Raum* $\mathbb{R}^n$ – z.B. Abstand zweier Punkte, beschränkte Menge, Durchmesser einer Menge, offene Menge, abgeschlossene Menge, Funktionen von n Variablen – werden in [HRS] behandelt. Für $n = 1, 2, 3$ können wir uns unter dem $\mathbb{R}^n$ konkret etwas vorstellen: die x-Achse ($n = 1$), die x, y-Ebene ($n = 2$) und den x, y, z-Raum ($n = 3$). Für $n > 3$ übernimmt man dann formal die aus dem $\mathbb{R}^2$ bzw. $\mathbb{R}^3$ geläufigen Begriffsbildungen (wie z.B. „Punkt", „Abstand zweier Punkte", „Umgebung eines Punktes", usw.), obwohl wir z.B. bei einem $\mathbb{R}^4$ mit unserem „räumlichen Vorstellungsvermögen" im herkömmlichen Sinne nichts mehr anfangen können.

Die Definition des n-dimensionalen Integrals unterscheidet sich äußerlich kaum von den entsprechenden Definitionen 2.5 und 3.1 für die Bereichsintegrale (2-dimensionale Integrale) bzw. Raumintegrale (3-dimensionale Integrale). In Analogie zu den Formeln (2.3) und (3.1), d.h.

$$\iint\limits_B f(P)\ \mathrm{d}b = \lim_{\emptyset B_i \to 0} \sum_i f(P_i)\, \Delta B_i$$

und

$$\iiint\limits_B f(P)\ \mathrm{d}b = \lim_{\emptyset B_i \to 0} \sum_i f(P_i)\, \Delta B_i$$

hat man bei n-dimensionalen Integralen die Formel

$$\iint\limits_B \cdots \int f(P)\,\mathrm{d}b = \lim_{\emptyset B_i \to 0} \sum_i f(P_i)\, \Delta B_i . \tag{3.13}$$

Hierbei ist natürlich jetzt $B_1, B_2, \ldots, B_n$ eine Zerlegung des n-dimensionalen Bereiches B in n-dimensionale Teilbereiche, und unter ΔB_i ist das n-dimensionale Volumen (der Riemannsche Inhalt) von B_i zu verstehen. Auf den Inhaltsbegriff (Maßbegriff) im $\mathbb{R}^n$ gehen wir hier nicht ein. Wir verweisen auf die Bemerkungen zu dieser Thematik in [PFS] und auf [MKN, Bd. 3] bzw. [PKW, Bd. 2.]

Für die Berechnung des n-dimensionalen Integrals ist wesentlich, daß auch für n-dimensionale Bereiche der zu den Sätzen 2.4 und 3.1 analoge Satz im $\mathbb{R}^n$ gilt.

Satz 3.7 *Ist B ein Normalbereich des $\mathbb{R}^n$ und $f(P) = f(x_1, x_2, \ldots, x_n)$ eine auf B definierte stetige Funktion, so ist der Wert des n-dimensionalen Integrals (vgl. (3.13)) gleich dem Wert des zu B gehörigen n-fachen Integrals von $f(x_1, x_2, \ldots, x_n)$.*

Was man unter einem Normalbereich des $\mathbb{R}^n$ und dem zugehörigen n-fachen Integral versteht, soll an einem Beispiel im $\mathbb{R}^4$ demonstriert werden.

$$
(x_1, x_2, x_3, x_4) \in B \iff
\begin{cases}
g_1 & \leq & x_1 & \leq & G_1\,, \\
g_2(x_1) & \leq & x_2 & \leq & G_2(x_1)\,, \\
g_3(x_1, x_2) & \leq & x_3 & \leq & G_3(x_1, x_2)\,, \\
g_4(x_1, x_2, x_3) & \leq & x_4 & \leq & G_4(x_1, x_2, x_3)
\end{cases}
$$

ist ein solcher 4dimensionaler Normalbereich. Das 4dimensionale Integral von $f(P) = f(x_1, x_2, x_3, x_4)$ über B ist dann gleich dem zu B gehörigen 4fachen Integral von $f(x_1, x_2, x_3, x_4)$. Das heißt:

$$
\iiiint\limits_{B} f(P)\,\mathrm{d}b = \int\limits_{g_1}^{G_1} \int\limits_{g_2(x_1)}^{G_2(x_1)} \int\limits_{g_3(x_1,x_2)}^{G_3(x_1,x_2)} \int\limits_{g_4(x_1,x_2,x_3)}^{G_4(x_1,x_2,x_3)} f(x_1, x_2, x_3, x_4)\,\mathrm{d}x_4\,\mathrm{d}x_3\,\mathrm{d}x_2\,\mathrm{d}x_1\,.
$$

Es gibt insgesamt $4! = 24$ verschiedene Typen von 4fachen Integralen. Bei dreifachen Integralen gibt es insgesamt $3! = 6$ verschiedene Typen (vgl. Lösung zu Aufgabe 3.4). Bei zweifachen Integralen (siehe Abschnitt 1.3) hat man $2! = 2$ verschiedene Typen. Allgemein gilt: Bei n-fachen Integralen gibt es insgesamt $n!$ verschiedene Typen.

4 Transformation n-dimensionaler Integrale

4.1 Krummlinige Koordinaten

Ein wesentliches Hilfsmittel bei der Berechnung gewöhnlicher Integrale

$$\int\limits_a^b f(x)\,\mathrm{d}x$$

ist die „Substitutionsmethode". Von der „alten Variablen" x geht man zu einer geeigneten „neuen Variablen" u über, wobei der Zusammenhang zwischen x und u durch eine Gleichung $x = \varphi(u)$ beschrieben wird.

Auch bei Bereichs- und Raumintegralen spielt die Einführung neuer Variabler eine große Rolle. Bei Bereichsintegralen geht man z.B. von den x, y-Koordinaten zu neuen „krummlinigen" u, v-Koordinaten über. Im folgenden wollen wir alle für uns wesentlichen Eigenschaften über krummlinige Koordinaten zusammenstellen und erläutern. (Eine ausführliche Behandlung der krummlinigen Koordinaten findet man in [HRS].)

Der wesentliche Grund, von den rechtwinklig-kartesischen x, y-Koordinaten in der Ebene (bzw. x, y, z-Koordinaten im Raum) zu krummlinigen u, v-Koordinaten (bzw. u, v, w-Koordinaten) überzugehen, liegt in der Tatsache begründet, daß eine ganze Reihe von ebenen (bzw. räumlichen) Bereichen durch geeignete krummlinige Koordinaten wesentlich einfacher beschrieben werden können als durch die im allgemeinen verwendeten rechtwinklig-kartesischen Koordinaten. Das folgende einfache Beispiel wird zeigen, daß die eben getroffene Feststellung vor allem auch bei Bereichs- und Raumintegralen unbedingt beachtet werden muß. Ungünstige Wahl der Koordinatenart führt fast immer zu komplizierten Rechnungen bei den zugehörigen zweifachen bzw. dreifachen Integralen – in vielen Fällen kann es sogar zu einem mit den üblichen Mitteln nicht mehr lösbaren Problem führen. Allgemein wird man bei Bereichs- bzw. Raumintegralen immer dann zu neuen krummlinigen Koordinaten übergehen, wenn entweder der Integrationsbereich oder der Integrand (oder alle beide) in den neuen Koordinaten einfacher beschrieben werden kann.

Beispiel 4.1 Das Volumen V einer Kugel vom Radius a soll mit Hilfe eines Raumintegrals berechnet werden.

Wir führen ein rechtwinklig-kartesisches x, y, z-Koordinatensystem ein, dessen Koordinatenanfangspunkt O mit dem Mittelpunkt M der Kugel zusammenfallen soll (s. Bild 4.1). Der durch die Kugel $x^2 + y^2 + z^2 = a^2$ begrenzte räumliche Bereich B ist ein Normalbereich vom Typ B_1 (vgl. Lösungen zu Aufgabe 3.2; B kann in diesem Fall auch als Normalbereich vom Typ $B_2, \ldots, B_6$

angesehen werden). Es gilt

$$(x, y, z) \in B \iff \begin{cases} -a \leq x \leq a, \\ -\sqrt{a^2 - x^2} \leq y \leq \sqrt{a^2 - x^2}, \\ -\sqrt{a^2 - x^2 - y^2} \leq z \leq \sqrt{a^2 - x^2 - y^2}. \end{cases}$$

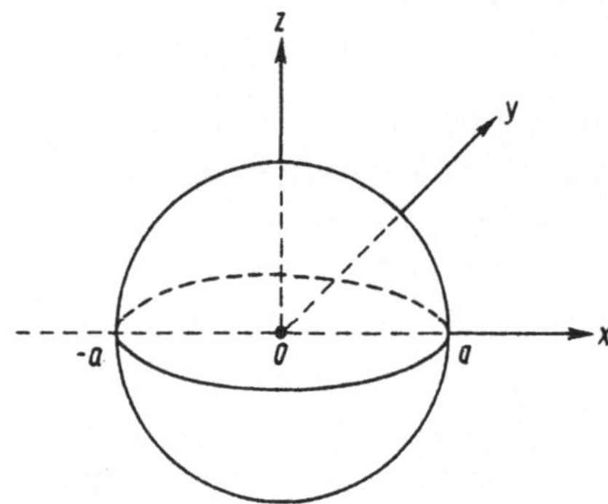

Bild 4.1

Diese Ungleichungen ergeben sich aus folgenden Umformungen: Aus der Gleichung $x^2 + y^2 + z^2 = a^2$ folgt $z = \pm\sqrt{a^2 - x^2 - y^2}$, wobei „+" die obere und „–" die untere Kugelhälfte liefert. Die Projektion $B_{x,y}$ (von B auf die x, y-Ebene) ist die durch den Kreis $x^2 + y^2 = a^2$ begrenzte Kreisscheibe mit den Begrenzungskurven $y = \pm\sqrt{a^2 - x^2}$.

Nach den Formeln (3.3) und (3.5) erhalten wir dann

$$V = \iiint\limits_{B} db = \int\limits_{-a}^{a} \int\limits_{-\sqrt{a^2-x^2}}^{\sqrt{a^2-x^2}} \int\limits_{-\sqrt{a^2-x^2-y^2}}^{\sqrt{a^2-x^2-y^2}} dz\, dy\, dx \,.$$

Dieses dreifache Integral ist natürlich noch lösbar (für V erhält man den bekannten Wert $\frac{4}{3}\pi a^3$), aber äußerlich sieht es doch schon relativ kompliziert aus. Daß bei diesem einfachen Bereich (Kugel) das zugehörige dreifache Integral die angegebenen, von x und y abhängigen Grenzen hat, liegt an der für diesen Bereich ungünstigen Koordinatenwahl. Wenn man dagegen Kugelkoordinaten r, ϑ, φ einführt, wird der Bereich B durch den folgenden Bereich B' des r, ϑ, φ-Raumes charakterisiert:

$$(r, \vartheta, \varphi) \in B' \iff \begin{cases} 0 \leq r \leq a, \\ 0 \leq \vartheta \leq \pi, \\ 0 \leq \varphi < 2\pi. \end{cases}$$

Die Begründung für diese Darstellung geben wir später, im Anschluß an die Einführung der Kugelkoordinaten. Im Augenblick wissen wir auch noch nicht, wie sich das Raumintegral beim Übergang von den x, y, z-Koordinaten zu den r, ϑ, φ-Koordinaten verhält. Auf diese Frage werden wir im Abschnitt 4.2 (Transformationsformel für mehrdimensionale Integrale) eine Antwort geben.

Bei krummlinigen Koordinaten in der Ebene werden durch eine bestimmte Vorschrift den „alten kartesischen Koordinaten" x, y die „neuen krummlinigen Koordinaten" u, v zugeordnet. Diese Zuordnungsvorschrift kann durch Formeln oder durch geometrische Größenangaben beschrieben werden. Zur Veranschaulichung stellt man sich (x, y) als einen Punkt in der x, y-Ebene und (u, v) als einen Punkt in der u, v-Ebene vor (s. Bild 4.2). Die präzise Erklärung der krummlinigen Koordinaten liefert die folgende

---

Definition 4.1 K r u m m l i n i g e K o o r d i n a t e n i n d e r E b e - n e *werden festgelegt durch eine Abbildung (Transformation)*

$$T : \left\{ \begin{array}{l} x = x(u, v) \\ y = y(u, v) \end{array} \right\} \; ; \; (u, v) \in D \qquad (4.1)$$

aus der u, v-Ebene auf die x, y-Ebene. Die Abbildung T muß (mit Ausnahme von gewissen Randpunkten von D) eineindeutig sein. Wenn (4.1) gilt, so heißen die Zahlen u, v „krummlinige Koordinaten des Punktes $P(x, y)$".

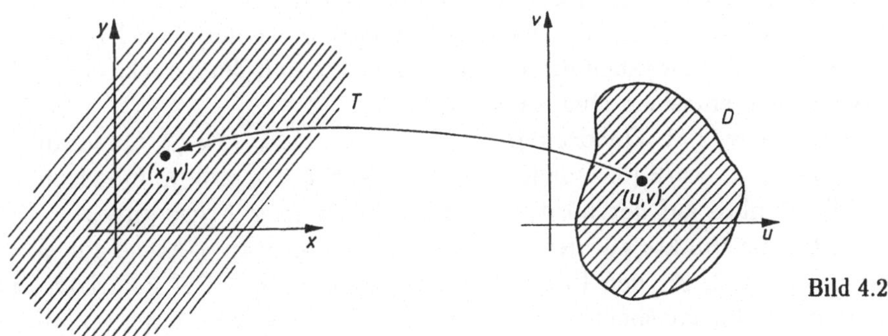

Bild 4.2

Anstelle von (4.1) schreibt man auch

$$\left\{ \begin{array}{l} x = g(u, v) \\ y = h(u, v) \end{array} \right\} \quad \text{oder} \quad \left\{ \mathbf{x} = T(\mathbf{u}) \quad \text{mit} \quad \mathbf{x} = \begin{pmatrix} x \\ y \end{pmatrix} \text{ und } \mathbf{u} = \begin{pmatrix} u \\ v \end{pmatrix} \right\}.$$

Die Menge aller Punkte (x, y) (in der x, y-Ebene!) mit $u = $ const bzw. mit

$v = $ const bezeichnet man als *Koordinatenlinien*.

Bemerkung 4.1 In Formel (4.1) werden die alten Koordinaten x, y durch die neuen Koordinaten u, v beschrieben. Man könnte umgekehrt auch u, v durch x, y beschreiben: $u = u(x, y)$; $v = v(x, y)$. In der Regel benutzt man zunächst immer die Darstellung (4.1), weil die umgekehrte Darstellung bei den wichtigsten Typen von krummlinigen Koordinaten immer zu komplizierteren Formeln führt.

Die am meisten gebrauchten krummlinigen Koordinaten in der Ebene sind die *Polarkoordinaten* r, φ (s. Bild 4.3). Formel 4.1 hat in diesem Spezialfall die Gestalt

$$T : \left\{ \begin{array}{l} x = r \cos \varphi \\ y = r \sin \varphi \end{array} \right\} ; 0 \leq r < +\infty, -\pi < \varphi \leq \pi . \tag{4.2}$$

Es gilt: $r \overset{\wedge}{=} u$, $\varphi \overset{\wedge}{=} v$; $x = x(r, \varphi)$, $y = y(r, \varphi)$.

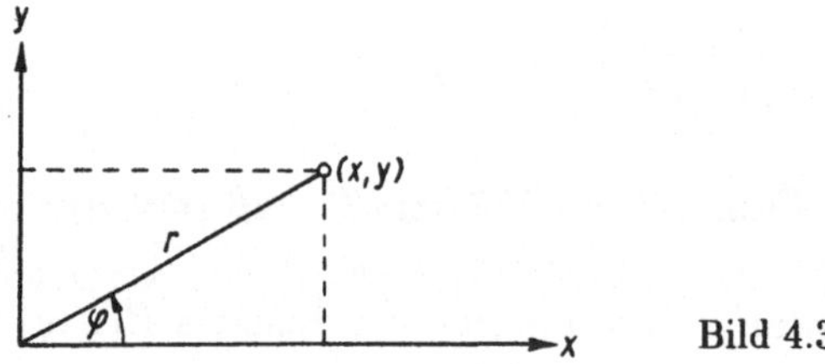

Bild 4.3

Geometrisch ist die erste Koordinate r der Abstand des Punktes $P(x, y)$ vom Koordinatenursprung O; die zweite Koordinate φ ist der – im Bogenmaß gemessene – Winkel zwischen der positiven x-Achse und der Strecke $\overline{OP}$. Für die Punkte in den einzelnen Quadranten gilt:

$0 < \varphi < \pi/2$ (1. Quadrant), $\qquad\qquad \pi/2 < \varphi < \pi$ (2. Quadrant),

$-\pi < \varphi < -\pi/2$ (3. Quadrant), $\qquad -\pi/2 < \varphi < 0$ (4. Quadrant).

(Für die Punkte auf der positiven bzw. negativen x-Achse gilt $\varphi = 0$ bzw. $\varphi = \pi$; für die Punkte auf der positiven bzw. negativen y-Achse gilt $\varphi = \pi/2$ bzw. $\varphi = -\pi/2$; für den Punkt O ist φ unbestimmt.) Bei Polarkoordinaten r, φ ist der Definitionsbereich D der Abbildung T gegeben durch (s. Bild 4.4):

$$D = \{(r, \varphi) \,|\, 0 \leq r < +\infty, -\pi < \varphi \leq \pi\} .$$

Die durch (4.2) gegebene Abbildung T beschreibt eine eineindeutige Abbildung von D auf die gesamte x, y-Ebene – mit Ausnahme der Punkte des linken Randes von D, das sind die Punkte (r, φ) mit $r = 0$ und $-\pi < \varphi \leq \pi$. Die Punkte (r, φ) des linken Randes von D haben bei der Abbildung T alle den gleichen

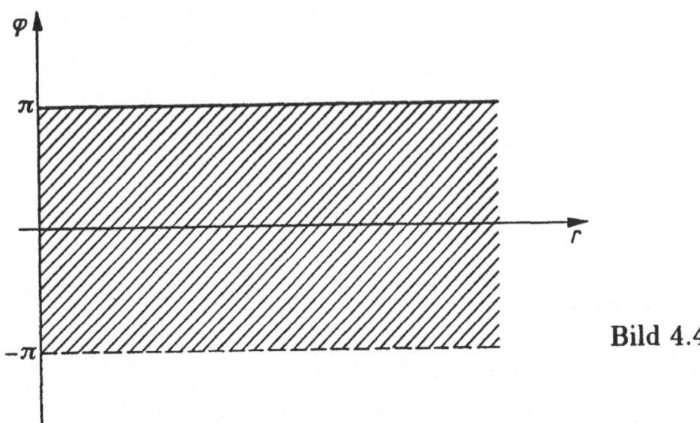

Bildpunkt $(x, y) = (0, 0)$. Die Koordinatenlinien $r =$ const bzw. $\varphi =$ const sind
konzentrische Kreise um O bzw. von O ausgehende Halbgeraden.

Bei krummlinigen Koordinaten im Raum werden durch eine bestimmte Vorschrift den alten kartesischen Koordinaten x, y, z die neuen krummlinigen Koordinaten u, v, w zugeordnet. (x, y, z) deutet man jetzt als einen Punkt im x, y, z-Raum und (u, v, w) als einen Punkt im u, v, w-Raum. In Analogie zu Definition 4.1 gilt jetzt

---

Definition 4.2   K r u m m l i n i g e   K o o r d i n a t e n   i m   R a u m
werden beschrieben durch eine Abbildung

$$T : \left\{ \begin{array}{l} x = x(u, v, w) \\ y = y(u, v, w) \\ z = z(u, v, w) \end{array} \right\} \; ; \; (u, v, w) \in D \qquad (4.3)$$

aus dem u, v, w-Raum auf den x, y, z-Raum.

D ist jetzt ein Bereich des u, v, w-Raumes. Die Abbildung T ist (mit Ausnahme von gewissen Randpunkten von D) eine eineindeutige Abbildung von D auf den x, y, z-Raum. Die Menge aller Punkte (x, y, z) mit $u =$ const bzw. $v =$ const bzw. $w =$ const bezeichnet man als *Koordinatenflächen*.

Die bekanntesten krummlinigen Koordinaten im Raum sind die Zylinderkoordinaten und die Kugelkoordinaten.

Bei *Zylinderkoordinaten* r, φ, z^* hat die Formel (4.3) die Gestalt

$$T : \left\{ \begin{array}{l} x = r \cos \varphi \\ y = r \sin \varphi \\ z = z^* \end{array} \right\} \; ; \; 0 \le r < +\infty, \; -\pi < \varphi \le \pi, \; -\infty < z^* < +\infty. \qquad (4.4)$$

Es gilt: $r \stackrel{\wedge}{=} u$, $\varphi \stackrel{\wedge}{=} v$, $z^* \stackrel{\wedge}{=} w$.

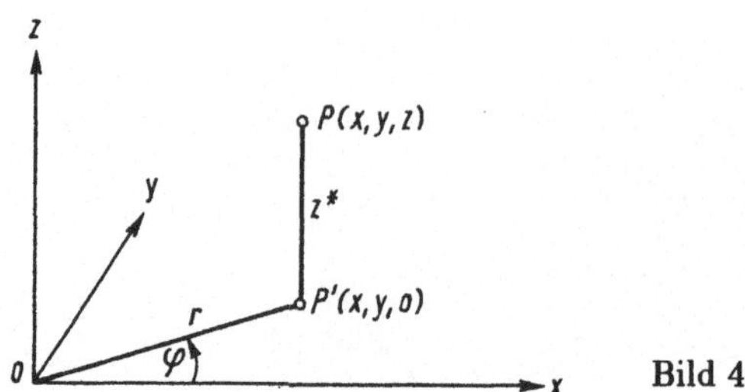

Bild 4.5

Bei Zylinderkoordinaten ist – geometrisch gesehen – die erste Koordinate r gleich dem Abstand des Punktes $P'(x,y,0)$ vom Koordinatenursprung O, wobei P' die Normalprojektion des Punktes $P(x,y,z)$ auf die x,y-Ebene ist. Die zweite Koordinate φ ist der Winkel zwischen der positiven x-Achse und der Strecke $\overline{OP'}$ (φ als Bogenmaß). Die dritte Koordinate z^* ist gleich der dritten kartesischen Koordinate z. Da die dritte kartesische Koordinate z mit der dritten Zylinderkoordinate z^* übereinstimmt, werden in der Regel die Zylinderkoordinaten mit r,φ,z bezeichnet. Von dieser Regel wollen wir natürlich auch nicht abweichen. In der Einführung empfiehlt es sich aber, diese beiden Koordinaten zunächst zu unterscheiden; man vermeidet dann die etwas unglückliche Schreibweise $x = r\cos\varphi$, $y = r\sin\varphi$, $z = z$.

Für *Kugelkoordinaten* (sphärische Koordinaten) r,ϑ,φ erhält die Formel (4.3) die spezielle Gestalt

$$T : \left\{ \begin{array}{l} x = r \cdot \cos\varphi \cdot \sin\vartheta \\ y = r \cdot \sin\varphi \cdot \sin\vartheta \\ z = r \cdot \cos\vartheta \end{array} \right\} ; \ 0 \le r < +\infty,\ 0 \le \vartheta \le \pi,\ 0 \le \varphi < 2\pi. \quad (4.5)$$

Es gilt: $r \stackrel{\wedge}{=} u$, $\vartheta \stackrel{\wedge}{=} v$, $\varphi \stackrel{\wedge}{=} w$.

Die geometrische Bedeutung der Kugelkoordinaten r,ϑ,φ (eines Punktes $P(x,y,z)$) kann man Bild 4.6 entnehmen. Die erste Koordinate r ist gleich dem Abstand des Punktes $P(x,y,z)$ vom Koordinatenursprung O; die zweite Koordinate ϑ ist der – im Bogenmaß gemessene – Winkel zwischen der positiven z-Achse und der Strecke $\overline{OP}$; die dritte Koordinate φ ist der Winkel zwischen der positiven x-Achse und der Strecke $\overline{OP'}$, wobei P' wieder die Normalprojektion von P auf die x,y-Ebene ist.

Bemerkung 4.2 Die Koordinatenflächen $r = $ const bzw. $\vartheta = $ const bzw. $\varphi = $ const sind konzentrische Kugelflächen um O bzw. Kegelflächen mit der Spitze in O und der z-Achse als Kegelachse bzw. von der z-Achse ausgehende

Halbebenen. Bei konstantem r befinden wir uns also auf einer Kugelfläche (Sphäre); die Größen φ und $\delta := \pi/2 - \vartheta$ (s. Bild 4.6) werden dann (in Anlehnung an die bei der Erdkugel übliche Bezeichnung) *geographische Länge* bzw. *geographische Breite* genannt. Anstelle von r, ϑ, φ werden in der Literatur auch die Größen r, δ, φ als Kugelkoordinaten verwendet. Wegen $\delta = \pi/2 - \vartheta$ (bzw. $\vartheta = \pi/2 - \delta$) geht Formel (4.5) dann über in

$$\left\{ \begin{array}{l} x = r \cdot \cos\varphi \cdot \cos\delta \\ y = r \cdot \sin\varphi \cdot \cos\delta \\ z = r \cdot \sin\delta \end{array} \right\} \; ; \; 0 \leq r < +\infty, \; -\frac{\pi}{2} \leq \delta \leq \frac{\pi}{2}, \; 0 \leq \varphi < 2\pi.$$

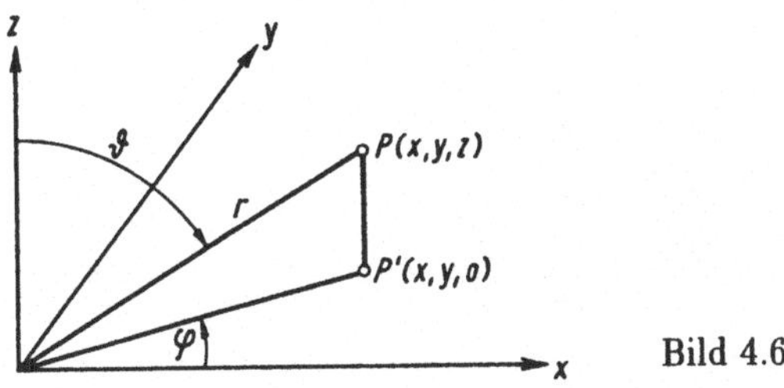

Bild 4.6

Aus den Definitionen 4.1 und 4.2 ist ersichtlich, daß man den Begriff der krummlinigen Koordinaten auf den $\mathbb{R}^n$ übertragen kann. *Krummlinige Koordinaten im $\mathbb{R}^n$* werden festgelegt durch eine Abbildung

$$T : \left\{ \begin{array}{ccc} x_1 & = & x_1(u_1, \ldots, u_n) \\ & \vdots & \\ x_n & = & x_n(u_1, \ldots, u_n) \end{array} \right\} \; ; \; (u_1, \ldots, u_n) \in D \qquad (4.6)$$

aus dem $u_1, \ldots, u_n$-Raum auf den $x_1, \ldots, x_n$-Raum ($\mathbb{R}^n$). Dabei muß die Abbildung T wieder (von gewissen Randpunkten des Definitionsbereiches D der Abbildung T abgesehen) eine eineindeutige Abbildung von D auf den $\mathbb{R}^n$ sein.

Für die Beherrschung des Zusammenhanges zwischen den (kartesischen) $x_1, \ldots, x_n$-Koordinaten und den krummlinigen $u_1, \ldots, u_n$-Koordinaten ist die *Funktionaldeterminante* der Abbildung T ein wesentliches Hilfsmittel. Diese Funktionaldeterminante wird mit dem Symbol

$$\frac{\partial(x_1, \ldots, x_n)}{\partial(u_1, \ldots, u_n)}$$

bezeichnet und durch die folgende Gleichung definiert

$$\frac{\partial(x_1,\ldots,x_n)}{\partial(u_1,\ldots,u_n)} = \begin{vmatrix} \dfrac{\partial x_1}{\partial u_1} & \cdots & \dfrac{\partial x_1}{\partial u_n} \\ \vdots & & \vdots \\ \dfrac{\partial x_n}{\partial u_1} & \cdots & \dfrac{\partial x_n}{\partial u_n} \end{vmatrix}. \tag{4.7}$$

Für die Existenz der Funktionaldeterminante (in einem gewissen Gebiet G^* des $u_1,\ldots,u_n$-Raumes) ist natürlich erforderlich, daß sämtliche partiellen Ableitungen (1. Ordnung) der Funktionen $x_1(u_1,\ldots,u_n),\ldots,x_n(u_1,\ldots,u_n)$ von T (in G^*) existieren. Anstelle von Funktionaldeterminante sagt man auch *Jacobische Determinante*. Bei krummlinigen Koordinaten im $\mathbb{R}^2$ bzw. $\mathbb{R}^3$ erhält man als Spezialfall der Formel (4.7) die Formeln

$$\frac{\partial(x,y)}{\partial(u,v)} = \begin{vmatrix} \dfrac{\partial x}{\partial u} & \dfrac{\partial x}{\partial v} \\ \dfrac{\partial y}{\partial u} & \dfrac{\partial y}{\partial v} \end{vmatrix} \tag{4.8}$$

und

$$\frac{\partial(x,y,z)}{\partial(u,v,w)} = \begin{vmatrix} \dfrac{\partial x}{\partial u} & \dfrac{\partial x}{\partial v} & \dfrac{\partial x}{\partial w} \\ \dfrac{\partial y}{\partial u} & \dfrac{\partial y}{\partial v} & \dfrac{\partial y}{\partial w} \\ \dfrac{\partial z}{\partial u} & \dfrac{\partial z}{\partial v} & \dfrac{\partial z}{\partial w} \end{vmatrix}. \tag{4.9}$$

Anwendung der Formel (4.8) bzw. (4.9) auf Polarkoordinaten bzw. Zylinder- und Kugelkoordinaten liefert die Beziehungen

$$\frac{\partial(x,y)}{\partial(r,\varphi)} = \begin{vmatrix} x_r & x_\varphi \\ y_r & y_\varphi \end{vmatrix} = r, \tag{4.10}$$

$$\frac{\partial(x,y,z)}{\partial(r,\varphi,z)} = \begin{vmatrix} x_r & x_\varphi & x_z \\ y_r & y_\varphi & y_z \\ z_r & z_\varphi & z_z \end{vmatrix} = r, \tag{4.11}$$

$$\frac{\partial(x,y,z)}{\partial(r,\vartheta,\varphi)} = \begin{vmatrix} x_r & x_\vartheta & x_\varphi \\ y_r & y_\vartheta & y_\varphi \\ z_r & z_\vartheta & z_\varphi \end{vmatrix} = r^2 \sin\vartheta \tag{4.12}$$

(vgl. hierzu z. B. [HRS]).

Beispiel 4.2 Der in Bild 4.7 dargestellte räumliche Bereich B (Kreiskegel mit dem Radius $R = 2$ und der Höhe $H = 3$) soll
a) durch kartesische Koordinaten x, y, z und
b) durch Zylinderkoordinaten r, φ, z beschrieben werden.

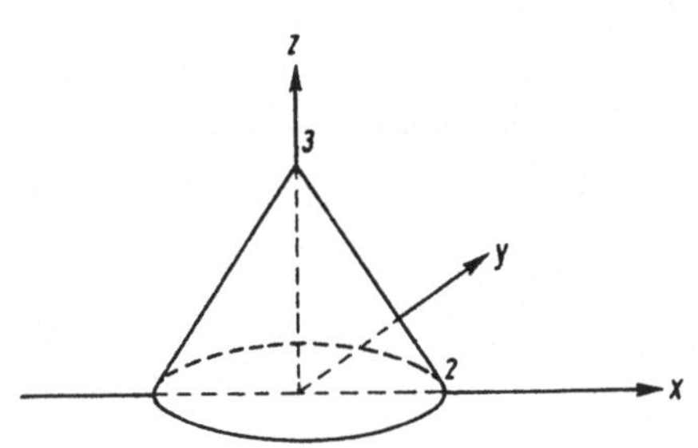

Bild 4.7   Bild 4.8

Zu a) Schneidet man B längs der x, z-Ebene auf, so erhält man ein Dreieck (s. Bild 4.8). Die Strecken s_1 und s_2 werden beide durch die Gleichung $z = -3|x|/2 + 3 = -3\sqrt{x^2}/2 + 3$ beschrieben. Der Mantel des Kreiskegels entsteht durch Rotation von s_2 um die z-Achse und hat die Gleichung $z = -3\sqrt{x^2 + y^2}/2 + 3$ mit $x^2 + y^2 \le 4$. B ist ein räumlicher Normalbereich vom Typ B_1 (vgl. Lösungen zur Aufgabe 3.2), der nach oben durch die Kegelmantelfläche und nach unten durch die in der x, y-Ebene ($z = 0$) liegende Kreisscheibe $x^2 + y^2 \le 4$ begrenzt wird. Es gilt daher:

$$(x, y, z) \in B \iff \begin{cases} -2 \le x \le 2, \\ -\sqrt{4 - x^2} \le y \le \sqrt{4 - x^2}, \\ 0 \le z \le -\frac{3}{2}\sqrt{x^2 + y^2} + 3. \end{cases}$$

Zu b) Wegen $x^2 + y^2 = r^2$ (vgl. Formel (4.4)) und $z = -3\sqrt{x^2 + y^2}/2 + 3$ gilt für alle Punkte (r, φ, z) der Mantelfläche des Kegels: $z = -3r/2 + 3$. (Auf Grund der Rotationssymmetrie von B ist es auch geometrisch unmittelbar einleuchtend, daß z nur von r und nicht von φ abhängt.) Bezüglich Zylinderkoordinaten wird daher der Bereich B durch folgende Ungleichungen beschrieben (s. Bild 4.7):

$$(r, \varphi, z) \in B' \iff \begin{cases} 0 \le r \le 2, \\ -\pi < \varphi \le \pi, \\ 0 \le z \le -\frac{3}{2}r + 3. \end{cases}$$

Ein Vergleich von a) und b) zeigt, daß der hier vorgegebene räumliche Bereich (Kreiskegel) durch Zylinderkoordinaten wesentlich einfacher zu beschreiben ist als durch kartesische Koordinaten. Der durch die obigen Ungleichungen für r, φ, z beschriebene Bereich B' ist ein Normalbereich im r, φ, z-Raum vom Typ

$$\varphi_1 \leq \varphi \leq \varphi_2 \,,$$
$$r_1(\varphi) \leq r \leq r_2(\varphi) \,,$$
$$z_1(r, \varphi) \leq z \leq z_2(r, \varphi) \,.$$

Auf diese allgemein gültigen Prinzipien bei der Beschreibung von Normalbereichen wurde bereits in der Lösung zur Aufgabe 3.2 hingewiesen. (Wie sehen die 6 Typen von Normalbereichen im r, φ, z-Raum aus?)

Aufgabe 4.1 Man beschreibe den im Beispiel 4.2 angegebenen räumlichen Bereich durch einen Normalbereich im r, φ, z-Raum vom Typ

$$\varphi_1 \leq \varphi \leq \varphi_2 \,,$$
$$z_1(\varphi) \leq z \leq z_2(\varphi) \,,$$
$$r_1(\varphi, z) \leq r \leq r_2(\varphi, z) \,.$$

Aufgabe 4.2 Von dem in Bild 4.9 dargestellten räumlichen Bereich B (Halbkugel mit dem Radius R) soll eine Darstellung als Normalbereich angegeben werden, und zwar

a) bezüglich kartesischer Koordinaten und

b) bezüglich Kugelkoordinaten.

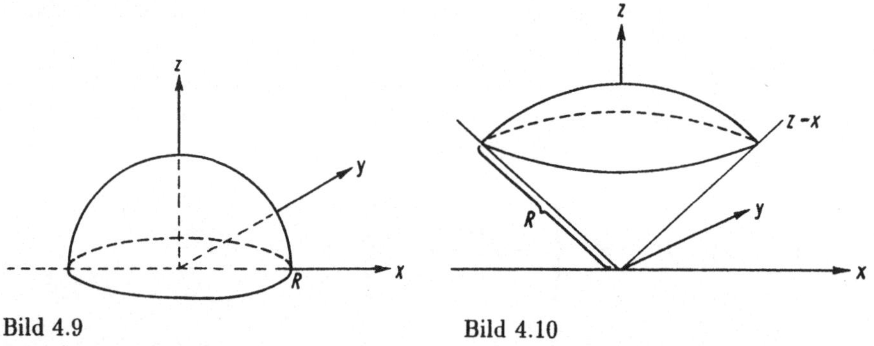

Bild 4.9   Bild 4.10

Aufgabe 4.3 Läßt man die in der x, z-Ebene liegende Gerade $z = x \, (x \geq 0)$ um die z-Achse rotieren, so schneidet sie aus der Kugel $x^2 + y^2 + z^2 \leq R^2$ einen Kugelausschnitt aus (s. Bild 4.10). Dieser Kugelausschnitt (B) soll

a) durch Kugelkoordinaten,

b) durch Zylinderkoordinaten beschrieben werden.

Hinweis: Wir empfehlen die Aufgaben 4.1, 4.2 und 4.3 mit großer Sorgfalt zu lösen. Die Bestimmung der Grenzen eines Bereiches bezüglich krummliniger Koordinaten ist die entscheidende Grundlage für die Berechnung von Bereichs- und Raumintegralen mit Hilfe krummliniger Koordinaten. Im Abschnitt 4.3 (Anwendungen der Transformationsformel für mehrdimensionale Integrale) werden keine wesentlichen Schwierigkeiten auftreten, wenn die mit Beispiel 4.2 und den Aufgaben 4.1, 4.2, 4.3 zusammenhängende Problematik voll verstanden worden ist.

4.2 Die Transformationsformel für mehrdimensionale Integrale

Im Abschnitt 4.1 (Beispiel 4.1) wurde bereits darauf hingewiesen, daß es in vielen Fällen nicht günstig ist, ein vorgegebenes Bereichs- bzw. Raumintegral (zweidimensionales Integral bzw. dreidimensionales Integral) $\iint_B f(P)\,db$ bzw. $\iiint_B f(P)\,db$ mittels kartesischer Koordinaten x, y bzw. x, y, z zu berechnen.

Bei einem Kreis ist es vorteilhafter, an Stelle von kartesischen x, y-Koordinaten mit Polarkoordinaten r, φ zu rechnen. Die „natürlichen" Koordinaten einer Kugel bzw. eines Kugelausschnitts sind die Kugelkoordinaten r, ϑ, φ. Für Kreiszylinder, Kreiskegel und daraus zusammengesetzte Bereiche sind die Zylinderkoordinaten die günstigsten Koordinaten zur Beschreibung dieser Bereiche.

Wir kommen nun zu den Überlegungen und Fragestellungen, die uns auf die Transformationsformel für mehrdimensionale Integrale führen werden:

Jedes Bereichsintegral $\iint_B f(P)\,db$ [bzw. Raumintegral $\iiint_B f(P)\,db$] kann nach Formel (2.5) [bzw. Formel (3.5)] durch Doppelintegrale [bzw. dreifache Integrale] der Form $\int_{x_1}^{x_2} \int_{y_1(x)}^{y_2(x)} f(x,y)\,dy\,dx$ [bzw. $\int_{x_1}^{x_2} \int_{y_1(x)}^{y_2(x)} \int_{z_1(x,y)}^{z_2(x,y)} f(x,y,z)\,dz\,dy\,dx$] berechnet werden – sofern die Grenzen bei den Doppelintegralen [bzw. dreifachen Integralen] und der Integrand $f(x,y)$ [bzw. $f(x,y,z)$] nicht so kompliziert sind, daß man bei den nacheinander auszuführenden zwei [bzw. drei] einfachen Integrationen auf sehr große Schwierigkeiten stößt. Treten solche Schwierigkeiten auf, wird man versuchen, von den alten (kartesischen) Koordinaten x, y [bzw. x, y, z] zu neuen (krummlinigen) Koordinaten u, v [bzw. u, v, w] überzugehen, die dem Problem besser angepaßt sind. „Dem Problem besser angepaßt" heißt in diesem Zusammenhang, daß die Grenzen des Bereiches B oder die Funktion $f(P)$ bezüglich der neuen Koordinaten einfacher zu beschreiben sind. Wir erinnern an dieser Stelle an das besonders anschauliche Beispiel einer Kreisscheibe vom Radius R.

Beispiel 4.3 Legt man durch den Mittelpunkt der Kreisscheibe ein x, y-Koordinatensystem, so wird die Kreisscheibe in der x, y-Ebene wie folgt beschrieben:

$$(x,y) \in B \iff \begin{cases} -R \leq x \leq R, \\ -\sqrt{R^2 - x^2} \leq y \leq \sqrt{R^2 - x^2}. \end{cases}$$

Der Übergang von den kartesischen Koordinaten x, y zu Polarkoordinaten r, φ bewirkt, daß dieselbe Kreisscheibe in der r, φ-Ebene wesentlich einfacher beschrieben werden kann:

$$(r, \varphi) \in B' \iff \left\{ \begin{array}{ccccc} 0 & \leq & r & \leq & R, \\ -\pi & < & \varphi & \leq & \pi. \end{array} \right.$$

Anders ausgedrückt heißt das (s. Bild 4.11): Durch die Abbildung

$$T : \left\{ \begin{array}{l} x = r \cos \varphi \\ y = r \sin \varphi \end{array} \right\}$$

wird der Bereich B' der r, φ-Ebene (abgesehen von den Punkten mit $r = 0$) umkehrbar eindeutig auf den Bereich B der x, y-Ebene abgebildet. (An Stelle von $-\pi < \varphi \leq \pi$ könnte in B' auch $0 \leq \varphi < 2\pi$ oder jedes andere halboffene Intervall der Länge 2π gewählt werden.)

Die folgenden Sätze geben nun darüber Auskunft, wie ein Bereichs- bzw. Raumintegral von kartesischen in krummlinige Koordinaten transformiert wird.

Satz 4.1 *Vorgegeben sei ein Bereichsintegral $\iint_B f(P) \, db = \iint_B f(x, y) \, db$. u, v seien krummlinige Koordinaten der x, y-Ebene, die mit den x, y-Koordinaten durch die Gleichungen $x = x(u, v)$, $y = y(u, v)$ verknüpft sein mögen. Ist nun B' ein Bereich der u, v-Ebene, der durch die Abbildung*

$$T : \quad x = x(u, v), \, y = y(u, v)$$

umkehrbar eindeutig (bis auf Randpunkte von B') auf den vorgegebenen Bereich B der x, y-Ebene abgebildet wird (s. Bild 4.12), so kann das Bereichsintegral mit Hilfe der neuen u, v-Koordinaten nach der folgenden Formel ermittelt werden:

$$\iint\limits_B f(x, y) \, db = \iint\limits_{B'} f(x(u, v), y(u, v)) \cdot \frac{\partial(x, y)}{\partial(u, v)} \cdot db' \qquad (4.13)$$

Die Formel (4.13) nennt man *Transformationsformel* für Bereichsintegrale; der auf der rechten Seite von (4.13) stehende Ausdruck ist das Bereichsintegral der Funktion

$$\Phi(P) = \Phi(u, v) := f(x(u, v), y(u, v)) \cdot \frac{\partial(x, y)}{\partial(u, v)}$$

über dem in der u, v-Ebene liegenden Bereich B' (vgl. Definition 2.5 in Abschnitt 2.1).

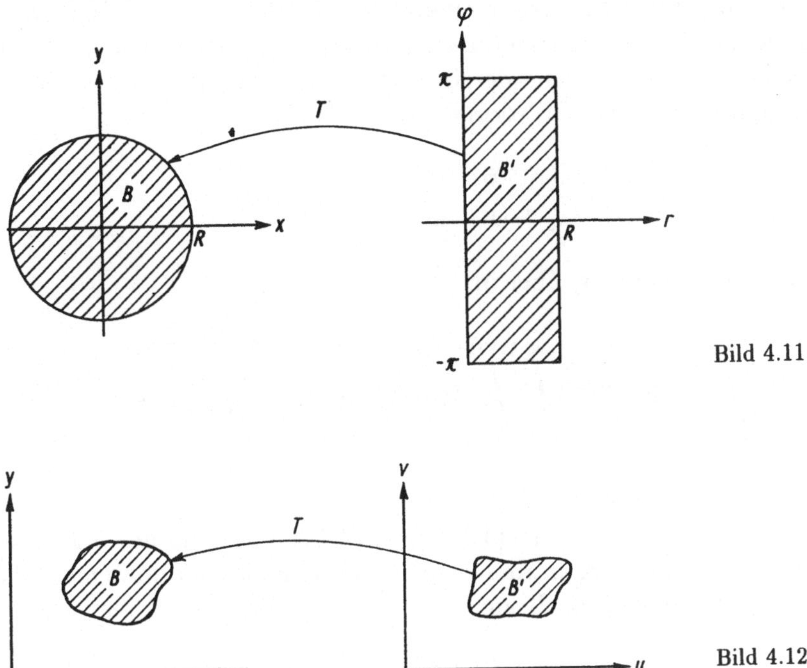

Bild 4.11

Bild 4.12

In Satz 4.1 haben wir nicht explizit erwähnt, daß die Funktionen $x = x(u,v)$, $y = y(u,v)$ in der Abbildung T stetige partielle Ableitungen haben müssen und die Funktionaldeterminante $\dfrac{\partial(x,y)}{\partial(u,v)}$ im Inneren von B' positiv sein muß. Diese Voraussetzungen sind bei Polarkoordinaten erfüllt, wie ein Blick auf Formel (4.10) zeigt.

Die Formel (4.13) ist eine Verallgemeinerung der bekannten Transformationsformel für bestimmte Integrale

$$\int\limits_a^b f(x)\, \mathrm{d}x = \int\limits_{a'}^{b'} f(x(u)) \cdot \frac{\mathrm{d}x}{\mathrm{d}u} \cdot \mathrm{d}u\,.$$

(Vgl. „Substitutionsmethode bei bestimmten Integralen" in [PFS].) Hierbei ist a bzw. b das Bild von a' bzw. b' bei der Transformation $x = x(u)$; das Intervall $I' = [a', b']$ wird durch die Transformation (Substitution) $x = x(u)$ auf das Intervall $I = [a, b]$ abgebildet. Die Funktionaldeterminante $\dfrac{\partial(x)}{\partial(u)}$ besteht hier nur aus der Ableitung $\dfrac{\mathrm{d}x}{\mathrm{d}u}$. Den umfangreichen Beweis zu Satz 4.1 bringen wir hier nicht; Interessenten verweisen wir auf das Lehrbuch [MKN, Bd. 3].

Formel (4.13) kann in eine für die praktische Berechnung sofort brauchbare Form gebracht werden, wenn der Bereich B' ein Normalbereich der u, v-Ebene ist. Ist zum Beispiel B' ein Normalbereich vom Typ

$$\left\{\begin{array}{rcl} u_1 & \leq & u \leq u_2, \\ v_1(u) & \leq & v \leq v_2(u), \end{array}\right.$$

so geht die Formel (4.13) über in:

$$\iint\limits_{B} f(x,y)\,\mathrm{d}b = \int\limits_{u_1}^{u_2} \int\limits_{v_1(u)}^{v_2(u)} f(x(u,v), y(u,v)) \frac{\partial(x,y)}{\partial(u,v)}\,\mathrm{d}v\,\mathrm{d}u \tag{4.14}$$

(vgl. Satz 2.4 im Abschnitt 2.3).

Die Transformationsformel (4.13) bzw. (4.14) nimmt für den Fall, daß es sich bei den krummlinigen Koordinaten u, v um die Polarkoordinaten r, φ handelt, die folgende spezielle Gestalt an:

$$\iint\limits_{B} f(x,y)\,\mathrm{d}b = \iint\limits_{B'} f(r\cos\varphi, r\sin\varphi) \cdot r\,\mathrm{d}b' \tag{4.15}$$

bzw.

$$\iint\limits_{B} f(x,y)\,\mathrm{d}b = \int\limits_{r_1}^{r_2} \int\limits_{\varphi_1(r)}^{\varphi_2(r)} f(r\cos\varphi, r\sin\varphi) \cdot r\,\mathrm{d}\varphi\,\mathrm{d}r\,. \tag{4.16}$$

Formel (4.16) gilt, wenn B' ein Normalbereich in der r, φ-Ebene vom Typ

$$\left\{\begin{array}{rcl} r_1 & \leq & r \leq r_2, \\ \varphi_1(r) & \leq & \varphi \leq \varphi_2(r) \end{array}\right.$$

ist.

Als Beispiel wählen wir ein Flächenintegral, welches in einem anderen Zusammenhang bereits einmal auftauchte (vgl. Beispiel 2.7 in Abschnitt 2.5).

Beispiel 4.4 B sei eine Kreisscheibe vom Radius R mit dem Mittelpunkt im Ursprungspunkt der x, y-Ebene. Außerdem sei die Funktion $f(P) = f(x,y) = \mathrm{e}^{-x^2 - y^2}$ vorgegeben. Das Bereichsintegral $\iint\limits_{B} f(P)\,\mathrm{d}b$ soll mit Hilfe von Polarkoordinaten berechnet werden.

Bezüglich x, y-Koordinaten gilt:

$$\iint\limits_B f(P)\, \mathrm{d}b = \int\limits_{-R}^{R} \int\limits_{-\sqrt{R^2-x^2}}^{\sqrt{R^2-x^2}} e^{-(x^2+y^2)}\, \mathrm{d}y\, \mathrm{d}x\,.$$

Bezüglich Polarkoordinaten gilt (vgl. Formel (4.16) und Bild 4.11):

$$\iint\limits_B f(P)\, \mathrm{d}b = \iint\limits_B f(x,y)\, \mathrm{d}b = \int\limits_{0}^{R} \int\limits_{-\pi}^{\pi} e^{-r^2} \cdot r\, \mathrm{d}\varphi\, \mathrm{d}r\,.$$

Das rechts stehende Doppelintegral kann ohne Schwierigkeiten berechnet werden (Substitution beim äußeren Integral: $r^2 = t$)

$$\int\limits_{0}^{R} \int\limits_{-\pi}^{\pi} e^{-r^2} r\, \mathrm{d}\varphi\, \mathrm{d}r = \int\limits_{0}^{R} 2\pi e^{-r^2} r\, \mathrm{d}r = 2\pi \int\limits_{0}^{R^2} \tfrac{1}{2} e^{-t}\, \mathrm{d}t$$

$$= \pi\left(-e^{-t}\right)\big|_0^{R^2} = \pi(1 - e^{-R^2})\,.$$

(Im Zusammenhang mit der in Beispiel 2.7 des Abschnitts 2.5 behandelten Fragestellung möchten wir darauf hinweisen, daß das hier betrachtete Bereichsintegral für $R \to \infty$ gegen den Wert π konvergiert.)

Aufgabe 4.4 Von dem in Bild 4.13 dargestellten ebenen Bereich B (Viertelkreis) berechne man den geometrischen Schwerpunkt mit Hilfe von Polarkoordinaten.

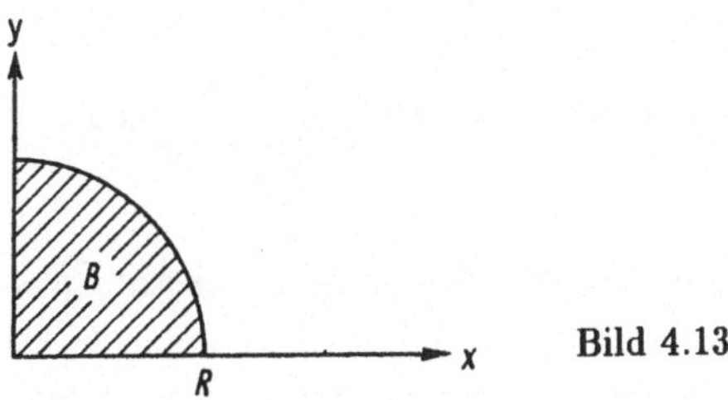

Bild 4.13

Aufgabe 4.5 B sei der in Bild 4.14 dargestellte Bereich (Halbkreis vom Radius 2). Man berechne das Trägheitsmoment J_x von B bezüglich der x-Achse. Die Flächendichte ϱ sei identisch gleich 1. (Anleitung: Es sind zwei Transformationen erforderlich, nämlich zuerst $(x,y) \to (x',y')$ und dann $(x',y') \to (r,\varphi)$. Dabei sind r,φ die Polarkoordinaten bezüglich des x', y'-Systems.)

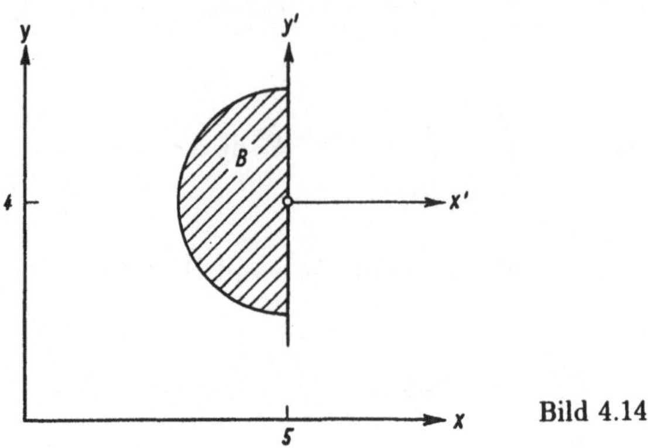

Bild 4.14

Nach der ausführlichen Beschäftigung mit der Transformationsformel für Bereichsintegrale kommen wir nun zu der entsprechenden Formel für Raumintegrale. Die Übertragung des Satzes 4.1 auf den Raum ergibt den

Satz 4.2 *Ist B' ein solcher Bereich des u, v, w-Raumes, der durch die Abbildung*

$$T: \quad x = x(u,v,w), \quad y = y(u,v,w), \quad z = z(u,v,w)$$

umkehrbar eindeutig auf den Bereich B des x, y, z-Raumes abgebildet wird (s. Bild 4.15), so kann das Raumintegral mit Hilfe der krummlinigen u, v, w-Koordinaten nach der Formel

$$\iiint\limits_{B} f(x,y,z)\, \mathrm{d}b$$

$$= \iiint\limits_{B'} f(x(u,v,w), y(u,v,w), z(u,v,w)) \frac{\partial(x,y,z)}{\partial(u,v,w)}\, \mathrm{d}b' \quad (4.17)$$

ermittelt werden. Formel (4.17) heißt Transformationsformel *für Raumintegrale.*

Auch bei diesem Satz ist zu beachten, daß die Funktionaldeterminante im Inneren von B' positiv sein muß und die Abbildung T auf dem Rand von B' nicht eineindeutig zu sein braucht. (Man vergleiche die entsprechenden Ausführungen bei Satz 4.1.)

Das auf der rechten Seite der Formel (4.17) stehende Raumintegral kann durch ein dreifaches Integral dargestellt werden, falls B' ein räumlicher Normalbereich im u, v, w-Raum ist (vgl. Lösung zur Aufgabe 3.2). Ist z.B. B' ein Normalbereich vom Typ

$$
\left\{
\begin{array}{rcl}
u_1 & \leq u \leq & u_2, \\
v_1(u) & \leq v \leq & v_2(u), \\
w_1(u,v) & \leq w \leq & w_2(u,v),
\end{array}
\right.
$$

so geht die Formel (4.17) in die Formel

$$
\iiint\limits_B f(x,y,z)\, \mathrm{d}b = \int\limits_{u_1}^{u_2} \int\limits_{v_1(u)}^{v_2(u)} \int\limits_{w_1(u,v)}^{w_2(u,v)} F(u,v,w) \frac{\partial(x,y,z)}{\partial(u,v,w)}\, \mathrm{d}w\, \mathrm{d}v\, \mathrm{d}u \tag{4.18}
$$

über (vgl. Satz 3.1). In dieser Gleichung ist $F(u,v,w)$ eine Abkürzung für die Funktion $f(x(u,v,w), y(u,v,w), z(u,v,w))$; $F(u,v,w)$ ist dieselbe Funktion wie $f(x,y,z)$ – dargestellt in den neuen Koordinaten u, v, w.

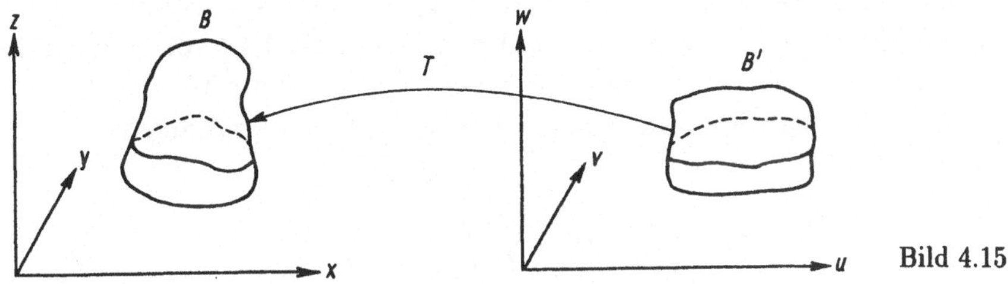

Bild 4.15

Führt man die speziellen krummlinigen Koordinaten r, φ, z (Zylinderkoordinaten) bzw. r, ϑ, φ (Kugelkoordinaten) ein, so erhält man an Stelle der Formel (4.17) die Formel

$$
\iiint\limits_B f(x,y,z)\, \mathrm{d}b = \iiint\limits_{B'} F(r,\varphi,z)\, r\, \mathrm{d}b' \tag{4.19}
$$

bzw.

$$
\iiint\limits_B f(x,y,z)\, \mathrm{d}b = \iiint\limits_{B'} F(r,\vartheta,\varphi)\, r^2 \sin\vartheta\, \mathrm{d}b' \tag{4.20}
$$

(vgl. Formeln (4.11) und (4.12)). Auf eine Übertragung der Formel (4.18) auf den Fall von Zylinder- bzw. Kugelkoordinaten verzichten wir; es ist klar, wie das zu geschehen hat. $F(r,\varphi,z)$ bzw. $F(r,\vartheta,\varphi)$ in (4.19) bzw. (4.20) ist dabei wieder dieselbe Funktion wie $f(x,y,z)$ – dargestellt in den neuen Koordinaten r, φ, z bzw. r, ϑ, φ.

Wir kommen jetzt auf die in Beispiel 4.1 behandelte Fragestellung zurück:

Beispiel 4.5　Das Volumen einer Kugel vom Radius a soll mit Hilfe von Kugelkoordinaten berechnet werden.

Das Innere des Bereiches

$$(r,\vartheta,\varphi) \in B' \iff \begin{cases} 0 \le r \le a, \\ 0 \le \vartheta \le \pi, \\ 0 \le \varphi < 2\pi \end{cases}$$

des r,ϑ,φ-Raumes wird durch die Abbildung

$$T: \quad x = r\cos\varphi\sin\vartheta, \quad y = r\sin\varphi\sin\vartheta, \quad z = r\cos\vartheta$$

umkehrbar eindeutig auf den Bereich

$$(x,y,z) \in B \iff x^2 + y^2 + z^2 \le a^2$$

des x,y,z-Raumes abgebildet. Hinweis: Die Punkte von B' mit $r = 0$, d. h. die Randpunkte von B', werden alle auf den Punkt $(0,0,0)$ von B abgebildet. Die Voraussetzung „T ist umkehrbar eindeutig" braucht nur für die inneren Punkte von B' erfüllt zu sein. Nach Formel (4.20) erhält man dann für das Volumen dieser Kugel:

$$V = \iiint\limits_{B} \mathrm{d}b = \int\limits_{0}^{2\pi} \int\limits_{0}^{\pi} \int\limits_{0}^{a} r^2 \sin\vartheta \; \mathrm{d}r \; \mathrm{d}\vartheta \; \mathrm{d}\varphi \, .$$

Das rechts stehende dreifache Integral bereitet keine Schwierigkeiten; es ergibt sich:

$$V = \int\limits_{0}^{2\pi} \int\limits_{0}^{\pi} \frac{a^3}{3} \sin\vartheta \; \mathrm{d}\vartheta \; \mathrm{d}\varphi = \int\limits_{0}^{2\pi} \frac{2}{3} a^3 \; \mathrm{d}\varphi = \frac{4}{3}\pi a^3 \, .$$

Aufgabe 4.6　Von dem in Beispiel 4.2 beschriebenen Kreiskegel soll mit Hilfe von Zylinderkoordinaten das Volumen berechnet werden.

(Hinweis: Das Ergebnis könnten wir sofort hinschreiben, denn für das Volumen eines Kegels gilt $V = Fh/3$. Es kommt uns also bei dieser Aufgabe nur auf die richtige Anwendung der Transformationsformel für Raumintegrale an.)

Aufgabe 4.7　B sei derjenige räumliche Bereich, der „nach unten" durch die x,y-Ebene, „nach oben" durch das Rotationsparaboloid $z = x^2 + y^2 + 4$ und „seitlich" durch den auf der x,y-Ebene senkrecht stehenden Kreiszylinder $x^2 + y^2 = 9$ begrenzt wird. Man berechne mit Hilfe von Zylinderkoordinaten das Volumen V von B.

Im $\mathbb{R}^n$ erhält man in Analogie zu den Sätzen 4.1 und 4.2 den folgenden

---

Satz 4.3 *Durch die Abbildung*

$$T: \begin{cases} x_1 &= x_1(u_1, u_2, \ldots, u_n) \\ x_2 &= x_2(u_1, u_2, \ldots, u_n) \\ \vdots \\ x_n &= x_n(u_1, u_2, \ldots, u_n) \end{cases}$$

werde der Bereich B' des $u_1, u_2, \ldots, u_n$-Raumes umkehrbar eindeutig auf den Bereich B des $x_1, x_2, \ldots, x_n$-Raumes abgebildet. Mit Hilfe der krummlinigen Koordinaten $u_1, u_2, \ldots, u_n$ kann man das n-dimensionale Integral der Funktion $f(P) = f(x_1, x_2, \ldots, x_n)$ über dem Bereich B wie folgt berechnen:

$$\underbrace{\iint \cdots \int}_{B} f(x_1, x_2, \ldots, x_n)\, \mathrm{d}b$$

$$= \underbrace{\iint \cdots \int}_{B'} F(u_1, u_2, \ldots, u_n) \frac{\partial(x_1, x_2, \ldots, x_n)}{\partial(u_1, u_2, \ldots, u_n)}\, \mathrm{d}b'. \qquad (4.21)$$

(Vgl. auch die Ausführungen in Abschnitt 3.3 und die Formeln (4.6), (4.7).) Formel (4.21) heißt *Transformationsformel für n-dimensionale Integrale.* Für $n = 2$ bzw. $n = 3$ erhält man die Transformationsformel für Bereichsintegrale bzw. Raumintegrale (Formel (4.13) bzw. (4.17)). Die Funktionaldeterminante muß wieder im Inneren von B' positiv sein.

4.3 Anwendungen der Transformationsformel für mehrdimensionale Integrale

In diesem Abschnitt sollen einige Anwendungsaufgaben behandelt werden, die typisch für die Berechnung von Bereichs- und Raumintegralen mit Hilfe von krummlinigen Koordinaten sind. Wir beginnen mit einer einfachen Schwerpunktermittlung.

Beispiel 4.6 Gesucht ist der geometrische Schwerpunkt einer Halbkugel vom Radius R (s. Satz 3.3 in Abschnitt 3.2).

Wir führen ein rechtwinklig-kartesisches x, y, z-Koordinatensystem ein (s. Bild 4.16). Aus Symmetriegründen ist ersichtlich, daß der geometrische Schwerpunkt (x_0, y_0, z_0) dieser Halbkugel auf der z-Achse liegen muß; d.h.: $x_0 = 0$,

$y_0 = 0$. Wir brauchen daher nur z_0 zu berechnen. Führt man Kugelkoordinaten r, ϑ, φ ein, so erhält man nach der Transformationsformel (4.20):

$$z_0 = \frac{1}{V} \iiint\limits_B z \, \mathrm{d}b = \frac{3}{2\pi R^3} \int\limits_0^{2\pi} \int\limits_0^{\frac{\pi}{2}} \int\limits_0^{R} (r \cos \vartheta) \, r^2 \sin \vartheta \, \mathrm{d}r \, \mathrm{d}\vartheta \, \mathrm{d}\varphi .$$

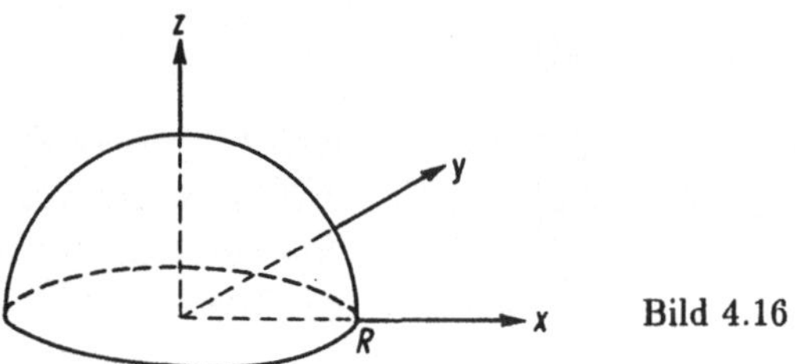

Bild 4.16

Die Berechnung des rechts stehenden dreifachen Integrals erfolgt in drei Teilschritten.

Inneres Integral: $\int\limits_0^{R} r^3 \cos \vartheta \sin \vartheta \, \mathrm{d}r = \frac{R^4}{4} \cos \vartheta \sin \vartheta = \frac{1}{8} R^4 \sin 2\vartheta$.

Mittleres Integral: $\int\limits_0^{\frac{\pi}{2}} \frac{1}{8} R^4 \sin 2\vartheta \, \mathrm{d}\vartheta = \frac{R^4}{8}$.

Äußeres Integral: $\int\limits_0^{2\pi} \frac{R^4}{8} \, \mathrm{d}\varphi = \frac{\pi}{4} R^4$.

Hieraus folgt: $z_0 = \frac{3}{2\pi R^3} \cdot \frac{\pi}{4} R^4 = \frac{3}{8} R$.

Für den geometrischen Schwerpunkt der vorgegebenen Halbkugel vom Radius R gilt also: $(x_0, y_0, z_0) = (0, 0, 3R/8)$.

Beispiel 4.7 Vorgegeben sei eine Kugel vom Radius R mit der Dichte $\varrho = 1$. Wie groß ist das Trägheitsmoment J dieser Kugel bezüglich einer beliebigen durch den Mittelpunkt der Kugel gehenden Achse?

Aus Symmetriegründen ist das Trägheitsmoment der Kugel ($\varrho = $ const) bezüglich jeder durch den Mittelpunkt gehenden Achse gleich. Führt man ein rechtwinklig-kartesisches x, y, z-Koordinatensystem ein, dessen Ursprung O mit dem Kugelmittelpunkt zusammenfällt, so gilt: $J = J_x = J_y = J_z$ (J_x, J_y, J_z: Trägheitsmoment bezüglich der x- bzw. y- bzw. z-Achse). Für die einzelnen Trägheitsmomente erhält man nach Satz 3.5 (Abschnitt 3.2)

$$J_x = \iiint\limits_B (y^2 + z^2) \, \mathrm{d}b, \quad J_y = \iiint\limits_B (x^2 + z^2) \, \mathrm{d}b, \quad J_z = \iiint\limits_B (x^2 + y^2) \, \mathrm{d}b.$$

Hieraus ergibt sich für das gesuchte Trägheitsmoment J die Beziehung

$$3J = J_x + J_y + J_z = \iiint\limits_B 2(x^2 + y^2 + z^2)\, \mathrm{d}b.$$

(An dieser Stelle wurde der Satz $\iiint\limits_B f(P)\, \mathrm{d}b + \iiint\limits_B g(P)\, \mathrm{d}b = \iiint\limits_B (f(P)+g(P))\, \mathrm{d}b$ verwendet.) Transformiert man jetzt auf Kugelkoordinaten r, ϑ, φ (vgl. Formel (4.20)), so erhält man – wegen $x^2 + y^2 + z^2 = r^2$ – die Gleichung

$$3J = \int\limits_0^{2\pi} \int\limits_0^{\pi} \int\limits_0^{R} 2r^2\, (r^2 \sin\vartheta)\, \mathrm{d}r\, \mathrm{d}\vartheta\, \mathrm{d}\varphi.$$

Für das rechts stehende dreifache Integral erhält man nach kurzer Zwischenrechnung den Wert $\frac{8}{5}\pi R^5$. Ergebnis: Das Trägheitsmoment einer Kugel vom Radius R (mit der Dichte $\varrho = 1$) bezüglich einer beliebigen durch den Mittelpunkt der Kugel gehenden Achse hat den Wert

$$J = \frac{8}{15}\pi R^5.$$

Hinweis: Der kleine Kunstgriff $J = \frac{1}{3}(J_x + J_y + J_z)$ hat uns die Rechenarbeit wesentlich erleichtert. Würde man z.B. J_x nach der vorhin angegebenen Formel berechnen, so wäre das mit wesentlich größerer Mühe verbunden.

Aufgabe 4.8 Von einem Kugelausschnitt B mit $R = 4$ und $a = 2$ (s. Bild 4.17) berechne man mit Hilfe von Raumintegralen das Volumen und den geometrischen Schwerpunkt. (Hinweis: Man orientiere sich an Aufgabe 4.3 und Beispiel 4.6.)

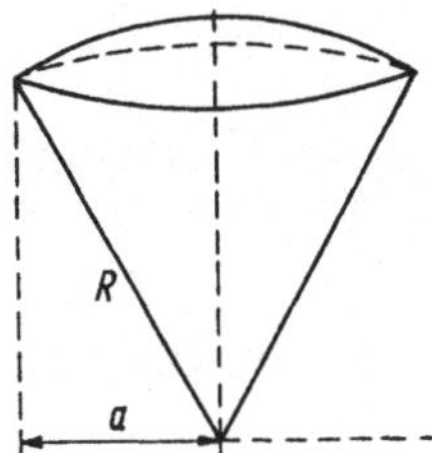

Bild 4.17

5 Kurvenintegrale

In den Abschnitten 2 und 3 haben wir das bestimmte Integral der Funktion $f(x)$ über dem Intervall $[a, b]$

$$\int_a^b f(x)\,dx$$

zum zwei- bzw. dreidimensionalen Integral verallgemeinert. Hier soll nun, ebenfalls ausgehend vom bestimmten Integral, das Kurvenintegral eingeführt werden. Als Integrationsbereich wählen wir statt des Intervalles $[a, b]$ ein Kurvenstück $\mathcal{K} \subset \mathbb{R}^3$. Der Integrand muß natürlich eine mindestens auf $\mathcal{K}$ definierte Funktion $f(x, y, z)$ sein. Das einzig Neue ist der Begriff der „Kurve". Einige wichtige Sachverhalte über Kurven, die wir im Zusammenhang mit den Kurvenintegralen benötigen, sollen im folgenden zusammengestellt werden. Wir wollen uns dabei auf solche Kurven beschränken, die den Vorstellungen des Ingenieurs entsprechen.

5.1 Kurven

In [HRS] haben wir unter Kurven Punktmengen des $\mathbb{R}^3$ verstanden, zu denen es eine *Parameterdarstellung*

$$\mathbf{r}(t) = x(t)\,\mathbf{e}_1 + y(t)\,\mathbf{e}_2 + z(t)\,\mathbf{e}_3, \ t \in J\,,$$

gibt. J ist dabei ein abgeschlossenes Intervall aus $\mathbb{R}$, und jedem $t \in J$ wird der Punkt $P(x(t), y(t), z(t))$ zugeordnet. $\mathcal{K}$ sei die Menge aller dieser Punkte. Wenn wir von den Funktionen $x(t)$, $y(t)$, $z(t)$ der Parameterdarstellung voraussetzen, daß sie auf J stetig differenzierbar sind und ihre Ableitungen für kein $t \in J$ gleichzeitig null werden, so ist $\mathcal{K}$ eine sogenannte „glatte" Kurve: sie hat keine Ecken oder Spitzen, sie hat für jedes $t \in J$ eine eindeutig bestimmte Tangente, und sie hat eine bestimmte Länge s.

Beispiel 5.1 Es sei $r > 0$, $J = [-r, r]$, $x(t) = -t$, $y(t) = \sqrt{r^2 - t^2}$ und $z(t) = 0$ für alle $t \in J$. Es ist also

$$\mathcal{K} = \{(x, y, z) \in \mathbb{R}^3 \mid x = -t,\, y = \sqrt{r^2 - t^2},\, z = 0,\, -r \le t \le r\}$$

und

$$\mathbf{r}(t) = -t\,\mathbf{e}_1 + \sqrt{r^2 - t^2}\,\mathbf{e}_2, \ t \in [-r, r]$$

eine Parameterdarstellung von $\mathcal{K}$ (s. Bild 5.1). $\mathcal{K}$ liegt in unserem Beispiel (wegen $z = 0$ für alle $t \in J$) ganz in einer Ebene, der x, y-Ebene. Wir nennen

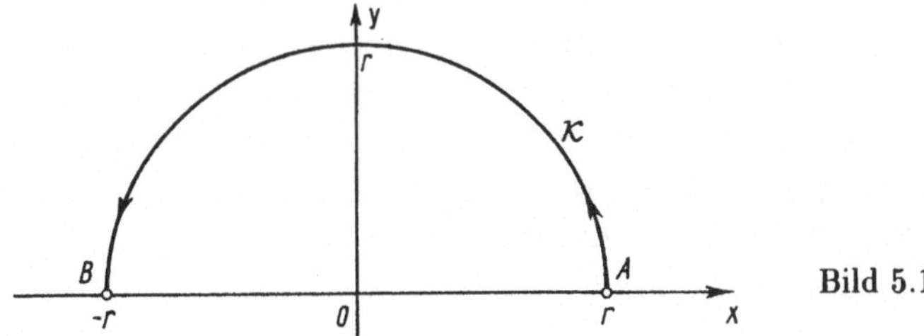

Bild 5.1

deshalb $\mathcal{K}$ eine „ebene" Kurve. Wie wir aus Bild 5.1 ersehen, handelt es sich um einen Halbkreis.

Da wir Kurven immer im Zusammenhang mit einer Parameterdarstellung betrachten, ist uns außer der Punktmenge $\mathcal{K}$ im $\mathbb{R}^3$ eine Orientierung dieser Punktmenge gegeben: Wenn wir t das Intervall $J = [a, b]$ beim kleinsten Wert a von J beginnend zum größten Wert b hin durchlaufen lassen, so wird $\mathcal{K}$ von $A = P(x(a), y(a), z(a))$ nach $B = P(x(b), y(b), z(b))$ durchlaufen; A nennen wir den *Anfangspunkt*, B den *Endpunkt* von $\mathcal{K}$. In Bild 5.1 sind A und B besonders gekennzeichnet, und die Richtung des Durchlaufens ist durch Pfeile eingetragen. Kurven in der hier dargelegten Form bezeichnet man deshalb auch als „orientierte Kurven".

Betrachten wir nun die Kurve mit der Parameterdarstellung

$$\mathbf{r}_1(t) = \mathbf{e}_1 r \cos t + \mathbf{e}_2 r \sin t, \; t \in [0, \pi].$$

Sie liefert uns die gleiche Punktmenge und die gleiche Orientierung wie die Kurve $\mathcal{K}$ aus Beispiel 5.1. Die Parameterdarstellung einer Kurve ist also nicht eindeutig bestimmt. Zu jeder Kurve gibt es sogar unendlich viele Parameterdarstellungen. Die Kurve $\mathcal{K}_1$ mit der Parameterdarstellung

$$\mathbf{r}_2(t) = t\,\mathbf{e}_1 + \sqrt{r^2 - t^2}\,\mathbf{e}_2, \; t \in [-r, r],$$

hat die gleiche Punktmenge wie die Kurve $\mathcal{K}$ aus Beispiel 5.1, aber die entgegengesetzte Orientierung; Anfangs- und Endpunkt sind miteinander vertauscht. Die Kurve $\mathcal{K}_1$ bezeichnen wir auch durch $-\mathcal{K}$. Allgemein erhalten wir zu einer Kurve $\mathcal{K}$ mit der Parameterdarstellung

$$\mathbf{r}(t) = x(t)\,\mathbf{e}_1 + y(t)\,\mathbf{e}_2 + z(t)\,\mathbf{e}_3, \; t \in J = [a, b],$$

eine Parameterdarstellung $\mathbf{r}_1(t)$ für die *entgegengesetzt orientierte Kurve*, die wir mit $-\mathcal{K}$ bezeichnen, durch

$$\mathbf{r}_1(t) = \mathbf{r}(a + b - t), \; t \in [a, b].$$

Da wir für die durch eine Parameterdarstellung gegebene Zuordnungsvorschrift $t \to P(x(t), y(t), z(t))$ zwischen $J = [a, b]$ und $\mathcal{K}$ keine Forderung nach Eineindeutigkeit gestellt haben, kann es vorkommen, daß zu einem $P_0 \in \mathcal{K}$ mehrere $t_i \in J$, $1 \le i \le n$, gehören, denen die Parameterdarstellung P_0 zuordnet. Einen solchen Kurvenpunkt nennen wir *n-fachen Kurvenpunkt*, im Falle $n = 2$ *Doppelpunkt* (s. Bild 5.2). Ist $n = 2$ und $t_1 = a$, $t_2 = b$, also $A = B$, so nennen wir die Kurve $\mathcal{K}$ *geschlossen* (s.Bild 5.3).

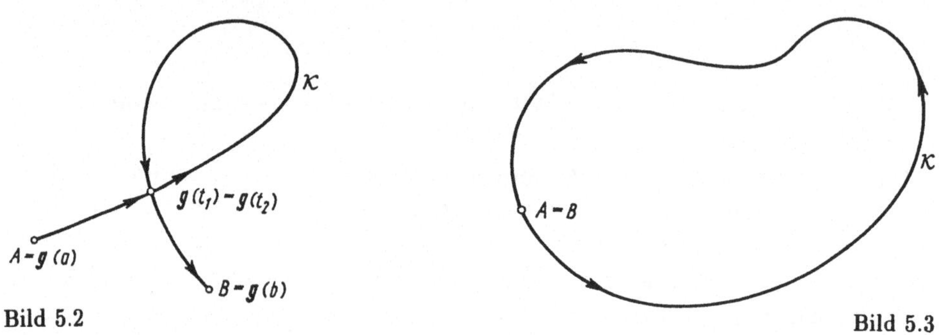

Bild 5.2   **Bild 5.3**

Wie bereits gesagt, wird beim Kurvenintegral eine Kurve $\mathcal{K}$ die Rolle des Definitionsbereiches übernehmen. Die Definition erfolgt dann wie beim bestimmten Integral und allen bereits in diesem Band erfolgten Erweiterungen durch

1. Zerlegung des Integrationsbereiches in Teilbereiche,

2. Bildung der Zerlegungssumme,

3. Durchführung eines Grenzprozesses.

Beim Kurvenintegral werden wir die Teilbereiche „Teilkurven" nennen (s. Bild 5.4):

Definition 5.1   *Ist $\mathcal{K}$ eine Kurve mit der Parameterdarstellung $\mathbf{r}(t) = x(t)\mathbf{e}_1 + y(t)\mathbf{e}_2 + z(t)\mathbf{e}_3$, $t \in J = [a, b]$ und $[t_0, t_1], \ldots, [t_{n-1}, t_n]$, $t_0 = a$, $t_n = b$ eine Zerlegung von J in endlich viele Teilintervalle, so nennen wir das System der Kurven $\mathcal{K}_1, \mathcal{K}_2, \ldots, \mathcal{K}_n$, wobei $\mathcal{K}_i$ die Parameterdarstellung $\mathbf{r}(t)$, $t \in J_i = [t_{i-1}, t_i]$ hat, eine Z e r l e g u n g von $\mathcal{K}$ in die Teilkurven $\mathcal{K}_1, \mathcal{K}_2, \ldots, \mathcal{K}_n$.*

Die vorstehende Definition hat die in Definition 2.1 explizit geforderten Eigenschaften: Die Vereinigung der $\mathcal{K}_i$ $(i = 1, 2, \ldots, n)$ ergibt $\mathcal{K}$, und falls $\mathcal{K}$ keine mehrfachen Punkte besitzt, haben je zwei verschiedene Teilkurven $\mathcal{K}_i$, $\mathcal{K}_k$ höchstens Randpunkte gemein, nämlich Anfangs- bzw. Endpunkte. Daß sie im

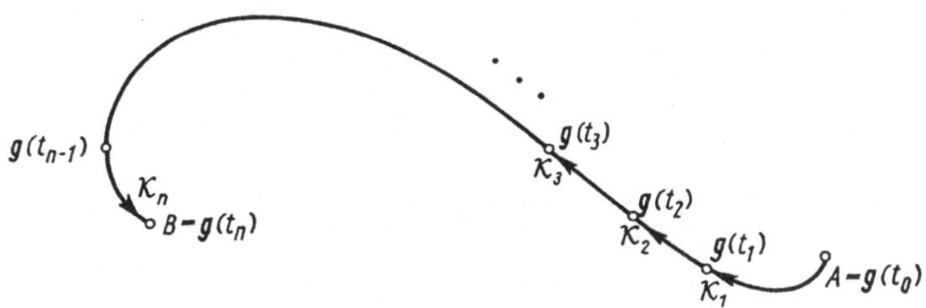

Bild 5.4   Zerlegung Z von $\mathcal{K}$ in die Teilkurven $\mathcal{K}_1, \mathcal{K}_2, \ldots, \mathcal{K}_n$

allgemeinen Fall zusätzlich jeweils endlich viele mehrfache Kurvenpunkte von $\mathcal{K}$ gemeisam haben können, stört bei den vorgesehenen Grenzprozessen nicht.

Bei der Arbeit mit Kurvenintegralen ist es nützlich, auch den zum Zerlegen entgegengesetzten Prozeß, das Zusammensetzen, zur Verfügung zu haben. Sind $\mathcal{K}_1$ und $\mathcal{K}_2$ Kurven mit den Parameterdarstellungen $\mathbf{r}_1(t) = x_1(t)\,\mathbf{e}_1 + y_1(t)\,\mathbf{e}_2 + z_1(t)\,\mathbf{e}_3$, $t \in [a_1, b_1]$, bzw. $\mathbf{r}_2(t) = x_2(t)\,\mathbf{e}_1 + y_2(t)\,\mathbf{e}_2 + z_2(t)\,\mathbf{e}_3$, $t \in [a_2, b_2]$, wobei der Endpunkt B_1 von $\mathcal{K}_1$ mit dem Anfangspunkt A_2 von $\mathcal{K}_2$ übereinstimmt, so ist mit $a = a_1$, $b = b_1 + b_2 - a_2$ und

$$\mathbf{r}(t) = \begin{cases} \mathbf{r}_1(t) & \text{für} \quad a \le t \le b_1 \\ \mathbf{r}_2(a_2 - b_1 + t) & \text{für} \quad b_1 \le t \le b \end{cases}, \qquad t \in [a, b],$$

eine Parameterdarstellung für die Kurve $\mathcal{K}$ gegeben, die aus den Punkten von $\mathcal{K}_1$ und $\mathcal{K}_2$ besteht und die gleiche Orientierung hat wie diese beiden Kurven. $\mathcal{K}$ nennen wir die aus $\mathcal{K}_1$ und $\mathcal{K}_2$ *zusammengesetzte Kurve*. Diese Kurve kann jetzt allerdings in $B_1 = A_2$ eine Ecke oder Spitze haben, d.h., dort kann es sein, daß es keine (eindeutig bestimmte) Tangente gibt. Die Parameterdarstellung $\mathbf{r}(t)$ ist dann in $t = b_1 \in [a, b]$ nicht differenzierbar. Solche, und auch aus endlich vielen Kurven zusammengesetzte Kurven, entsprechen noch voll unseren Vorstellungen von einer Kurve. Sie werden in der Literatur als *stückweise glatt* bezeichnet. Ihre Parameterdarstellungen sind auf dem Definitionsbereich *stückweise stetig differenzierbar*, d.h. stetig differenzierbar mit endlich vielen Ausnahmen. Dort, wo die Parameterdarstellungen differenzierbar sind, werden die Komponenten der Ableitungen nicht gleichzeitig null, d.h., es gilt $|\dot{\mathbf{r}}(t)| \ne 0$. Auf solche „stückweise glatten" Kurven beziehen sich alle folgenden Betrachtungen. Wir werden den Zusatz stückweise glatt deshalb künftig weglassen.

Für die Definition der verschiedenen Integraltypen benötigten wir bei den Integralsummen ein „Maß" für die einzelnen Teilbereiche. Hier bietet sich für das Kurvenintegral 1. Art die Bogenlänge an. In Verallgemeinerung des zweidimensionalen Falles gilt (s.[PFS, Abschnitt 10.4]) unter unseren für Kurven gemachten Voraussetzungen

---

Satz 5.1 *Ist $\mathcal{K}$ eine Kurve mit der Parameterdarstellung $\mathbf{r}(t) = x(t)\,\mathbf{e}_1 + y(t)\,\mathbf{e}_2 + z(t)\,\mathbf{e}_3$, $t \in J = [a,b]$, so hat $\mathcal{K}$ die* B o g e n l ä n g e

$$s = \int\limits_a^b \sqrt{\dot{x}^2(t) + \dot{y}^2(t) + \dot{z}^2(t)}\; \mathrm{d}t\,. \tag{5.1}$$

Wegen $\sqrt{\dot{x}^2(t) + \dot{y}^2(t) + \dot{z}^2(t)} = |\dot{\mathbf{r}}(t)|$ können wir für Formel (5.1) auch

$$s = \int\limits_a^b |\dot{\mathbf{r}}(t)|\; \mathrm{d}t \tag{5.2}$$

schreiben. Das Integral existiert, weil der Integrand nach unseren Annahmen für Kurven stückweise stetig ist.

5.2 Kurvenintegrale 1. Art

In vollkommener Analogie zum bestimmten Integral oder zum Bereichsintegral (s. die Definitionen 2.1 bis 2.5) können wir jetzt das Kurvenintegral 1. Art definieren, wenn wir gegenüber dem Bereichsintegral den Integrationsbereich B durch eine Kurve $\mathcal{K}$ mit der Parameterdarstellung $\mathbf{r}(t)$, $t \in J = [a,b]$, ersetzen. Der Integrand ist eine mindestens auf dem Definitionsbereich $\mathcal{K}$ definierte Funktion $f(P)$. Analog zu Definition 2.4 erklären wir für eine Zerlegung von $\mathcal{K}$ nach Definition 5.1 die Integralsumme durch die folgende

---

Definition 5.2 *Ist $Z = \{\mathcal{K}_1, \mathcal{K}_2, \ldots, \mathcal{K}_n\}$ eine Zerlegung von $\mathcal{K}$, P_i ein beliebig gewählter Punkt aus $\mathcal{K}_i$ und Δs_i die Bogenlänge von $\mathcal{K}_i$ $(i = 1, \ldots, n)$, so nennt man die Summe*

$$S(Z) := \sum_{i=1}^n f(P_i)\,\Delta s_i \tag{5.3}$$

die zu der Zerlegung Z gehörige I n t e g r a l s u m m e.

Als Feinheitsmaß $\delta = \delta(Z)$ für eine Zerlegung Z (s. Definition 2.3) wählen wir das Maximum der Bogenlängen Δs_i der entsprechenden Teilkurven.

Es sei nun $Z_1, Z_2, \ldots$ eine Folge unbegrenzt feiner werdender Zerlegungen von $\mathcal{K}$ und $S(Z_1), S(Z_2), \ldots$ die zugehörige Folge der Integralsummen. Wenn nun diese Folge von Integralsummen gegen einen bestimmten Wert G konvergiert

– und zwar unabhängig von der Wahl der Folge unbegrenzt feiner werdender
Zerlegungen und unabhängig von der Wahl der zu der jeweiligen Zerlegung
gehörigen Punkte P_i (s. Definition 5.2) –, so wollen wir diesen Grenzwert G mit
dem Symbol

$$\lim_{\Delta s_i \to 0} \sum_i f(P_i) \cdot \Delta s_i \tag{5.4}$$

bezeichnen. Mit diesem Grenzwert gilt (vgl. Definition 2.5)

Definition 5.3 *$f(P)$ sei eine auf der Kurve $\mathcal{K}$ definierte reellwertige Funktion. Unter dem* K u r v e n i n t e g r a l 1 . A r t *der Funktion $f(P)$ über
der Kurve $\mathcal{K}$ versteht man den Grenzwert (5.4), falls dieser Grenzwert existiert. Man bezeichnet das Kurvenintegral 1. Art mit $\int_{\mathcal{K}} f(P)\,ds$. Es gilt
also:*

$$\int_{\mathcal{K}} f(P)\,ds = \lim_{\Delta s_i \to 0} \sum_i f(P_i) \cdot \Delta s_i\,. \tag{5.5}$$

Bemerkung 5.1   Ist f auf einem Gebiet M des Raumes definiert, das $\mathcal{K}$
als Teil enthält, und sind die Werte von f auf M durch eine Gleichung $w =
f(x,y,z)$, $(x,y,z) \in M$, erklärt, so schreiben wir für das Kurvenintegral 1. Art
auch $\int_{\mathcal{K}} f(x,y,z)\,ds$ oder in Vektorschreibweise mit $\mathbf{r} = x\,\mathbf{e}_1 + y\,\mathbf{e}_2 + z\,\mathbf{e}_3$ auch
$\int_{\mathcal{K}} f(\mathbf{r})\,ds$. Ist $\mathcal{K}$ eine geschlossene Kurve, so schreibt man das Kurvenintegral
1. Art auch in der Form $\oint_{\mathcal{K}} f(P)\,ds$.

Unter den von uns für Kurven gemachten Voraussetzungen (es gibt eine
stückweise stetig differenzierbare Parameterdarstellung) gilt der folgende

---

Satz 5.2 *Die Funktion $f(P)$ sei auf der Kurve $\mathcal{K}$ definiert und stückweise
stetig. Dann existiert das Kurvenintegral 1. Art $\int_{\mathcal{K}} f(P)\,ds$.*

Für Kurvenintegrale 1. Art folgen aus der Definition 5.3 leicht die zu den in Satz
2.3 analogen Eigenschaften. Wir wollen hier noch zusätzlich den Zusammen-
hang zwischen Kurvenintegral 1. Art und Orientierung der Kurve betrachten.
Es sei $\mathcal{K}$ eine Kurve und $f(P)$ eine auf $\mathcal{K}$ definierte und stückweise stetige
Funktion. $Z = \{\mathcal{K}_1, \mathcal{K}_2, \ldots, \mathcal{K}_n\}$ sei eine Zerlegung von $\mathcal{K}$. Haben die $\mathcal{K}_i$ die
Bogenlängen Δs_i und sind P_i beliebige Punkte aus $\mathcal{K}_i$ $(i = 1, \ldots, n)$, so ist

$$\sum_{i=1}^{n} f(P_i)\,\Delta s_i \tag{5.6}$$

eine zu Z gehörige Integralsumme für $\int_{\mathcal{K}} f(P)\,ds$ entsprechend Definition 5.2.

Z ist aber auch eine Zerlegung von $-\mathcal{K}$, nur daß dann $\mathcal{K}_n$ die erste Teilkurve und $\mathcal{K}_1$ die letzte Teilkurve der Zerlegung ist und die einzelnen Teilkurven in negativer Richtung durchlaufen werden. Da sich hierdurch die Δs_i und die $f(P_i)$ nicht ändern, ist (5.6) auch eine Integralsumme von Z für $\int_{-\mathcal{K}} f(P)\,\mathrm{d}s$. Da nach Satz 5.2 die Kurvenintegrale $\int_{\mathcal{K}} f(P)\,\mathrm{d}s$ und $\int_{-\mathcal{K}} f(P)\,\mathrm{d}s$ beide existieren und ihre Integralsummen (5.6) gleich sind, müssen nach Definition 5.3 die Integrale gleich sein:

$$\int_{\mathcal{K}} f(P)\,\mathrm{d}s = \int_{-\mathcal{K}} f(P)\,\mathrm{d}s\,.$$

Der Wert eines Kurvenintegrales 1. Art ist von der Orientierung der Kurve unabhängig. Diese grundlegenden Eigenschaften wollen wir in Satz 5.3 zusammenfassen:

Satz 5.3   *Ist $\mathcal{K}$ eine Kurve, $\{\mathcal{K}_1, \mathcal{K}_2\}$ eine Zerlegung von $\mathcal{K}$ und sind $f(P)$, $g(P)$ auf $\mathcal{K}$ stückweise stetige Funktionen, so gilt:*

a) *Für jede Konstante c ist* $\int_{\mathcal{K}} c\,f(P)\,\mathrm{d}s = c \int_{\mathcal{K}} f(P)\,\mathrm{d}s$.

b) $\int_{\mathcal{K}} (f(P) + g(P))\,\mathrm{d}s = \int_{\mathcal{K}} f(P)\,\mathrm{d}s + \int_{\mathcal{K}} g(P)\,\mathrm{d}s$.

c) $\int_{\mathcal{K}} f(P)\,\mathrm{d}s = \int_{\mathcal{K}_1} f(P)\,\mathrm{d}s + \int_{\mathcal{K}_2} f(P)\,\mathrm{d}s$.

d) *(Mittelwertsatz für Kurvenintegrale) Ist $f(P)$ auf $\mathcal{K}$ stetig, so gibt es ein $P_0 \in \mathcal{K}$, so daß* $\int_{\mathcal{K}} f(P)\,\mathrm{d}s = f(P_0) \cdot s$, *wobei s die Bogenlänge von $\mathcal{K}$ ist.*

e) $\int_{\mathcal{K}} f(P)\,\mathrm{d}s = \int_{-\mathcal{K}} f(P)\,\mathrm{d}s$.

Wir kommen nun zur Berechnung von Kurvenintegralen 1. Art. Hierzu sei $f(P)$ eine auf der Kurve $\mathcal{K}$ mit der Parameterdarstellung $\mathbf{r} = \mathbf{r}(t) = x(t)\,\mathbf{e}_1 + y(t)\,\mathbf{e}_2 + z(t)\,\mathbf{e}_3$, $t \in [a,b]$, stückweise stetige Funktion und $Z = \{\mathcal{K}_1, \mathcal{K}_2, \ldots, \mathcal{K}_n\}$ eine Zerlegung von $\mathcal{K}$ entsprechend Definition 5.1. Für die Bogenlänge Δs_i von $\mathcal{K}_i$ erhalten wir entsprechend Formel (5.1) aus Satz 5.1

$$\Delta s_i = \int_{t=t_{i-1}}^{t_i} \sqrt{\dot{x}^2(t) + \dot{y}^2(t) + \dot{z}^2(t)}\,\mathrm{d}t = \int_{t=t_{i-1}}^{t_i} |\dot{\mathbf{r}}(t)|\,\mathrm{d}t. \qquad (5.7)$$

Nach dem Mittelwertsatz der Integralrechnung (s. [PFS, Kap. 10]) können wir für (5.7) schreiben:

$$\Delta s_i = |\dot{\mathbf{r}}(\tau_i)|\,\Delta t_i \text{ mit } t_{i-1} \leq \tau_i \leq t_i \text{ und } \Delta t_i = t_i - t_{i-1}. \qquad (5.8)$$

Da bei Existenz des Kurvenintegrales $S = \int_{\mathcal{K}} f(P)\, ds$ die Integralsummen nach Definition 5.3 für jede Wahl der $P_i \in \mathcal{K}_i$ gegen S konvergieren, können wir die Punkte P_i so wählen, daß $P_i = (x(\tau_i), y(\tau_i), z(\tau_i))$. Damit werden die Integralsummen

$$S(Z) = \sum_{i=1}^{n} f(P_i)\, \Delta s_i = \sum_{i=1}^{n} f(\mathbf{r}(\tau_i))\, |\dot{\mathbf{r}}(\tau_i)|\, \Delta t_i. \tag{5.9}$$

Die Summen (5.9) konvergieren aber nach der Definition des bestimmten Integrals beim Grenzübergang $\Delta s_i \to 0$ gegen

$$\int_{t=a}^{b} f(\mathbf{r}(t))\, |\dot{\mathbf{r}}(t)|\, dt.$$

Folglich gilt

$$\int_{\mathcal{K}} f(P)\, ds = \int_{t=a}^{b} f(\mathbf{r}(t))\, |\dot{\mathbf{r}}(t)|\, dt\,,$$

und wir erhalten

Satz 5.4 *Ist $\mathcal{K}$ eine Kurve mit der Parameterdarstellung $\mathbf{r} = \mathbf{r}(t)$ $= x(t)\,\mathbf{e}_1 + y(t)\,\mathbf{e}_2 + z(t)\,\mathbf{e}_3\,,\ t \in [a,b]$, und $f(P)$ eine auf $\mathcal{K}$ stückweise stetige Funktion, so gilt:*

$$\int_{\mathcal{K}} f(P)\, ds = \int_{t=a}^{b} f(\mathbf{r}(t))\, |\dot{\mathbf{r}}(t)|\, dt \tag{5.10}$$

$$= \int_{t=a}^{b} f(x(t), y(t), z(t))\, \sqrt{\dot{x}^2(t) + \dot{y}^2(t) + \dot{z}^2(t)}\, dt\,.$$

Das Kurvenintegral 1. Art läßt sich also über ein bestimmtes (eindimensionales) Integral berechnen. In die Funktion $f(P)$ und das *Bogenelement* ds ist die Parameterdarstellung einzusetzen:

$$f(P) = f(x(t), y(t), z(t))$$

bzw.

$$ds = \sqrt{\dot{x}^2(t) + \dot{y}^2(t) + \dot{z}^2(t)}\, dt\,.$$

Die Integrationsvariable ist der Parameter t, der Integrationsbereich ist der Definitionsbereich $[a, b]$ der für die Darstellung der Kurve $\mathcal{K}$ maßgeblichen Parameterdarstellung.

Beispiel 5.2 Es ist das Kurvenintegral 1. Art von $f(x, y, z) = (x^2 + y^2)\, z$ über eine Windung der Schraubenlinie mit der Parameterdarstellung $\mathbf{r}(t) = a \cos t\, \mathbf{e}_1 + a \sin t\, \mathbf{e}_2 + bt\, \mathbf{e}_3$, $t \in [0, 2\pi]$, zu berechnen.
Es ist $\dot{\mathbf{r}}(t) = -a \sin t\, \mathbf{e}_1 + a \cos t\, \mathbf{e}_2 + b\, \mathbf{e}_3$ und $|\dot{\mathbf{r}}(t)| = \sqrt{a^2 + b^2}$. Damit wird nach Satz 5.4

$$
\int\limits_{\mathcal{K}} f(P)\, \mathrm{d}s = \int\limits_{0}^{2\pi} (a^2 \cos^2 t + a^2 \sin^2 t)\, bt \sqrt{a^2 + b^2}\, \mathrm{d}t
$$

$$
= a^2 b \sqrt{a^2 + b^2} \int\limits_{0}^{2\pi} t\, \mathrm{d}t = 2\pi^2 a^2 b \sqrt{a^2 + b^2}\,.
$$

Die Betrachtungen, die uns zu Satz 5.4 führten, sind natürlich auch für ebene (orientierte) Kurven richtig. Wenn wir in die Ebene, in der die Kurve liegt, ein x, y-Koordinatensystem legen, hat die Kurve eine Parameterdarstellung $\mathbf{r}(t) = x(t)\, \mathbf{e}_1 + y(t)\, \mathbf{e}_2$, $t \in [a, b]$. Es ist dann $f(P)$ eine Funktion von x und y, und Formel (5.10) geht über in

$$
\int\limits_{\mathcal{K}} f(P)\, \mathrm{d}s = \int\limits_{\mathcal{K}} f(x, y)\, \mathrm{d}s = \int\limits_{a}^{b} f(x(t), y(t))\, \sqrt{\dot{x}^2(t) + \dot{y}^2(t)}\, \mathrm{d}t\,. \tag{5.11}
$$

Ist die ebene Kurve explizit darstellbar,

$$
y = y(x)\,, \quad x_1 \leq x \leq x_2\,,
$$

so geht (5.11) in

$$
\int\limits_{\mathcal{K}} f(P)\, \mathrm{d}s = \int\limits_{x_1}^{x_2} f(x, y(x))\, \sqrt{1 + y'^2}\, \mathrm{d}x \tag{5.12}
$$

über.

Beispiel 5.3 Es ist die Oberfläche A einer Kugel mit dem Radius a zu berechnen. Sie entsteht durch Rotation des Halbkreises mit der expliziten Darstellung

$y = \sqrt{a^2 - x^2}$, $-a \leq x \leq a$, um die x-Achse. Für die Oberfläche eines Rotationskörpers gilt (s. [PFS, Kap. 10]) $A = \int\limits_a^b 2\pi y \sqrt{1 + y'^2}\, dx$. Nach Formel (5.12) ist dies ein Kurvenintegral 1. Art mit der durch $f(P) = f(x,y) = 2\pi y$ gegebenen Funktion. Speziell für die Kugel mit dem Halbkreis als erzeugender Kurve ist $y = \sqrt{a^2 - x^2}$ und $y' = -x/\sqrt{a^2 - x^2}$. Es wird

$$\sqrt{1 + y'^2} = \sqrt{1 + \frac{x^2}{a^2 - x^2}} = \frac{a}{\sqrt{a^2 - x^2}}$$

und

$$A = \int\limits_{\mathcal{K}} 2\pi y\, ds = \int\limits_{-a}^{a} 2\pi \sqrt{a^2 - x^2}\, \frac{a}{\sqrt{a^2 - x^2}}\, dx = 2\pi a \int\limits_{-a}^{a} dx = 4\pi a^2.$$

Aufgabe 5.1 Es ist das Kurvenintegral 1. Art von $f(x,y,z) = y/\sqrt{x^2 + y^2 + z^2}$ über die von $(1,1,1)$ nach $(2,2,2)$ führende Strecke $\mathcal{K}$ zu berechnen.

Die in Abschnitt 2.4 bzw. 3.2 über Masse, Schwerpunkt und Trägheitsmomente von mit Masse der Dichte $\varrho = \varrho(P)$ belegten ebenen bzw. räumlichen Bereichen B lassen sich ohne weiteres auf mit Masse belegte Kurven übertragen. ϱ ist dann jedoch nicht Masse pro Flächeneinheit bzw. Masse pro Volumeneinheit, sondern Masse pro Längeneinheit, und an die Stelle des Flächeninhaltes bzw. Volumens der Teilbereiche B_i von B tritt die Bogenlänge Δs_i der Teilkurve $\mathcal{K}_i$ von $\mathcal{K}$.

Es sei $\mathcal{K}$ eine mit Masse der Dichte $\varrho = \varrho(P) = \varrho(x,y,z)$ belegte Kurve mit der Parameterdarstellung $\mathbf{r} = \mathbf{r}(t) = x(t)\,\mathbf{e}_1 + y(t)\,\mathbf{e}_2 + z(t)\,\mathbf{e}_3$, $a \leq t \leq b$. Dann ist die Gesamtmasse M von $\mathcal{K}$ (vgl. Satz 2.5 bzw. Formel (3.2)):

$$M = \int\limits_{\mathcal{K}} \varrho(P)\, ds. \tag{5.13}$$

Den Wert des in Beispiel 5.2 berechneten Kurvenintegrales könnte man als Gesamtmasse eines Ganges der Schraubenlinie interpretieren, wenn diese mit Masse der Dichte $\varrho(x,y,z) = (x^2 + y^2)\,z$ belegt wäre. Ist $\mathcal{K}$ nicht mit Masse, sondern z.B. mit Ladung belegt und $\varrho = \varrho(P)$ die Ladung pro Längeneinheit, so liefert Formel (5.13) die auf $\mathcal{K}$ befindliche Ladung.

Entsprechend Satz 3.2 findet man für den Schwerpunkt $S(x_S, y_S, z_S)$:

$$x_S = \frac{1}{M} \int\limits_{\mathcal{K}} x\, \varrho\, ds,$$

$$y_S = \frac{1}{M} \int_{\mathcal{K}} y\,\varrho\,\mathrm{d}s\,, \qquad\qquad (5.14)$$

$$z_S = \frac{1}{M} \int_{\mathcal{K}} z\,\varrho\,\mathrm{d}s\,.$$

Beispiel 5.4 Es soll der geometrische Schwerpunkt eines Ganges der Schraubenlinie (s. Beispiel 5.2) berechnet werden.

Für den geometrischen Schwerpunkt haben wir in den Formeln (5.13) und (5.14) $\varrho(x, y, z) = 1$ zu setzen. Mit der Parameterdarstellung $\mathbf{r}(t) = a\cos t\,\mathbf{e}_1 + a\sin t\,\mathbf{e}_2 + bt\,\mathbf{e}_3$, $t \in [0, 2\pi]$ und $\mathrm{d}s = |\dot{\mathbf{r}}(t)|\,\mathrm{d}t = \sqrt{a^2 + b^2}\,\mathrm{d}t$ wird:

$$M = \int_{\mathcal{K}} \mathrm{d}s = \int_0^{2\pi} \sqrt{a^2 + b^2}\,\mathrm{d}t = 2\pi\sqrt{a^2 + b^2}$$

und

$$x_S = \frac{1}{2\pi\sqrt{a^2 + b^2}} \int_0^{2\pi} a\cos t\,\sqrt{a^2 + b^2}\,\mathrm{d}t = \frac{a}{2\pi} \int_0^{2\pi} \cos t\,\mathrm{d}t = 0,$$

$$y_S = \frac{1}{2\pi\sqrt{a^2 + b^2}} \int_0^{2\pi} a\sin t\,\sqrt{a^2 + b^2}\,\mathrm{d}t = \frac{a}{2\pi} \int_0^{2\pi} \sin t\,\mathrm{d}t = 0,$$

$$z_S = \frac{1}{2\pi\sqrt{a^2 + b^2}} \int_0^{2\pi} bt\,\sqrt{a^2 + b^2}\,\mathrm{d}t = \frac{b}{2\pi} \int_0^{2\pi} t\,\mathrm{d}t = b\pi.$$

Für die Trägheitsmomente von mit Masse belegten Kurven entstehen analoge Formeln wie in Satz 2.8 bzw. Satz 3.5. Sie sollen hier nicht extra aufgeführt werden.

Beispiel 5.5 Wir berechnen das geometrische Trägheitsmoment eines Halbkreises mit der Parameterdarstellung $\mathbf{r} = \mathbf{r}(t) = \cos t\,\mathbf{e}_1 + \sin t\,\mathbf{e}_2$, $0 \le t \le \pi$, bezüglich der x-Achse. Es ist $\dot{\mathbf{r}} = -\sin t\,\mathbf{e}_1 + \cos t\,\mathbf{e}_2$ und damit $\mathrm{d}s = |\dot{\mathbf{r}}|\,\mathrm{d}t = \mathrm{d}t$. Für das Trägheitsmoment ergibt sich

$$J_x = \int_{\mathcal{K}} y^2\,\mathrm{d}s = \int_0^{\pi} (\sin t)^2\,\mathrm{d}t = \frac{\pi}{2}$$

(das Integral kann man einer Formelsammlung, etwa [BSE], entnehmen).

Aufgabe 5.2   Bestimme den Schwerpunkt der mit Masse der Dichte $\varrho = \varrho(x, y, z) = 1/\sqrt{1 + 4x + 9yz}$ belegten Kurve $\mathcal{K}$ mit der Parameterdarstellung $\mathbf{r} = \mathbf{r}(t) = t^2\,\mathbf{e}_1 + t\,\mathbf{e}_2 + t^3\,\mathbf{e}_3$, $0 \le t \le 1$.

Aufgabe 5.3   Von der Zykloide mit der Parameterdarstellung $\mathbf{r} = \mathbf{r}(t) = a(t - \sin t)\,\mathbf{e}_1 + a(1 - \cos t)\,\mathbf{e}_2$, $0 \le t \le 2\pi$, berechne man den Schwerpunkt.

5.3   Kurvenintegrale 2. Art

Im Zusammenhang mit verschiedenen physikalischen Problemen ist es zweckmäßig, in den Integralsummen anstelle der Bogenlänge Δs_i (s. (5.3)) ein anderes „Maß" der Teilkurve $\mathcal{K}_i$ zu benutzen. Für die Bestimmung der Arbeit, die zu leisten ist, wenn ein Massepunkt gegen ein Kraftfeld auf einer Kurve $\mathcal{K}$ vom Anfangspunkt A zum Endpunkt B bewegt wird, ist es sinnvoll, wie wir später sehen werden, die Differenzen der Komponenten von End- und Anfangspunkt der Teilkurve $\mathcal{K}_i$ zu nehmen. Ist $\mathcal{K}$ eine Kurve mit der Parameterdarstellung $\mathbf{r} = \mathbf{r}(t) = x(t)\,\mathbf{e}_1 + y(t)\,\mathbf{e}_2 + z(t)\,\mathbf{e}_3$, $t \in [a, b]$, so liefert uns jede Zerlegung $\{[t_0, t_1], [t_1, t_2], \ldots, [t_{n-1}, t_n]\}$ von $[a, b]$, $a = t_0 < t_1 < t_2 < \ldots < t_{n-1} < t_n = b$, eine Zerlegung $Z = \{\mathcal{K}_1, \ldots, \mathcal{K}_n\}$ von $\mathcal{K}$. Die Teilungspunkte $(x(t_i), y(t_i), z(t_i))$, $i = 1, 2, \ldots, n-1$, sind dabei zugleich Endpunkt B_i von $\mathcal{K}_i$ und Anfangspunkt A_{i+1} von $\mathcal{K}_{i+1}$. Die Differenz der x-Komponenten von End- und Anfangspunkt der Teilkurve $\mathcal{K}_i$ ist also $\Delta x_i = x(t_i) - x(t_{i-1})$. Ist weiter $f(x, y, z)$ der Integrand, so wählen wir für die x-Komponente anstelle von (5.3) die Integralsumme

$$S_x(Z) = \sum_{i=1}^{n} f(P_i)\,\Delta x_i \quad \text{mit} \quad \Delta x_i = x(t_i) - x(t_{i-1}). \qquad (5.15)$$

Hierbei sind die P_i beliebige Elemente aus den $\mathcal{K}_i$: $P_i \in \mathcal{K}_i$. Analog werden Integralsummen bezüglich der y-Komponente (Formel (5.16)) und z-Komponente (Formel (5.17)) definiert:

$$S_y(Z) = \sum_{i=1}^{n} f(P_i)\,\Delta y_i \quad \text{mit} \quad \Delta y_i = y(t_i) - y(t_{i-1}), \qquad (5.16)$$

$$S_z(Z) = \sum_{i=1}^{n} f(P_i)\,\Delta z_i \quad \text{mit} \quad \Delta z_i = z(t_i) - z(t_{i-1}). \qquad (5.17)$$

Das Feinheitsmaß $\delta = \delta(Z)$ für eine Zerlegung Z wählen wir wie bei den Kurvenintegralen 1. Art als Maximum der Bogenlängen Δs_i der entsprechenden Teilkurven. Dementsprechend kann auch der Begriff des Grenzwertes der Integralsummen (5.15), (5.16) bzw. (5.17) übernommen werden. Betrachten wir die Integralsumme (5.15) näher. Es ist offensichtlich $|\Delta x_i| \le \Delta s_i$. Mit $\Delta s_i \to 0$

geht deshalb auch $\Delta x_i \to 0$. Es sei nun $Z_1, Z_2, \ldots$ eine Folge unbegrenzt feiner werdender Zerlegungen von $\mathcal{K}$ und $S_x(Z_1), S_x(Z_2), \ldots$ die zugehörige Folge der Integralsummen (5.15). Wenn nun diese Folge von Integralsummen gegen einen bestimmten Wert G_x konvergiert – und zwar unabhängig von der Wahl der Folge immer feiner werdender Zerlegungen von $\mathcal{K}$ und unabhängig von der Wahl der zu der jeweiligen Zerlegung gehörigen Punkte P_i –, so wollen wir diesen Grenzwert G_x mit dem Symbol

$$G_x = \lim_{\Delta s_i \to 0} \sum_i f(P_i)\, \Delta x_i$$

bezeichnen. Die Übertragung von Definition 5.3 ergibt dann das Kurvenintegral 2. Art:

Definition 5.4 *$f(P) = f(x, y, z)$ sei eine auf der Kurve $\mathcal{K}$ definierte Funktion. Unter den* K u r v e n i n t e g r a l e n   2 .   A r t *der Funktion $f(P)$ über der Kurve $\mathcal{K}$ versteht man die Grenzwerte der Integralsummen (5.15) bis (5.17), falls diese Grenzwerte existieren. Man schreibt dafür:*

$$\int_{\mathcal{K}} f(P)\, \mathrm{d}x \;=\; \lim_{\Delta s_i \to 0} \sum_i f(P_i)\, \Delta x_i \, , \tag{5.18}$$

$$\int_{\mathcal{K}} f(P)\, \mathrm{d}y \;=\; \lim_{\Delta s_i \to 0} \sum_i f(P_i)\, \Delta y_i \, , \tag{5.19}$$

$$\int_{\mathcal{K}} f(P)\, \mathrm{d}z \;=\; \lim_{\Delta s_i \to 0} \sum_i f(P_i)\, \Delta z_i \, . \tag{5.20}$$

Eine Summe

$$\int_{\mathcal{K}} f_1(P)\, \mathrm{d}x + \int_{\mathcal{K}} f_2(P)\, \mathrm{d}y + \int_{\mathcal{K}} f_3(P)\, \mathrm{d}z$$

solcher Kurvenintegrale (mit verschiedenen Integranden $f_1(P), f_2(P), f_3(P)$ an Stelle von $f(P)$) nennen wir a l l g e m e i n e s   K u r v e n i n t e g r a l 2 .   A r t *und schreiben dafür kürzer*

$$\int_{\mathcal{K}} [f_1(P)\, \mathrm{d}x + f_2(P)\, \mathrm{d}y + f_3(P)\, \mathrm{d}z] \, . \tag{5.21}$$

Wenn keine Verwechslungsmöglichkeiten bestehen, lassen wir bei den Funktionen die Argumente weg. Mit Vektoren $\mathbf{f}(\mathbf{r}) = f_1(\mathbf{r})\, \mathbf{e}_1 + f_2(\mathbf{r})\, \mathbf{e}_2 + f_3(\mathbf{r})\, \mathbf{e}_3$,

$(\mathbf{r} = x\,\mathbf{e}_1 + y\,\mathbf{e}_2 + z\,\mathbf{e}_3 \,,\ \mathrm{d}\mathbf{r} = \mathrm{d}x\,\mathbf{e}_1 + \mathrm{d}y\,\mathbf{e}_2 + \mathrm{d}z\,\mathbf{e}_3)$ und dem Skalarprodukt schreiben wir für (5.21) auch

$$\int_{\mathcal{K}} [f_1\,\mathrm{d}x + f_2\,\mathrm{d}y + f_3\,\mathrm{d}z] = \int_{\mathcal{K}} \mathbf{f}(\mathbf{r})\cdot\mathrm{d}\mathbf{r} = \int_{\mathcal{K}} \mathbf{f}\cdot\mathrm{d}\mathbf{r}.$$

Für die Anwendung sind die allgemeinen Kurvenintegrale 2. Art von besonderer Wichtigkeit. Bei diesen Integralen ist der Integrationsbereich eine Kurve $\mathcal{K}$, der Integrand eine Vektorfunktion $\mathbf{f}(\mathbf{r})$. Zu Vektorfunktion sagt man auch Vektorfeld, denn in der Mechanik wird durch $\mathbf{f}(\mathbf{r})$ z.B. ein Kraft- oder Geschwindigkeitsfeld, in der Elektrotechnik z.B. ein elektrisches Feld oder ein Magnetfeld beschrieben.

Für die Kurvenintegrale 2. Art gelten die sinnvoll übertragenen Aussagen der Sätze 5.2 (Existenz des Kurvenintegrales) und 5.3 (Eigenschaften des Kurvenintegrales) entsprechend. Lediglich die Aussage e) von Satz 5.3 gilt nicht, d.h., das Kurvenintegral 2. Art ist von der Orientierung von $\mathcal{K}$ abhängig. Wir wollen dies am Kurvenintegral 2. Art nach Formel (5.18) betrachten: Es sei $\mathbf{r} = \mathbf{r}(t) = x(t)\,\mathbf{e}_1 + y(t)\,\mathbf{e}_2 + z(t)\,\mathbf{e}_3$, $a \le t \le b$, eine Parameterdarstellung von $\mathcal{K}$. Dann ist $\mathbf{r}^*(t) = x^*(t)\,\mathbf{e}_1 + y^*(t)\,\mathbf{e}_2 + z^*(t)\,\mathbf{e}_3 = \mathbf{r}(a + b - t) = x(a + b - t)\,\mathbf{e}_1 + y(a + b - t)\,\mathbf{e}_2 + z(a + b - t)\,\mathbf{e}_3$, $a \le t \le b$, eine Parameterdarstellung von $-\mathcal{K}$. Es sei weiter $Z = \{\mathcal{K}_1, \mathcal{K}_2, \ldots, \mathcal{K}_n\}$ eine Zerlegung von $\mathcal{K}$, wobei den Teilungspunkten die Parameterwerte $a = t_0 < t_1 < \cdots < t_{n-1} < t_n = b$ der Parameterdarstellung $\mathbf{r}(t)$ von $\mathcal{K}$ entsprechen sollen. Setzen wir nun $\mathcal{K}_i^* = -\mathcal{K}_{n-i+1}$ für $i = 1, \ldots, n$ und $t_i^* = a + b - t_{n-i}$ für $i = 0, 1, \ldots, n$, so ist $Z^* = \{\mathcal{K}_1^*, \ldots, \mathcal{K}_n^*\}$ eine Zerlegung von $-\mathcal{K}$, deren Teilungspunkten die Parameterwerte $a = t_0^* < t_1^* < \cdots < t_n^* = b$ bezüglich der Parameterdarstellung $\mathbf{r}^*(t)$ entsprechen. Es wird

$$\begin{aligned}
\Delta x_i^* &= x^*(t_i^*) - x^*(t_{i-1}^*) = x(a + b - t_i^*) - x(a + b - t_{i-1}^*)\\
&= x(t_{n-i}) - x(t_{n-i+1}) = -\Delta x_{n-i+1}
\end{aligned}$$

und damit die Formel (5.15) entsprechende Integralsumme für eine Funktion $f(P)$ über $-\mathcal{K}$

$$\sum_{i=1}^{n} f(P_i^*)\,\Delta x_i^* = -\sum_{i=1}^{n} f(P_i^*)\,\Delta x_{n-i+1} = -\sum_{k=1}^{n} f(P_k)\,\Delta x_k, \qquad (5.22)$$

wenn wir $k = n - i + 1$ und $P_k = P_{n-i+1} = P_i^* \in \mathcal{K}_i^* = -\mathcal{K}_{n-i+1} = -\mathcal{K}_k$ setzen. Der letzte Term von Formel (5.22) ist aber eine mit -1 multiplizierte Integralsumme von $f(P)$ über $\mathcal{K}$. Wenn das Integral von $f(P)$ über $\mathcal{K}$ existiert, gilt

$$\lim_{\Delta s_k \to 0} \sum_k f(P_k)\, \Delta x_k = \int\limits_{\mathcal{K}} f(P)\, \mathrm{d}x\,.$$

Nach Formel (5.22) existiert dann aber auch der Grenzwert der Integralsumme von $f(P)$ über $-\mathcal{K}$, und es gilt

---

Satz 5.5 *Der Wert des Kurvenintegrales 2. Art ist von der Orientierung der Kurve $\mathcal{K}$ abhängig:*

$$\int\limits_{-\mathcal{K}} f(P)\, \mathrm{d}x = - \int\limits_{\mathcal{K}} f(P)\, \mathrm{d}x\,. \tag{5.23}$$

Entsprechende Aussagen gelten für die Kurvenintegrale 2. Art nach den Formeln (5.19) und (5.20) sowie für das allgemeine Kurvenintegral 2. Art nach Formel (5.21).

Wir stellen uns jetzt die Aufgabe, ein Kurvenintegral 2. Art zu berechnen (wir beschränken uns wieder auf das der Formel (5.18) entsprechende). Wegen der von uns vorausgesetzten Differenzierbarkeit der Parameterdarstellung existiert nach dem Mittelwertsatz der Differentialrechnung für jedes i ein $\tau_i \in [t_{i-1}, t_i]$ mit

$$\Delta x_i = x(t_i) - x(t_{i-1}) = \dot{x}(\tau_i) \cdot (t_i - t_{i-1}) = \dot{x}(\tau_i)\, \Delta t_i\,.$$

Wählen wir in (5.18) $P_i = (x(\tau_i), y(\tau_i), z(\tau_i))$, so erhalten wir

$$\int\limits_{\mathcal{K}} f(P)\, \mathrm{d}x = \lim_{\Delta s_i \to 0} \sum_i f(x(\tau_i), y(\tau_i), z(\tau_i))\, \dot{x}(\tau_i)\, \Delta t_i\,.$$

Da mit immer feiner werdenden Zerlegungen von $\mathcal{K}$, d.h. Durchführung eines Grenzprozesses $\Delta s_i \to 0$, auch die zugehörigen Zerlegungen des Parameterbereiches $[a, b]$ immer feiner werden, d.h., es findet ein Grenzprozeß $\Delta t_i = t_i - t_{i-1} \to 0$ statt, ist der Grenzwert auf der rechten Seite das gewöhnliche bestimmte Integral

$$\int\limits_a^b f(x(t), y(t), z(t))\, \dot{x}(t)\, \mathrm{d}t\,.$$

Satz 5.6 *Gegeben seien die orientierte Kurve $\mathcal{K}$ mit der Parameterdarstellung $\mathbf{r} = \mathbf{r}(t) = x(t)\,\mathbf{e}_1 + y(t)\,\mathbf{e}_2 + z(t)\,\mathbf{e}_3$, $t \in [a,b]$, und die auf $\mathcal{K}$ definierte und stückweise stetige Vektorfunktion $\mathbf{f}(\mathbf{r}) = \mathbf{f}(x,y,z) = f_1(x,y,z)\,\mathbf{e}_1 + f_2(x,y,z)\,\mathbf{e}_2 + f_3(x,y,z)\,\mathbf{e}_3$. Dann gilt für die Kurvenintegrale 2. Art von $\mathbf{f}(P)$ über $\mathcal{K}$*

$$\int\limits_{\mathcal{K}} f_1(P)\,\mathrm{d}x = \int\limits_a^b f_1(\mathbf{r}(t))\,\dot{x}(t)\,\mathrm{d}t\,, \qquad \int\limits_{\mathcal{K}} f_2(P)\,\mathrm{d}y = \int\limits_a^b f_2(\mathbf{r}(t))\,\dot{y}(t)\,\mathrm{d}t\,,$$

$$\int\limits_{\mathcal{K}} f_3(P)\,\mathrm{d}z = \int\limits_a^b f_3(\mathbf{r}(t))\,\dot{z}(t)\,\mathrm{d}t\,, \qquad \int\limits_{\mathcal{K}} \mathbf{f}(P) \cdot \mathrm{d}\mathbf{r} = \int\limits_a^b \mathbf{f}(\mathbf{r}(t)) \cdot \dot{\mathbf{r}}(t)\,\mathrm{d}t\,.$$

Beispiel 5.6 Es ist das allgemeine Kurvenintegral 2. Art $L = \int_{\mathcal{K}} \mathbf{f}(\mathbf{r}) \cdot \mathrm{d}\mathbf{r}$ von $\mathbf{f}(x,y,z) = x\,\mathbf{e}_1 + z\,\mathbf{e}_2 + y\,\mathbf{e}_3$ über die geschlossene Kurve $\mathcal{K}$ mit der Parameterdarstellung $\mathbf{r}(t) = (\cos t)\,\mathbf{e}_1 + (\sin t)\,\mathbf{e}_2 + 3\,\mathbf{e}_3$, $t \in [0, 2\pi]$ zu berechnen.

Wegen $\dot{\mathbf{r}}(t) = (-\sin t)\,\mathbf{e}_1 + (\cos t)\,\mathbf{e}_2$ und $\mathbf{f}(\mathbf{r}(t)) = (\cos t)\,\mathbf{e}_1 + 3\,\mathbf{e}_2 + (\sin t)\,\mathbf{e}_3$ erhält man für L nach Satz 5.6 (letzte Formel)

$$\begin{aligned}
L &= \int\limits_0^{2\pi} [(\cos t)\,\mathbf{e}_1 + 3\,\mathbf{e}_2 + (\sin t)\,\mathbf{e}_3] \cdot [(-\sin t)\,\mathbf{e}_1 + (\cos t)\,\mathbf{e}_2]\,\mathrm{d}t \\
&= \int\limits_0^{2\pi} (-\cos t \sin t + 3\cos t)\,\mathrm{d}t = \int\limits_0^{2\pi} (3 - \sin t)\cos t\,\mathrm{d}t\,.
\end{aligned}$$

Mit der Substitution $3 - \sin t = u$, $-\cos t\,\mathrm{d}t = \mathrm{d}u$ wird $L = -\int\limits_3^3 u\,\mathrm{d}u = 0$.

Beispiel 5.7 In der Physik wird die Arbeit W, die eine punktförmige Masse beim Durchlaufen einer orientierten Kurve $\mathcal{K}$ vom Anfangs- bis zum Endpunkt gegen ein Kraftfeld $\mathbf{F}(x,y,z) = \mathbf{F}(\mathbf{r})$ zu leisten hat, durch das Kurvenintegral 2. Art

$$W = \int\limits_{\mathcal{K}} \mathbf{F}(\mathbf{r}) \cdot \mathrm{d}\mathbf{r}$$

definiert.

Diese Definition ist mit den elementaren Vorstellungen vom Begriff der Arbeit verträglich, denn für das Durchlaufen einer Strecke mit der Parameterdarstellung $\mathbf{r}(t) = \mathbf{a} + t\,\mathbf{b}$, $t \in [t_1, t_2]$ wird bei konstantem Kraftfeld $\mathbf{F} = \text{const}$ wegen $\dot{\mathbf{r}}(t) = \mathbf{b} = \text{const}$ die Arbeit

$$W = \int\limits_{\mathcal{K}} \mathbf{F} \cdot d\mathbf{r} = \int\limits_{t_1}^{t_2} \mathbf{F} \cdot \mathbf{b}\, dt = (t_2 - t_1)\,\mathbf{F} \cdot \mathbf{b}$$

geleistet. Die Weglänge ist dabei (vgl. (5.2))

$$s = \int\limits_{\mathcal{K}} ds = \int\limits_{t_1}^{t_2} |\mathbf{b}|\, dt = (t_2 - t_1)\,|\mathbf{b}|\,.$$

Die Projektion der Kraft auf die Richtung der Strecke, die *Kraftkomponente in Wegrichtung*, ist $\mathbf{F} \cdot \dfrac{\mathbf{b}}{|\mathbf{b}|}$. Damit wird

$$W = (t_2 - t_1)\,\mathbf{F} \cdot \mathbf{b} = (t_2 - t_1)\,|\mathbf{b}|\,\mathbf{F} \cdot \frac{\mathbf{b}}{|\mathbf{b}|}\,,$$

also *Arbeit = Weglänge* mal *Kraftkomponente in Wegrichtung*.

Beispiel 5.8 $\mathcal{K}$ sei zusammengesetzt aus der auf der z-Achse liegenden orientierten Strecke $\mathcal{K}_1$ mit dem Anfangspunkt $(0,0,0)$ und dem Endpunkt $(0,0,1)$ und dem in der Ebene $z = 1$ liegenden orientierten Halbkreisbogen $\mathcal{K}_2$ mit dem Mittelpunkt $(1,0,1)$ und dem Radius 1, der mit $y \geq 0$ vom Anfangspunkt $(0,0,1)$ zum Endpunkt $(2,0,1)$ führt (siehe Bild 5.5). Welche Arbeit W hat ein $\mathcal{K}$ durchlaufender Punkt gegen das durch $\mathbf{F}(\mathbf{r}) = y\,\mathbf{e}_1 + (1 - x)\,\mathbf{e}_2 + z^2\,\mathbf{e}_3$ gegebene Kraftfeld zu leisten?

Nach Beispiel 5.7 gilt

$$W = \int\limits_{\mathcal{K}} [y\, dx + (1 - x)\, dy + z^2\, dz] = \int\limits_{\mathcal{K}} \mathbf{F} \cdot d\mathbf{r}\,.$$

$\mathcal{K}$ ist aus $\mathcal{K}_1$ und $\mathcal{K}_2$ zusammengesetzt. Parameterdarstellungen von $\mathcal{K}_1$ bzw. $\mathcal{K}_2$ sind

$$\mathbf{r}_1(t) = t\,\mathbf{e}_3\,,\ t \in [0,1],\ \text{mit}\ \dot{\mathbf{r}}_1(t) = \mathbf{e}_3$$

bzw.

$$\mathbf{r}_2(t) = (1 - \cos t)\,\mathbf{e}_1 + \mathbf{e}_2 \sin t + \mathbf{e}_3\,,\ t \in [0, \pi]\ \text{mit}\ \dot{\mathbf{r}}_2(t) = \mathbf{e}_1 \sin t + \mathbf{e}_2 \cos t\,.$$

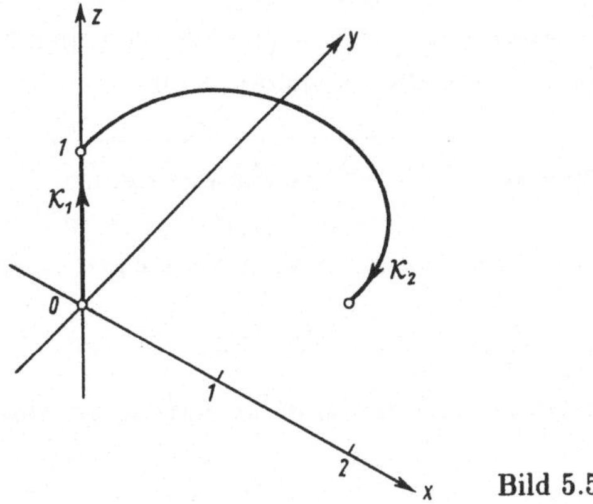

Bild 5.5

Da Satz 5.3 c) analog für Kurvenintegrale 2. Art gilt, erhält man

$$W \;=\; \int_{\mathcal{K}} \mathbf{F} \cdot \mathrm{d}\mathbf{r} = \int_{\mathcal{K}_1} \mathbf{F} \cdot \mathrm{d}\mathbf{r} + \int_{\mathcal{K}_2} \mathbf{F} \cdot \mathrm{d}\mathbf{r}. \quad \text{Nach Satz 5.6 wird also}$$

$$W \;=\; \int_0^1 (\mathbf{e}_2 + t^2\,\mathbf{e}_3) \cdot \mathbf{e}_3\,\mathrm{d}t + \int_0^\pi (\mathbf{e}_1\,\sin t + \mathbf{e}_2\,\cos t + \mathbf{e}_3) \cdot (\mathbf{e}_1\,\sin t + \mathbf{e}_2\,\cos t)\,\mathrm{d}t$$

$$=\; \int_0^1 t^2\,\mathrm{d}t + \int_0^\pi \mathrm{d}t = \frac{1}{3} + \pi.$$

Aufgabe 5.4 Für die Kurve $\mathcal{K}$ mit der Parameterdarstellung $r(t) = 4\,\mathbf{e}_1\,\cos t + 2\,\mathbf{e}_2\,\sin t$ $+\, 6\,t\,\mathbf{e}_3,\ t \in [\frac{\pi}{6}, \frac{\pi}{2}]$, ist das allgemeine Kurvenintegral 2. Art $L = \int_{\mathcal{K}} (x\,\mathrm{d}x + z\,\mathrm{d}y + 2\,\mathrm{d}z)$ zu berechnen.

Aufgabe 5.5 $\mathbf{F}$ sei das Kraftfeld aus Beispiel 5.8 und $\mathcal{K}$ der orientierte Polygonzug, der von $(0,0,0)$ über $(2,0,0)$ nach $(2,0,1)$ führt. Wie groß ist die Arbeit W, die ein $\mathcal{K}$ durchlaufender Punkt gegen $\mathbf{F}$ zu leisten hat?

5.4   Integration totaler Differentiale

Im folgenden Abschnitt wollen wir einige für Kurvenintegrale 2. Art typische Ergebnisse herleiten. Sie setzen voraus, daß der Integrand nicht nur auf dem Integrationsweg, sondern in einem den Integrationsweg enthaltenden Gebiet definiert ist. Unter Gebiet verstehen wir dabei eine offene Menge, in der je zwei

Punkte der Menge durch eine ganz in der Menge liegende Kurve verbunden werden können. Ein Gebiet kann also nicht aus zwei getrennten Teilen bestehen. Die Gebiete müssen ferner „einfach zusammenhängend" sein.

Definition 5.5 *Ein (zweidimensionales oder dreidimensionales) Gebiet G heißt e i n f a c h   z u s a m m e n h ä n g e n d, wenn sich jede in G verlaufende geschlossene Kurve auf einen Punkt zusammenziehen kann, ohne dabei G zu verlassen.*

Beispiel 5.9 Eine (zweidimensionale) Kreisscheibe ist einfach zusammenhängend.

Beispiel 5.10 Die durch zwei konzentrische Kugelflächen begrenzte Hohlkugel ist einfach zusammenhängend.

Beispiel 5.11 Das durch zwei Kreise nach Bild 5.6 a) begrenzte Gebiet G ist nicht einfach zusammenhängend, denn jede den inneren Kreis umschließende Kurve muß beim Zusammenziehen auf einen Punkt das nicht zu G gehörige Innere dieses Kreises überstreichen. G kann jedoch durch einen Schnitt nach

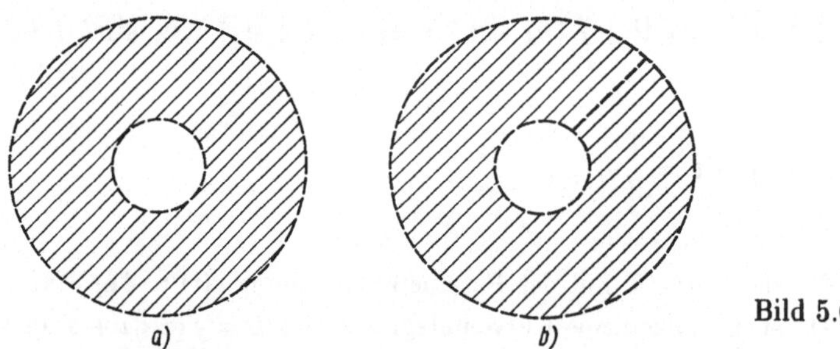

Bild 5.6

Bild 5.6 b) in ein einfach zusammenhängendes Gebiet überführt werden. Man nennt ein solches Gebiet dann zweifach zusammenhängend. Allgemein erklärt man:

Definition 5.6 *Ein (zwei- bzw. dreidimensionales) Gebiet G heißt n - f a c h   z u s a m m e n h ä n g e n d, wenn es sich durch $n - 1$ Schnitte (entlang Geraden bzw. Ebenen) in ein einfach zusammenhängendes Gebiet umwandeln läßt.*

Beispiel 5.12 Verstehen wir unter G eine Kugel, aus der nach Bild 5.7 ein

Teil durch einen Zylinder herausgestoßen wurde, so ist G nicht einfach, sondern zweifach zusammenhängend.

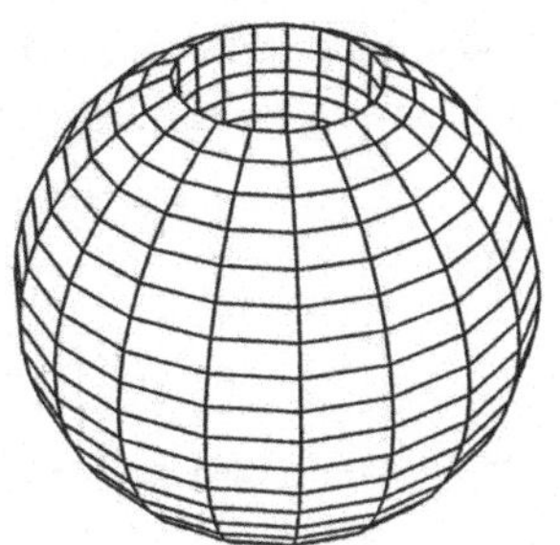

Bild 5.7

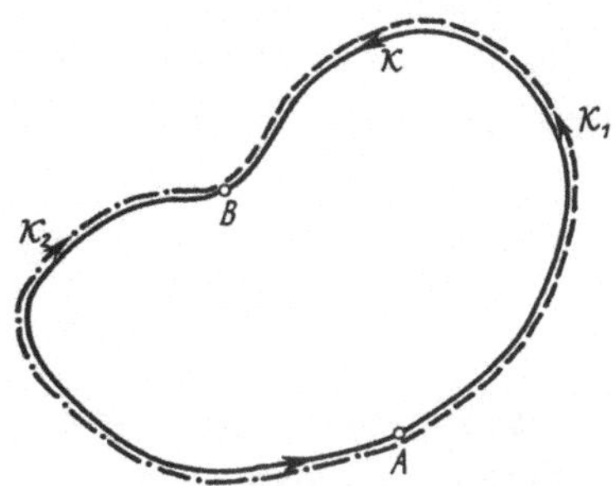

Bild 5.8

Definition 5.7 *Ein Kurvenintegral 2. Art $\int f(r)\cdot dr$, dessen Integrand $f(r)$ in einem Gebiet G definiert ist, heißt in G v o m I n t e g r a t i o n s w e g u n a b h ä n g i g, wenn für jedes Punktepaar A, B aus G, gleichgültig welche ganz in G verlaufende orientierte Kurve $\mathcal{K}$ als Verbindung zwischen dem Anfangspunkt A und dem Endpunkt B gewählt wird, das Kurvenintegral*

$$\int_{\mathcal{K}} f(r)\cdot dr$$

nur von A und B, nicht aber von $\mathcal{K}$ abhängt.

Wenn es um die Unabhängigkeit eines Kurvenintegrals 2. Art vom Integrationsweg geht, benutzt man meist den folgenden Satz, der eine Äquivalenz zur Unabhängigkeit vom Integrationsweg liefert.

Satz 5.7 $f(r)$ *sei in G definiert. Das Kurvenintegral 2. Art $\int f(r)\cdot dr$ ist genau dann in G vom Integrationsweg unabhängig, wenn für jede ganz in G verlaufende geschlossene Kurve $\mathcal{K}$ gilt:*

$$\oint_{\mathcal{K}} f(r)\cdot dr = 0\,.$$

Um die Arbeit mit Kurvenintegralen 2. Art noch etwas zu üben, wollen wir diesen Satz beweisen. Wegen der Äquivalenz mit der Definition 5.7 sind hierzu zwei Schritte nötig. Wir nehmen zuerst an, daß $\int \mathbf{f}(\mathbf{r}) \cdot d\mathbf{r}$ in G vom Integrationsweg unabhängig ist. Auf einer beliebigen, in G verlaufenden geschlossenen Kurve $\mathcal{K}$ können wir zwei voneinander verschiedene Punkte A und B wählen. Diese beiden Punkte zerlegen dann $\mathcal{K}$ in zwei Teile, die wir, jeweils von A nach B führend, als orientierte Kurven $\mathcal{K}_1$ und $\mathcal{K}_2$ auffassen (s. Bild 5.8). Da nach unserer Annahme das Kurvenintegral vom Integrationsweg unabhängig ist, gilt

$$\int_{\mathcal{K}_1} \mathbf{f}(\mathbf{r}) \cdot d\mathbf{r} = \int_{\mathcal{K}_2} \mathbf{f}(\mathbf{r}) \cdot d\mathbf{r}.$$

$\mathcal{K}$ setzt sich aus $\mathcal{K}_1$ und $-\mathcal{K}_2$ zusammen. Unter Berücksichtigung von Satz 5.3 und Satz 5.5 ist also

$$\oint_{\mathcal{K}} \mathbf{f}(\mathbf{r}) \cdot d\mathbf{r} = \int_{\mathcal{K}_1} \mathbf{f}(\mathbf{r}) \cdot d\mathbf{r} + \int_{-\mathcal{K}_2} \mathbf{f}(\mathbf{r}) \cdot d\mathbf{r} = \int_{\mathcal{K}_1} \mathbf{f}(\mathbf{r}) \cdot d\mathbf{r} - \int_{\mathcal{K}_2} \mathbf{f}(\mathbf{r}) \cdot d\mathbf{r} = 0.$$

Aus der Voraussetzung folgt also $\oint_{\mathcal{K}} \mathbf{f}(\mathbf{r}) \cdot d\mathbf{r} = 0$ für jede geschlossene Kurve $\mathcal{K}$ aus G.

Im zweiten Schritt haben wir aus der Voraussetzung, daß für jede in G verlaufende geschlossene Kurve $\mathcal{K}$

$$\oint_{\mathcal{K}} \mathbf{f}(\mathbf{r}) \cdot d\mathbf{r} = 0$$

gilt, zu beweisen, daß $\int \mathbf{f}(\mathbf{r}) \cdot d\mathbf{r}$ vom Integrationsweg unabhängig ist. Hierzu seien A und B zwei beliebige, voneinander verschiedene Punkte aus G, und $\mathcal{K}_1$, $\mathcal{K}_2$ seien in G verlaufende, von A nach B führende orientierte Kurven. Die aus $\mathcal{K}_1$ und $-\mathcal{K}_2$ zusammengesetzte Kurve $\mathcal{K}$ ist geschlossen. Nach der jetzt getroffenen Voraussetzung ist demnach (vgl. Satz 5.3 c))

$$0 = \oint_{\mathcal{K}} \mathbf{f}(\mathbf{r}) \cdot d\mathbf{r} = \int_{\mathcal{K}_1} \mathbf{f}(\mathbf{r}) \cdot d\mathbf{r} + \int_{-\mathcal{K}_2} \mathbf{f}(\mathbf{r}) \cdot d\mathbf{r}.$$

Folglich ist nach Satz 5.5

$$\int_{\mathcal{K}_1} \mathbf{f}(\mathbf{r}) \cdot d\mathbf{r} = - \int_{-\mathcal{K}_2} \mathbf{f}(\mathbf{r}) \cdot d\mathbf{r} = \int_{\mathcal{K}_2} \mathbf{f}(\mathbf{r}) \cdot d\mathbf{r},$$

also $\int \mathbf{f}(\mathbf{r}) \cdot d\mathbf{r}$ vom Integrationsweg unabhängig.

Die Unabhängigkeit eines Kurvenintegrals $\int \mathbf{f}(\mathbf{r}) \cdot d\mathbf{r}$ mit $\mathbf{f}(\mathbf{r}) = \mathbf{f}(x,y,z)$ $= P(x,y,z)\,\mathbf{e}_1 + Q(x,y,z)\,\mathbf{e}_2 + R(x,y,z)\,\mathbf{e}_3$ vom Integrationsweg tritt z.B. ein, wenn $\mathbf{f}(\mathbf{r}) \cdot d\mathbf{r} = P(x,y,z)\,dx + Q(x,y,z)\,dy + R(x,y,z)\,dz$ das totale Differential $d\Phi$ einer Funktion $\Phi(x,y,z)$ ist (vgl. Abschnitt 3.3.1 in [HRS]), d.h. $\Phi_x(x,y,z) = P(x,y,z)$, $\Phi_y(x,y,z) = Q(x,y,z)$ und $\Phi_z(x,y,z) = R(x,y,z)$ ist. (Es besteht dann die Beziehung $\mathbf{f}(x,y,z) = \operatorname{grad}\Phi(x,y,z)$ (s. Abschnitt 3.3.3 in [HRS]).)

Ist nämlich $\mathcal{K}$ eine geschlossene Kurve mit der Parameterdarstellung $\mathbf{r} = \mathbf{r}(t)$, $t \in [a,b]$, so wird mit

$$\Phi(\mathbf{r}(t)) = \Phi(x(t),y(t),z(t)) = F(t) \text{ und } \frac{dF}{dt} = \Phi_x\,\dot{x} + \Phi_y\,\dot{y} + \Phi_z\,\dot{z} = \mathbf{f}(\mathbf{r}(t)) \cdot \dot{\mathbf{r}}(t)$$

das Kurvenintegral

$$\oint_{\mathcal{K}} \mathbf{f}(\mathbf{r}) \cdot d\mathbf{r} = \int_a^b \mathbf{f}(\mathbf{r}(t)) \cdot \dot{\mathbf{r}}(t)\,dt = \int_{t=a}^b dF = F(b) - F(a)\,.$$

Nach Voraussetzung ist $\mathcal{K}$ geschlossen, d.h. $\mathbf{r}(a) = \mathbf{r}(b) = \mathbf{r}_0$, und damit

$$\oint_{\mathcal{K}} \mathbf{f}(\mathbf{r}) \cdot d\mathbf{r} = F(b) - F(a) = \Phi(\mathbf{r}_0) - \Phi(\mathbf{r}_0) = 0\,.$$

Satz 5.7 ergibt schließlich die Unabhängigkeit von $\int \mathbf{f}(\mathbf{r}) \cdot d\mathbf{r}$ vom Integrationsweg in jedem Gebiet, in dem $\mathbf{f}(\mathbf{r}) \cdot d\mathbf{r}$ das totale Differential einer Funktion $\Phi(x,y,z)$ ist. Von diesem Sachverhalt gilt auch die Umkehrung, was hier aber nicht bewiesen werden soll. Es gilt also der folgende

---

Satz 5.8 $\mathbf{f}(x,y,z)$ *sei in dem Gebiet G stetig.* $\int_{\mathcal{K}} \mathbf{f}(\mathbf{r}) \cdot d\mathbf{r}$ *ist genau dann in G vom Integrationsweg unabhängig, wenn $\mathbf{f}(\mathbf{r}) \cdot d\mathbf{r}$ das totale Differential einer Funktion $\Phi(x,y,z)$ ist, d.h., wenn $\mathbf{f}(x,y,z) = \operatorname{grad}\Phi(x,y,z)$ in G ist. Ist $\mathcal{K}$ eine in G verlaufende orientierte Kurve mit dem Anfangspunkt $A = (x_1,y_1,z_1)$ und dem Endpunkt $B = (x_2,y_2,z_2)$, so läßt sich das Kurvenintegral 2. Art über $\mathcal{K}$ durch*

$$\int_{\mathcal{K}} \mathbf{f}(\mathbf{r}) \cdot d\mathbf{r} = \Phi(x_2,y_2,z_2) - \Phi(x_1,y_1,z_1)$$

berechnen.

Es entsteht weiter die Frage, wie man es bereits $\mathbf{f}(x, y, z)$ ansehen kann, ob es eine Funktion $\Phi(x, y, z)$ mit $\mathrm{grad}\,\Phi(x, y, z) = \mathbf{f}(x, y, z)$ gibt, d.h., ob $\mathbf{f}(\mathbf{r}) \cdot \mathrm{d}\mathbf{r}$ das totale Differential einer Funktion $\Phi(x, y, z)$ ist, und wie sich $\Phi(x, y, z)$ aus $\mathbf{f}(x, y, z)$ berechnen läßt. Über den ersten Sachverhalt gibt Satz 5.9 Auskunft, dessen Beweis wir in Abschnitt 7.5, Beispiel 7.7, nachholen. Zwei Methoden zur Berechnung von $\Phi(x, y, z)$ lernen wir in den nachfolgenden Beispielen 5.14 und 5.15 kennen.

Satz 5.9 *G sei ein einfach zusammenhängendes Gebiet.   In G seien die Komponenten $P(x, y, z)$, $Q(x, y, z)$, $R(x, y, z)$ des Vektorfeldes $\mathbf{f}(\mathbf{r})$ $= \mathbf{f}(x, y, z)$ stetig und stetig partiell differenzierbar.   Ferner sei* rot $\mathbf{f} = \mathbf{o}$ *in G, d.h.* $R_y = Q_z$, $P_z = R_x$ *und* $Q_x = P_y$[1]). *Dann ist* $\mathbf{f}(\mathbf{r}) \cdot \mathrm{d}\mathbf{r}$ *ein totales Differential, also* $\int \mathbf{f}(\mathbf{r}) \cdot \mathrm{d}\mathbf{r}$ *in G vom Integrationsweg unabhängig.*

Ist das ganze Problem eben (dann kann das Koordinatensystem so gewählt werden, daß G in der x, y-Ebene liegt, $R(x, y, z) \equiv 0$ wird und P, Q nur von x, y abhängig sind), so reduziert sich die Gleichung rot $\mathbf{f} = \mathbf{o}$ auf die dritte Gleichung $P_y = Q_x$.

Der einfache Zusammenhang von G ist, wie das folgende Beispiel 5.13 zeigt, eine wesentliche Voraussetzung, auf die nicht verzichtet werden kann.

Beispiel 5.13 Es ist $\oint_{\mathcal{K}} \mathbf{f}(\mathbf{r}) \cdot \mathrm{d}\mathbf{r}$ zu berechnen, wobei

$$\mathbf{f}(\mathbf{r}) = \frac{1}{(x^2 + y^2)} \left(-y\,\mathbf{e}_1 + x\,\mathbf{e}_2 \right)$$

und $\mathcal{K}$ der Einheitskreis ist. Es handelt sich hier um ein zweidimensionales Problem. Es ist

$$P(x, y) = -\frac{y}{x^2 + y^2}, \; Q(x, y) = \frac{x}{x^2 + y^2}$$

und

$$P_y(x, y) = Q_x(x, y) = \frac{y^2 - x^2}{(x^2 + y^2)^2} \;\; \text{für} \;\; x^2 + y^2 > 0.$$

Die Bedingung von Satz 5.9 ist also in dem zweifach zusammenhängenden Gebiet G, das aus der ganzen x, y-Ebene mit Ausnahme des Punktes $(0, 0)$ besteht, erfüllt. Der Einheitskreis $\mathcal{K}$, über den integriert werden soll, liegt ganz in G. Eine Parameterdarstellung von $\mathcal{K}$ ist

$$\mathbf{r} = \mathbf{r}(t) = \mathbf{e}_1 \cos t + \mathbf{e}_2 \sin t, \; t \in [0, 2\pi].$$

---

[1]) Siehe [HRS, Abschnitt 5.2.3].

Mit $\dot{\mathbf{r}}(t) = -\mathbf{e}_1 \sin t + \mathbf{e}_2 \cos t$ wird

$$\oint_{\mathcal{K}} \mathbf{f}(\mathbf{r}) \cdot d\mathbf{r} = \int_0^{2\pi} \frac{-\mathbf{e}_1 \sin t + \mathbf{e}_2 \cos t}{\cos^2 t + \sin^2 t} \cdot (-\mathbf{e}_1 \sin t + \mathbf{e}_2 \cos t)\, dt = \int_0^{2\pi} dt = 2\pi \neq 0.$$

$\int \mathbf{f}(\mathbf{r}) \cdot d\mathbf{r}$ ist also nicht vom Integrationsweg unabhängig (beachte Satz 5.7), obwohl $\mathbf{f}(\mathbf{r}) \cdot d\mathbf{r}$ ein totales Differential ist (aber nicht in einem einfach zusammenhängenden Gebiet).

Beispiel 5.14 Es sei $\mathbf{f}(\mathbf{r}) = yz\,\mathbf{e}_1 + (xz + y^2)\,\mathbf{e}_2 + xy\,\mathbf{e}_3$. Als erstes wollen wir untersuchen, ob $\mathbf{f}(\mathbf{r}) \cdot d\mathbf{r}$ ein totales Differential ist. Wir wenden hierzu Satz 5.9 an:

$$\begin{aligned}
\operatorname{rot} \mathbf{f} &= (R_y - Q_z)\,\mathbf{e}_1 + (P_z - R_x)\,\mathbf{e}_2 + (Q_x - P_y)\,\mathbf{e}_3 \\
&= (x - x)\,\mathbf{e}_1 + (y - y)\,\mathbf{e}_2 + (z - z)\,\mathbf{e}_3 = \mathbf{o}.
\end{aligned}$$

$\mathbf{f}(\mathbf{r}) \cdot d\mathbf{r}$ ist also (im ganzen Raum) ein totales Differential und $\int \mathbf{f}(\mathbf{r}) \cdot d\mathbf{r}$ vom Integrationsweg unabhängig. Wir wollen nun noch die Funktion $\Phi(x, y, z)$ berechnen, deren totales Differential $\mathbf{f}(\mathbf{r}) \cdot d\mathbf{r}$ ist. Wir verwenden hierzu die Beziehung $\operatorname{grad} \Phi = \mathbf{f}$, d.h.

$$\operatorname{grad} \Phi = \Phi_x\,\mathbf{e}_1 + \Phi_y\,\mathbf{e}_2 + \Phi_z\,\mathbf{e}_3 = yz\,\mathbf{e}_1 + (xz + y^2)\,\mathbf{e}_2 + xy\,\mathbf{e}_3. \qquad (5.24)$$

Φ läßt sich nun z.B. durch formale Integration von $\Phi_x = yz$ bestimmen. Es ist hierbei zu beachten, daß die *Integrationskonstante* eine von y und z abhängige Funktion sein kann. Das Ergebnis der unbestimmten Integration (nach x) wieder differenziert (nach x) ergibt nämlich yz, auch wenn noch eine Funktion $\varphi(y, z)$ als Integrationskonstante hinzugefügt wird, da $\frac{\partial \varphi}{\partial x} = 0$. Bei der formalen Integration nach x werden übrigens y und z wie Konstanten behandelt. Wir erhalten also

$$\Phi(x, y, z) = \int yz\, dx + \varphi(y, z) = xyz + \varphi(y, z).$$

Die Funktion $\varphi(y, z)$ benötigen wir unbedingt, um $\Phi(x, y, z)$ auch noch den beiden restlichen Gleichungen von (5.24) anpassen zu können. Ohne die Funktion φ wäre nämlich $\Phi_y = xz \neq xz + y^2$. Die Berücksichtigung der Integrationskonstanten φ ergibt dagegen

$$\Phi_y = xz + \varphi_y = xz + y^2.$$

Damit gilt für φ

$$\varphi_y = y^2.$$

Formale Integration nach y ergibt

$$\varphi(y, z) = \frac{y^3}{3} + \psi(z) \,.$$

Ähnlich wie bei der Integration von $\Phi_x = yz$ muß hier die Integrationskonstante $\psi(z)$ berücksichtigt werden, die noch zur Anpassung von Φ an die dritte Gleichung von (5.24) benötigt wird. Es ist jetzt

$$\Phi = xyz + \frac{y^3}{3} + \psi(z), \text{ also } \Phi_z = xy + \psi'(z) = xy \,.$$

Damit ergibt sich $\psi'(z) = 0$ und $\psi(z) = C = \text{const}$. Wir haben somit

$$\Phi(x, y, z) = xyz + \frac{y^3}{3} + C$$

gefunden. Die Probe ergibt, daß Φ der Gleichung (5.24) genügt.

Die Funktion Φ können wir nach Satz 5.8 benutzen, um bei konkret vorgegebenen $\mathcal{K}$ Kurvenintegrale $\int_{\mathcal{K}} [yz \, dx + (xz + y^2) \, dy + xy \, dz]$ zu berechnen. Es sei z.B. $\mathcal{K}$ eine Kurve mit dem Anfangspunkt $(2, 0, 7)$ und dem Endpunkt $(1, 3, 2)$. Dann wird

$$\int_{\mathcal{K}} \mathbf{f}(\mathbf{r}) \cdot d\mathbf{r} = \Phi(1, 3, 2) - \Phi(2, 0, 7) = (1 \cdot 3 \cdot 2 + \frac{1}{3} 3^3 + C) - C = 15 \,.$$

Beispiel 5.15 Eine Feder mit der Federkonstante a sei mit dem einen Ende in Punkte $(0, 0, 0)$ befestigt. Welche Arbeit W ist gegen die Federkraft zu leisten, wenn das andere Ende der Feder auf einer von (x_1, y_1, z_1) nach (x_2, y_2, z_2) führenden Kurve $\mathcal{K}$ bewegt wird?

Die Federkraft sei $\mathbf{F} = \mathbf{F}(x, y, z)$. $|\mathbf{F}|$ ist proportional zum Abstand des Federendes vom Nullpunkt mit dem Proportionalitätsfaktor a. Die Richtung von $\mathbf{F}$ weist dabei zum Nullpunkt hin. Befindet sich das Federende im Punkt (x, y, z) und setzen wir $\mathbf{r} = x \, \mathbf{e}_1 + y \, \mathbf{e}_2 + z \, \mathbf{e}_3$, so gilt

$$|\mathbf{F}| = a \, |\mathbf{r}| \text{ und } \mathbf{F} = -\frac{\mathbf{r}}{|\mathbf{r}|} |\mathbf{F}| = -a \, \mathbf{r} \,.$$

Das die Arbeit liefernde Kurvenintegral (siehe Beispiel 5.7)

$$W = \int_{\mathcal{K}} \mathbf{F} \cdot d\mathbf{r}$$

ist wegen rot $\mathbf{F} = -a \operatorname{rot} \mathbf{r} = \mathbf{o}$ nach Satz 5.9 vom Integrationsweg $\mathcal{K}$ unabhängig. Es gibt also eine Funktion $\Phi(x, y, z)$ mit $\mathbf{F}(x, y, z) = \operatorname{grad} \Phi$.

In der Physik nennt man eine Funktion Φ, die zu einem Kraftfeld $\mathbf{F}$ in der Beziehung $\mathbf{F}(x, y, z) = \operatorname{grad} \Phi$ steht, die zu $\mathbf{F}$ gehörige *Kräftefunktion*, $-\Phi$ die *potentielle Energie* oder das *Potential* von $\mathbf{F}$. Besitzt $\mathbf{F}$ ein Potential, so heißt $\mathbf{F}$ *Potentialkraft* oder *konservative Kraft*. Dieser Sachverhalt trifft für das vorliegende Beispiel also zu. Die Federkraft ist eine konservative Kraft.

Wir wollen nun noch die Kräftefunktion Φ bestimmen. Wir könnten dabei ebenso wie in Beispiel 5.14 vorgehen. Es soll hier jedoch ein anderer Weg eingeschlagen werden. Nach Satz 5.8 gilt

$$\int_{\mathcal{K}_0} \mathbf{F} \cdot \mathbf{dr} = \Phi(x, y, z) - \Phi(x_0, y_0, z_0) \,,$$

wenn $\mathcal{K}_0$ von (x_0, y_0, z_0) nach (x, y, z) führt. Diese Formel gestattet es uns also, Φ bis auf die Konstante $\Phi(x_0, y_0, z_0)$ zu bestimmen. Eine eindeutige Bestimmung von Φ war uns aber auch in Beispiel 5.14 nicht möglich. Dort war in Φ noch die Integrationskonstante C enthalten, die bei der Berechnung eines wegunabhängigen Kurvenintegrals 2. Art mit Hilfe von Φ aber herausfällt. Wir können also

$$\Phi(x, y, z) = \int_{\mathcal{K}_0} \mathbf{F} \cdot \mathbf{dr}$$

setzen, wobei $\mathcal{K}_0$ wegen der Unabhängigkeit des Kurvenintegrals vom Integrationsweg eine beliebige, von (x_0, y_0, z_0) nach (x, y, z) führende Kurve sein kann. Wir wählen $\mathcal{K}_0$ so, daß die Integration möglichst einfach wird. Für jeden von (x_0, y_0, z_0) verschiedenen Punkt (x, y, z) sei

$\mathcal{K}_1$ die von (x_0, y_0, z_0) nach (x, y_0, z_0) führende orientierte Strecke,

$\mathcal{K}_2$ die von (x, y_0, z_0) nach (x, y, z_0) führende orientierte Strecke,

$\mathcal{K}_3$ die von (x, y, z_0) nach (x, y, z) führende orientierte Strecke

und $\mathcal{K}_0$ die aus $\mathcal{K}_1$, $\mathcal{K}_2$ und $\mathcal{K}_3$ zusammengesetzte orientierte Kurve (siehe Bild 5.9). Zur Berechnung des Kurvenintegrals benötigen wir Parameterdarstellungen von $\mathcal{K}_i$ ($i = 1, 2, 3$). Eine Parameterdarstellung von $\mathcal{K}_1$ ist

$$\mathbf{r} = \mathbf{r}(t) = t\,\mathbf{e}_1 + y_0\,\mathbf{e}_2 + z_0\,\mathbf{e}_3 \,, \ t \in [x_0, x], \text{ mit } \dot{\mathbf{r}} = \mathbf{e}_1 \,.$$

Nach Satz 5.6 wird

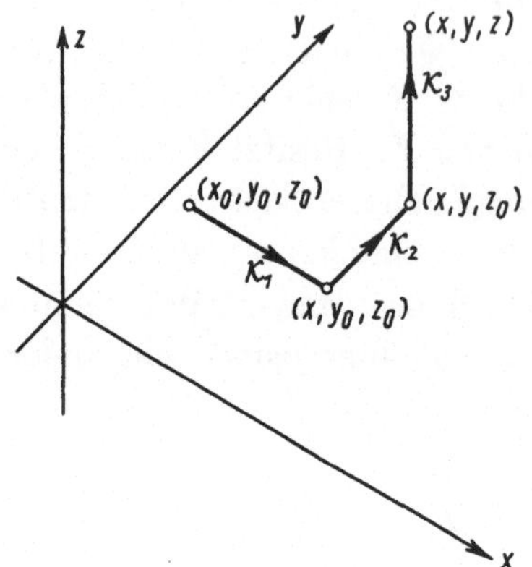

Bild 5.9

$$
\int\limits_{\mathcal{K}_1} \mathbf{F} \cdot d\mathbf{r} \;=\; \int\limits_{t=x_0}^{x} \mathbf{F}(\mathbf{r}(t)) \cdot \dot{\mathbf{r}}(t)\, dt = \int\limits_{x_0}^{x} \left[-a\,(t\,\mathbf{e}_1 + y_0\,\mathbf{e}_2 + z_0\,\mathbf{e}_3) \cdot \mathbf{e}_1 \right] dt
$$

$$
= \; -a \int\limits_{x_0}^{x} t\, dt = -\frac{a}{2}(x^2 - x_0^2)\,.
$$

Analog erhalten wir mit Parameterdarstellungen

$$
\mathbf{r} = \mathbf{r}(t) = x\,\mathbf{e}_1 + t\,\mathbf{e}_2 + z_0\,\mathbf{e}_3\,,\; t \in [y_0, y]\,,\; \text{mit } \dot{\mathbf{r}} = \mathbf{e}_2
$$

für $\mathcal{K}_2$ bzw.

$$
\mathbf{r} = \mathbf{r}(t) = x\,\mathbf{e}_1 + y\,\mathbf{e}_2 + t\,\mathbf{e}_3\,,\; t \in [z_0, z]\,,\; \text{mit } \dot{\mathbf{r}} = \mathbf{e}_3
$$

für $\mathcal{K}_3$

$$
\int\limits_{\mathcal{K}_2} \mathbf{F} \cdot d\mathbf{r} = -\frac{a}{2}(y^2 - y_0^2) \quad \text{bzw.} \quad \int\limits_{\mathcal{K}_3} \mathbf{F} \cdot d\mathbf{r} = -\frac{a}{2}(z^2 - z_0^2)\,.
$$

Da Satz 5.3 c) analog für Kurvenintegrale 2. Art gilt, wird

$$
\Phi = \int\limits_{\mathcal{K}_0} \mathbf{F} \cdot d\mathbf{r} \;=\; \int\limits_{\mathcal{K}_1} \mathbf{F} \cdot d\mathbf{r} + \int\limits_{\mathcal{K}_2} \mathbf{F} \cdot d\mathbf{r} + \int\limits_{\mathcal{K}_3} \mathbf{F} \cdot d\mathbf{r}
$$

$$
= \; -\frac{a}{2}(x^2 + y^2 + z^2 - x_0^2 - y_0^2 - z_0^2)\,.
$$

Mit $\dfrac{a}{2}\left(x_0^2 + y_0^2 + z_0^2\right) = C$ ist $\Phi = -\dfrac{a}{2}\left(x^2 + y^2 + z^2\right) + C$. Satz 5.8 ergibt schließlich

$$W = \int\limits_{\mathcal{K}} \mathbf{F} \cdot d\mathbf{r} = \frac{a}{2}\left(x_1^2 + y_1^2 + z_1^2 - x_2^2 - y_2^2 - z_2^2\right).$$

Aufgabe 5.6   Untersuche, ob das Kraftfeld $\mathbf{F} = y\,\mathbf{e}_1 + (1 - x)\,\mathbf{e}_2 + z^2\,\mathbf{e}_3$ aus Beispiel 5.8 ein Potential besitzt.

Aufgabe 5.7   Untersuche, ob das Kraftfeld $\mathbf{F} = -\dfrac{K}{(\sqrt{x^2 + y^2 + z^2})^3}(x\,\mathbf{e}_1 + y\,\mathbf{e}_2 + z\,\mathbf{e}_3)$ (Newtonsche Kraft) in einem geeignet zu wählenden Gebiet G ein Potential besitzt, und bestimme gegebenenfalls die Kräftefunktion Φ.

Aufgabe 5.8   Berechne unter Benutzung der Ergebnisse aus Beispiel 5.13 das Kurvenintegral 2. Art $\oint_{\mathcal{K}_1} \mathbf{f} \cdot d\mathbf{r}$, wobei $\mathcal{K}_1$ die orientierte Berandung des Quadrates mit der Seitenlänge 4, parallel zu den Achsen verlaufenden Seiten und dem Mittelpunkt $(0,0)$ und $\mathbf{f}(x,y) = \dfrac{1}{x^2 + y^2}(-y\,\mathbf{e}_1 + x\,\mathbf{e}_2)$ ist.

Anleitung: Benutze den in Bild 5.10 dargestellten Integrationsweg $\mathcal{K}_0$. Er ist geschlossen und verläuft ganz in einem einfach zusammenhängenden Gebiet (x,y-Ebene, aus der der Koordinatenursprung $(0,0)$ entfernt ist und die entlang der positiven x-Achse aufgeschnitten wurde), in dem $\mathbf{f} \cdot d\mathbf{r}$ ein vollständiges Differential ist.

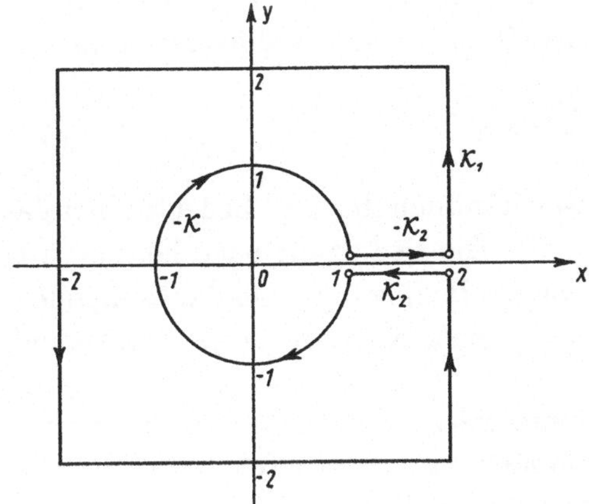

Bild 5.10
Integrationweg $\mathcal{K}_0$, zusammengesetzt aus $\mathcal{K}_1$, $\mathcal{K}_2$, $-\mathcal{K}$ und $-\mathcal{K}_2$

6 Oberflächenintegrale

Unser Ziel ist es, ähnlich wie wir in Abschnitt 5 das bestimmte Integral zu den Kurvenintegralen 1. und 2. Art erweitert haben, auch das Bereichsintegral für ebene Bereiche zu den Oberflächenintegralen 1. und 2. Art zu erweitern. Als Integrationsbereich wählen wir statt des ebenen Bereiches $B \subset \mathbb{R}^2$ eine räumlich gekrümmte Fläche $\Omega \subset \mathbb{R}^3$. Der Integrand ist eine mindestens auf Ω definierte Funktion $f(P) = f(x, y, z)$, beim allgemeinen Oberflächenintegral 2. Art wie beim allgemeinen Kurvenintegral 2. Art ein Vektorfeld $\mathbf{f}(P) = \mathbf{f}(x, y, z) = \mathbf{f}(\mathbf{r})$. Hinsichtlich der räumlich gekrümmten Flächen wollen wir es ebenso wie bei den Kurven handhaben und uns auf solche beschränken, die den Vorstellungen des Ingenieurs entsprechen.

6.1 Flächen

Im folgenden wollen wir erklären, was unter einer Fläche zu verstehen ist. Dabei soll der Begriff „Fläche" so eingeschränkt werden, daß wir die vorgesehenen Verallgemeinerungen des Bereichsintegrales bequem durchführen können. Wie in [HRS] verstehen wir unter einer Fläche eine Punktmenge Ω des $\mathbb{R}^3$, zu der es eine Parameterdarstellung $\mathbf{r} = \mathbf{r}(u, v) = x(u, v)\,\mathbf{e}_1 + y(u, v)\,\mathbf{e}_2 + z(u, v)\,\mathbf{e}_3$ mit $(u, v) \in B \subset \mathbb{R}^2$ gibt mit

$$\Omega = \left\{ (x, y, z) \in \mathbb{R}^3 \mid x = x(u, v),\ y = y(u, v),\ z = z(u, v),\ (u, v) \in B \right\}.$$

B soll dabei ein meßbarer Bereich (s. Abschnitt 2.1) des $\mathbb{R}^2$ sein, d.h. $\int_B db$ soll existieren. Weiter soll $\mathbf{r} = \mathbf{r}(u, v)$ auf einem Gebiet $G \supset B$ stetig (im zweidimensionalen Sinne) und stetig partiell nach u und v differenzierbar sein mit

$$\frac{\partial \mathbf{r}}{\partial u} \times \frac{\partial \mathbf{r}}{\partial v} \neq \mathbf{o} \tag{6.1}$$

für alle $(u, v) \in B$ mit Ausnahme gewisser Randpunkte. „$\times$" bedeutet hier das Vektorprodukt (s. [MSV, Abschnitt 2.3.4]). Die Bedingung nach Formel (6.1) hat für Flächen die gleiche Bedeutung wie die Bedingung , daß die Komponenten der Ableitung der Parameterdarstellung einer Kurve nicht gleichzeitig null werden dürfen, für Kurven.

Für die Berechnung von Oberflächenintegralen ist es weiter günstig, die Eineindeutigkeit der durch die Parameterdarstellung vermittelten Abbildung von B auf Ω, mit Ausnahme gewisser Randpunkte von B, zu verlangen. Wir können dann nämlich den Satz 4.1 über die Koordinatentransformation bei Bereichsintegralen anwenden. Mit solchen Parameterdarstellungen lassen sich auch „geschlossene Flächen" darstellen. Auf eine exakte Definition des Begriffes geschlossene Fläche wollen wir hier verzichten; er ist anschaulich klar, wenn wir zum Beispiel die Oberfläche der Kugel betrachten.

Beispiel 6.1 Eine Parameterdarstellung der Kugeloberfläche Ω mit dem Radius R und dem Mittelpunkt im Koordinatenursprung erhalten wir am günstigsten aus Kugelkoordinaten (s. Abschnitt 4), wenn wir $r = R$, $\varphi = u$ und $\vartheta = v$ setzen:

$$\mathbf{r} = \mathbf{r}(u,v) = R\left(\cos u\ \sin v\ \mathbf{e}_1 + \sin u\ \sin v\ \mathbf{e}_2 + \cos v\ \mathbf{e}_3\right),\ (u,v) \in B\,.$$

Der Parameterbereich $B = \{(u,v)\,|\,0 \leq u \leq 2\pi,\ 0 \leq v \leq \pi\}$ ist hier ein Rechteck in der u,v-Ebene mit den Seitenlängen 2π und π. Die Abbildung von B auf Ω ist eineindeutig, bis auf alle Randpunkte von B. Die auf der u-Achse liegenden Randpunkte ($v = 0$) werden in den „Nordpol" der Kugeloberfläche, alle Randpunkte mit $v = \pi$ werden in den „Südpol" abgebildet. Alle Punkte des Randes von B mit $u = 2\pi$ werden auf denselben „Meridian" abgebildet, auf den auch die Randpunkte mit $u = 0$ abgebildet werden. Es ist

$$\begin{aligned}
\mathbf{r}_u(u,v) &= (-\sin u\,\mathbf{e}_1 + \cos u\,\mathbf{e}_2)\,R\,\sin v\,,\\
\mathbf{r}_v(u,v) &= (\cos u\ \cos v\,\mathbf{e}_1 + \sin u\ \cos v\,\mathbf{e}_2 - \sin v\,\mathbf{e}_3)\,R\,,\\
\mathbf{r}_u \times \mathbf{r}_v &= -R^2\,\sin v\,(\cos u\ \sin v\ \mathbf{e}_1 + \sin u\ \sin v\ \mathbf{e}_2 + \cos v\ \mathbf{e}_3)\,.
\end{aligned}$$

Damit wird $\mathbf{r}_u \times \mathbf{r}_v = \mathbf{o}$ nur für $\sin v = 0$, d.h. für $v = 0$ und $v = \pi$, also nur auf dem Rand von B.

Beispiel 6.2 B sei ein Normalbereich der u,v-Ebene. Die Parameterdarstellung $\mathbf{r} = \mathbf{r}(u,v) = u\,\mathbf{a} + v\,\mathbf{b} + \mathbf{c}$, $(u,v) \in B$, liefert uns eine obigen Voraussetzungen genügende Fläche Ω im Raum, wenn wir noch $\mathbf{a} \neq \mathbf{o}$, $\mathbf{b} \neq \mathbf{o}$ und „$\mathbf{a}$ und $\mathbf{b}$ sind nicht kollinear" verlangen. Es gilt dann nämlich in der ganzen u,v-Ebene

$$\frac{\partial \mathbf{r}}{\partial u} = \mathbf{r}_u = \mathbf{a},\quad \frac{\partial \mathbf{r}}{\partial v} = \mathbf{r}_v = \mathbf{b}\ \text{ und }\ \mathbf{r}_u \times \mathbf{r}_v = \mathbf{a} \times \mathbf{b} \neq \mathbf{o}\,.$$

Ω liegt in unserem Beispiel ganz in der von den Vektoren $\mathbf{a}$ und $\mathbf{b}$ aufgespannten und durch die Spitze des Vektors $\mathbf{c}$ gehenden Ebene E (im Raum). Die Parameterdarstellung unseres Beispiels mit $(u,v) \in \mathbb{R}^2$ liefert also E. Der Vektor

$$\mathbf{n} = \frac{\mathbf{a} \times \mathbf{b}}{|\mathbf{a} \times \mathbf{b}|} \tag{6.2}$$

heißt *Normalenvektor* von E. Es ist ein senkrecht auf E stehender Einheitsvektor.

Für die Erweiterung des Bereichsintegrals zum Oberflächenintegral 1. Art benötigen wir den Flächeninhalt von (räumlich gekrümmten) Flächen Ω. Für das Beispiel 6.2 können wir, da Ω hier ein ebener Bereich ist, den Flächeninhalt A von Ω mit den Mitteln von Abschnitt 4 berechnen. Wir legen hierzu in E ein ξ, η-Koordinatensystem so, daß der Koordinatenursprung in die Spitze von $\mathbf{c}$ fällt, die positive ξ-Achse die Richtung von $\mathbf{a}$ hat und die η-Achse, ein Rechtssystem bildend, senkrecht auf der ξ-Achse steht. Dann ist

$$T : \left\{ \begin{array}{ll} \xi & = \ |\mathbf{a}| \, u \\ \eta & = \ |\mathbf{b}| \, \sin(\gamma) \, v \end{array} \right\} ; \ (u, v) \in B \, ,$$

eine Abbildung von B auf $B' = \Omega$, wobei γ der Winkel zwischen $\mathbf{a}$ und $\mathbf{b}$ ist. Die Funktionaldeterminante von T ist

$$\frac{\partial(\xi, \eta)}{\partial(u, v)} = \left| \begin{array}{cc} |\mathbf{a}| & 0 \\ 0 & |\mathbf{b}| \sin \gamma \end{array} \right| = |\mathbf{a}| \, |\mathbf{b}| \sin \gamma = |\mathbf{a} \times \mathbf{b}| = |\mathbf{r}_u \times \mathbf{r}_v| \, . \tag{6.3}$$

Damit wird nach Satz 4.1, wenn $A_B = \int_B db$ der Flächeninhalt von B ist:

$$A = \iint\limits_{B'} db' = \iint\limits_{B} |\mathbf{a} \times \mathbf{b}| \, db = \iint\limits_{B} |\mathbf{r}_u \times \mathbf{r}_v| \, db = |\mathbf{a} \times \mathbf{b}| \, A_B \, . \tag{6.4}$$

Es sei jetzt Ω eine beliebige Fläche mit der Parameterdarstellung $\mathbf{r} = \mathbf{r}(u, v) = x(u, v) \, \mathbf{e}_1 + y(u, v) \, \mathbf{e}_2 + z(u, v) \, \mathbf{e}_3$, $(u, v) \in B \subset \mathbb{R}^2$. Für $P_0 = (u_0, v_0) \in B$ sei $P_0' = (x_0, y_0, z_0) = (x(u_0, v_0), y(u_0, v_0), z(u_0, v_0)) \in \Omega$. Jede durch P_0 gehende (ebene) Kurve aus B mit der Parameterdarstellung $\mathbf{r}_1 = \mathbf{r}_1(t) = u(t) \, \mathbf{e}_1 + v(t) \, \mathbf{e}_2$, wobei $P_0 = (u(t_0), v(t_0))$ sein soll, liefert uns durch $\mathbf{r}_2 = \mathbf{r}_2(t) = \mathbf{r}(u(t), v(t))$ eine durch P_0' gehende und in Ω liegende (räumliche) Kurve. Die Richtung der Tangente an eine solche Kurve im Punkt P_0' erhält man durch

$$\begin{aligned} \dot{\mathbf{r}}_2(t_0) & = \ \mathbf{r}_u(u(t_0), v(t_0)) \, \dot{u}(t_0) + \mathbf{r}_v(u(t_0), v(t_0)) \, \dot{v}(t_0) \\ & = \ \mathbf{r}_u(u_0, v_0) \, \dot{u}(t_0) + \mathbf{r}_v(u_0, v_0) \, \dot{v}(t_0) \, . \end{aligned}$$

Diese Richtungen liegen alle in der von $\mathbf{r}_u(u_0, v_0)$ und $\mathbf{r}_v(u_0, v_0)$ aufgespannten Ebene. Man nennt diese durch P_0' verlaufende Ebene die *Tangentialebene an Ω im Punkte* $P_0' \in \Omega$. Den Normalenvektor dieser Ebene (nach Formel (6.2))

$$\mathbf{n} = \frac{\mathbf{r}_u(u_0, v_0) \times \mathbf{r}_v(u_0, v_0)}{|\mathbf{r}_u(u_0, v_0) \times \mathbf{r}_v(u_0, v_0)|} \tag{6.5}$$

nennt man den *Normalenvektor von Ω in P_0'*. Formel (6.1) sichert uns, daß in jedem Punkt von Ω, der Bild eines inneren Punktes von B ist, ein eindeutig bestimmter Normalenvektor und eine Tangentialebene existieren. Die Normalenvektoren zeigen dabei alle nach einer Seite von Ω. Damit ist uns eine

„Orientierung" der Fläche Ω gegeben. Da es wie bei den Kurven auch bei Flächen für jede Fläche Ω unendlich viele Parameterdarstellungen gibt, dürfen wir nur solche Parameterdarstellungen verwenden, die die gleiche Orientierung liefern. Bei den anderen Parameterdarstellungen zeigen die Normalenvektoren nach der anderen Seite von Ω. Wir sprechen deshalb auch von orientierten Flächen.

Nach unseren bisherigen Betrachtungen haben Flächen in den Punkten, die den inneren Punkten von B zugeordnet sind, keine Kanten, Ecken oder Spitzen. Man nennt solche Flächen deshalb auch *glatte Flächen*. Wie bei den Kurven wollen wir Flächen jedoch nicht nur zerlegen, sondern auch zusammensetzen. Die Anschlußstellen bei Flächen sind dann nicht nur Punkte, wie bei den Kurven, sondern können Kurven sein. Der Übergang von einer Fläche zur anderen muß dabei natürlich stetig sein. An der Übergangskurve kann dann aber eine Kante entstehen; es gibt auf der Übergangskurve keine Normalenvektoren und Tangentialebenen. Werden mehr als zwei Flächen zusammengesetzt, kann es beim Zusammenstoßen zweier Übergangskurven zu Ecken kommen. Solche Flächen entsprechen aber noch voll den Vorstellungen eines Ingenieurs von einer Fläche. Als Beispiel sei hierzu die Oberfläche des Würfel angeführt. Für die Existenz und Stetigkeit der partiellen Ableitungen der Parameterdarstellung und der Gültigkeit von Formel (6.1) müssen wir also außer den Ausnahmen auf dem Rand von B noch Ausnahmen auf Kurven oder einzelnen Punkten im Inneren von B zulassen. Solche Flächen werden in der Literatur als *stückweise glatte Flächen* bezeichnet.

Beispiel 6.3 Wir wollen die Mantelfläche Ω des Kegels mit dem Radius $R = 2$ und der Höhe $H = 3$ aus Beispiel 4.2 nochmals betrachten. Wir hatten dort zuerst die explizite Darstellung

$$z = -\frac{3}{2}\sqrt{x^2 + y^2} + 3 \ \text{ mit } \ x^2 + y^2 \leq 4$$

verwendet. Aus einer expliziten Darstellung $z = f(x, y)$ mit $(x, y) \in B$ kommen wir generell zu einer Parameterdarstellung durch $x = u$, $y = v$ und $z = f(u, v)$, d.h. $\mathbf{r} = \mathbf{r}(u, v) = u\,\mathbf{e}_1 + v\,\mathbf{e}_2 + f(u, v)\,\mathbf{e}_3$ mit $(u, v) \in B$. Für unseren Kegelmantel ergibt dies

$$\mathbf{r} = u\,\mathbf{e}_1 + v\,\mathbf{e}_2 + \left(3 - \frac{3}{2}\sqrt{u^2 + v^2}\right)\mathbf{e}_3 \ \text{ mit } \ u^2 + v^2 \leq 4 \,.$$

$\mathbf{r}$ ist in der ganzen u, v-Ebene stetig und stetig partiell nach u und v differenzierbar mit Ausnahme von $(0, 0)$. Wir erhalten

$$\mathbf{r}_u = \mathbf{e}_1 - \frac{3}{2}\frac{u}{\sqrt{u^2 + v^2}}\mathbf{e}_3 \,,$$

$$\mathbf{r}_v \;=\; \mathbf{e}_2 - \frac{3}{2}\frac{v}{\sqrt{u^2+v^2}}\,\mathbf{e}_3\,,$$

$$\mathbf{r}_u \times \mathbf{r}_v \;=\; \frac{3}{2\sqrt{u^2+v^2}}(u\,\mathbf{e}_1 + v\,\mathbf{e}_2) + \mathbf{e}_3 \neq \mathbf{o} \quad \text{für} \quad (u,v) \neq (0,0)\,.$$

Die Parameterdarstellung erfüllt alle von uns aufgestellten Anforderungen. Einziger Ausnahmepunkt in der Kreisscheibe B ist $(0,0)$, zu dem die Kegelspitze gehört. Dort gibt es keine Tangentialebene und keinen Normalenvektor. Die Normale von Ω

$$\mathbf{n} = \frac{\mathbf{r}_u(u_0,v_0) \times \mathbf{r}_v(u_0,v_0)}{|\mathbf{r}_u(u_0,v_0) \times \mathbf{r}_v(u_0,v_0)|} = \frac{1}{\sqrt{13}}\left(\frac{3}{\sqrt{u^2+v^2}}(u\,\mathbf{e}_1 + v\,\mathbf{e}_2) + 2\,\mathbf{e}_3\right)$$

zeigt vom Kegel weg (in das Äußere des Kegels).

Eine zweite Möglichkeit zur Darstellung von Ω hatten wir in Beispiel 4.2 über die Zylinderkoordinaten mit

$$z = -\frac{3}{2}r + 3,\; 0 \le r \le 2,\; 0 < \varphi \le 2\pi\,,$$

gefunden. Da für Zylinderkoordinaten $x = r\cos\varphi$, $y = r\sin\varphi$ gilt, erhalten wir mit $r = u$, $\varphi = v$ eine Parameterdarstellung von Ω zu

$$\mathbf{r} = \mathbf{e}_1\, u\cos v + \mathbf{e}_2\, u\sin v + (3 - \tfrac{3}{2}u)\,\mathbf{e}_3 \;\text{ mit }\; 0 \le u \le 2,\; 0 \le v \le 2\pi.$$

Bei dieser Parameterdarstellung ist die Eineindeutigkeit der durch sie vermittelten Abbildung auf dem Rand des Parameterbereiches B verletzt: Die Werte von $\mathbf{r}$ stimmen für $v = 0$ mit denen für $v = 2\pi$ überein. $\mathbf{r}$ ist für alle u, v stetig und stetig partiell differenzierbar:

$$\mathbf{r}_u \;=\; \mathbf{e}_1\cos v + \mathbf{e}_2\sin v - \tfrac{3}{2}\,\mathbf{e}_3\,,$$

$$\mathbf{r}_v \;=\; -\mathbf{e}_1\, u\sin v + \mathbf{e}_2\, u\cos v\,,$$

$$\mathbf{r}_u \times \mathbf{r}_v \;=\; \left(\tfrac{3}{2}(\mathbf{e}_1\cos v + \mathbf{e}_2\sin v) + \mathbf{e}_3\right)u \neq \mathbf{o} \quad\text{für}\quad u > 0\,.$$

Bei dieser Parameterdarstellung gibt es für $u = 0$ auf dem Rand von B keine Tangentialebene und keine Normale. Das ist wieder die Spitze des Kegels. Die Normale zeigt ebenfalls in das Äußere des Kegels. Diese zweite Parameterdarstellung liefert also die gleiche Orientierung von Ω wie die erste.

Zum Abschluß dieses Abschnittes wollen wir noch den Flächeninhalt A einer beliebigen Fläche Ω mit der Parameterdarstellung $\mathbf{r} = \mathbf{r}(u,v) = x(u,v)\,\mathbf{e}_1 + y(u,v)\,\mathbf{e}_2 + z(u,v)\,\mathbf{e}_3$, $(u,v) \in B$, ermitteln. Ist $Z = \{B_1,\ldots,B_n\}$ eine Zerlegung von B und Ω_i die Teilfläche von Ω mit der Parameterdarstellung $\mathbf{r} = \mathbf{r}(u,v)$, $(u,v) \in B_i$, $i = 1,\ldots,n$, so ist $Z^* = \{\Omega_1,\ldots,\Omega_n\}$ eine Zerlegung von Ω. Ist die Zerlegung Z sehr fein, so liegt für einen beliebigen Punkt $(u_i, v_i) \in B_i$ die Fläche Ω_i fast in der Tangentialebene an Ω_i in $P_i = (x(u_i, v_i), y(u_i, v_i), z(u_i, v_i))$, und wir können für den Flächeninhalt von Ω_i nach Formel (6.4) näherungsweise

$$|\mathbf{r}_u(u_i, v_i) \times \mathbf{r}_v(u_i, v_i)| \, \Delta b_i$$

setzen, wobei Δb_i der Flächeninhalt von B_i ist. Der Flächeninhalt von Ω wird dann näherungsweise

$$A \approx \sum_i |\mathbf{r}_u(u_i, v_i) \times \mathbf{r}_v(u_i, v_i)| \, \Delta b_i. \tag{6.6}$$

Die Näherung ist um so besser, je feiner die Zerlegung Z ist. Die rechte Seite von Formel (6.6) ist aber eine Integralsumme des Bereichsintegrals von $f(u, v) = |\mathbf{r}_u(u, v) \times \mathbf{r}_v(u, v)|$ über B. Der Grenzprozeß $\emptyset B_i \to 0$ liefert uns also

---

Satz 6.1 *Ist Ω eine Fläche mit der Parameterdarstellung $\mathbf{r} = x(u, v)\, \mathbf{e}_1 + y(u, v)\, \mathbf{e}_2 + z(u, v)\, \mathbf{e}_3$, $(u, v) \in B$, so ist*

$$A = \iint\limits_B |\mathbf{r}_u(u, v) \times \mathbf{r}_v(u, v)| \, db \tag{6.7}$$

der Flächeninhalt von Ω.

Wegen $|\mathbf{a} \times \mathbf{b}| = \sqrt{|\mathbf{a}|^2 \, |\mathbf{b}|^2 - (\mathbf{a} \cdot \mathbf{b})^2}$ (s. [MSV], Abschnitt 2.3.5) können wir den in Formel (6.7) auftretenden Ausdruck $|\mathbf{r}_u \times \mathbf{r}_v|$ mit

$$E \;=\; \left|\frac{\partial \mathbf{r}}{\partial u}\right|^2 = \left(\frac{\partial x}{\partial u}\right)^2 + \left(\frac{\partial y}{\partial u}\right)^2 + \left(\frac{\partial z}{\partial u}\right)^2, \tag{6.8}$$

$$F \;=\; \frac{\partial \mathbf{r}}{\partial u} \cdot \frac{\partial \mathbf{r}}{\partial v} = \frac{\partial x}{\partial u}\frac{\partial x}{\partial v} + \frac{\partial y}{\partial u}\frac{\partial y}{\partial v} + \frac{\partial z}{\partial u}\frac{\partial z}{\partial v}, \tag{6.9}$$

$$G \;=\; \left|\frac{\partial \mathbf{r}}{\partial v}\right|^2 = \left(\frac{\partial x}{\partial v}\right)^2 + \left(\frac{\partial y}{\partial v}\right)^2 + \left(\frac{\partial z}{\partial v}\right)^2 \tag{6.10}$$

in der Form

$$|\mathbf{r}_u \times \mathbf{r}_v| = \sqrt{EG - F^2} \tag{6.11}$$

schreiben. E, F, G nennt man *Gaußsche Fundamentalgrößen* von Ω.

Liegt für Ω eine explizite Darstellung $z = f(x, y)$, $(x, y) \in B$ vor, so wird mit $x = u$, $y = v$

$$\mathbf{r} \;=\; \mathbf{r}(u, v) = u\, \mathbf{e}_1 + v\, \mathbf{e}_2 + f(u, v)\, \mathbf{e}_3, \quad (u, v) \in B,$$

$$\begin{aligned}
\mathbf{r}_u &= \mathbf{e}_1 + f_u(u,v)\,\mathbf{e}_3\,,\\
\mathbf{r}_v &= \mathbf{e}_2 + f_v(u,v)\,\mathbf{e}_3\,,\\
E &= 1 + (f_u(u,v))^2 = 1 + f_u^2\,,\\
F &= f_u(u,v)\,f_v(u,v) = f_u\,f_v\,,\\
G &= 1 + (f_v(u,v))^2 = 1 + f_v^2 \quad \text{und}\\
\sqrt{E\,G - F^2} &= \sqrt{(1+f_u^2)(1+f_v^2) - f_u^2\,f_v^2} = \sqrt{1 + f_u^2 + f_v^2}\,.
\end{aligned}$$

Wenn wir jetzt u bzw. v wieder durch x bzw. y ersetzen und (6.11) berücksichtigen, nimmt Formel (6.7) die Form

$$A = \iint\limits_B \sqrt{1 + f_x^2 + f_y^2}\ \mathrm{d}b \tag{6.12}$$

an.

Beispiel 6.4 Über dem Einheitskreis $B = \{(x,y)\,|\,x^2 + y^2 \le 1\}$ sei durch $z = f(x,y) = x\,y$ die Fläche Ω gegeben. Es ist $f_x(x,y) = y$ und $f_y(x,y) = x$. Für den Flächeninhalt von Ω gilt dann nach Formel (6.12)

$$A = \iint\limits_B \sqrt{1 + f_x^2 + f_y^2}\ \mathrm{d}b = \iint\limits_B \sqrt{1 + y^2 + x^2}\ \mathrm{d}b\,.$$

Wegen der Gestalt von B und des Integranden läßt sich dieses Integral am besten in Polarkoordinaten auswerten:

$$A = \iint\limits_B \sqrt{1 + y^2 + x^2}\ \mathrm{d}b = \int\limits_0^{2\pi} \int\limits_0^1 \sqrt{1 + r^2}\, r\ \mathrm{d}r\ \mathrm{d}\varphi = \frac{2\pi}{3}\,(2\sqrt{2} - 1)\,.$$

Aufgabe 6.1 Es ist der Flächeninhalt A der Zylinderfläche $z = \sqrt{1 - x^2}$ zu berechnen, die sich über dem Einheitskreis $B = \{(x,y)\,|\,x^2 + y^2 \le 1\}$ befindet.

Beispiel 6.5 Die räumliche Fläche Ω werde durch Rotation der ebenen Kurve $\mathcal{K}$ mit der Parameterdarstellung $\mathbf{r} = \mathbf{r}^*(t) = x(t)\,\mathbf{e}_1 + y(t)\,\mathbf{e}_2$, $t \in J = [a,b]$, (in der x,y-Ebene) um die x-Achse erzeugt. Hierbei sei $y(t) \ge 0$. Eine Parameterdarstellung der räumlichen Fläche erhält man durch $\mathbf{r} = \mathbf{r}(u,v)$ $= x(u)\,\mathbf{e}_1 + \mathbf{e}_2\,y(u)\cos v + \mathbf{e}_3\,y(u)\sin v$, $(u,v) \in B = \{(u,v)\,|\,u \in J,\ v \in [0,2\pi]\}$. Die Ableitungen von $x(t)$ bzw. $y(t)$ nach dem Parameter t wollen wir wie üblich durch $\dot{x}(t)$ bzw. $\dot{y}(t)$ bezeichnen. Dann wird

$$\begin{aligned}
\mathbf{r}_u(u,v) &= \dot{x}(u)\,\mathbf{e}_1 + \dot{y}(u)(\mathbf{e}_2 \cos v + \mathbf{e}_3 \sin v)\,,\\
\mathbf{r}_v(u,v) &= y(u)(-\mathbf{e}_2 \sin v + \mathbf{e}_3 \cos v)
\end{aligned}$$

und $E = \dot{x}^2(u) + \dot{y}^2(u)$, $F = 0$, $G = y^2(u)$, $\sqrt{E\,G - F^2} = y(u)\,\sqrt{\dot{x}^2(u) + \dot{y}^2(u)}$. $\sqrt{\dot{x}^2(u) + \dot{y}^2(u)}\,\mathrm{d}u$ ist das Bogenelement $\mathrm{d}s$ (vgl. Satz 5.4) der rotierenden ebenen Kurve $\mathcal{K}$. Nach Formel (6.11) wird der Flächeninhalt von Ω

$$
A \;=\; \iint_B \sqrt{E\,G - F^2}\,\mathrm{d}b = \int_0^{2\pi} \int_a^b y(u)\,\sqrt{\dot{x}^2(u) + \dot{y}^2(u)}\,\mathrm{d}u\,\mathrm{d}v
$$

$$
=\; 2\pi \int_a^b y(u)\,\mathrm{d}s = 2\pi \int_{\mathcal{K}} y\,\mathrm{d}s\,.
$$

Damit haben wir die in Beispiel 5.3 benutzte und dort aus [PFS] übernommene Formel für die Oberfläche eines Rotationskörpers abgeleitet.

Wir wollen das eben erhaltene Ergebnis für die Oberfläche eines Rotationskörpers noch etwas anders darstellen. Für den Schwerpunkt (x_S, y_S) von $\mathcal{K}$ gilt (s. die Formeln (5.14) und (5.13))

$$
y_S = \frac{1}{a}\int_{\mathcal{K}} y\,\mathrm{d}s \quad \text{mit} \quad a = \int_{\mathcal{K}} \mathrm{d}s\,.
$$

Damit läßt sich dann der Flächeninhalt von Ω durch

$$
A = 2\pi\,y_S\,a
$$

darstellen. In Worten kann man das wie folgt ausdrücken:

> Der Oberflächeninhalt eines Rotationskörpers ist gleich der Länge der erzeugenden Kurve mal der Länge des Weges, den der Schwerpunkt der Kurve bei der Rotation zurücklegt.

Diese Aussage wird als *zweite Guldinsche Regel* bezeichnet. Ohne Herleitung geben wir noch die *erste Guldinsche Regel* an:

> Der Rauminhalt eines Rotationskörpers ist gleich dem Flächeninhalt der erzeugenden Fläche mal der Länge des Weges, den der Schwerpunkt der Fläche bei der Rotation zurücklegt.

Beispiel 6.6 Aus einer Kugel mit dem Radius R, deren Mittelpunkt im Koordinatenursprung liegt, werden durch zwei sich in der z-Achse berührende Kreiszylinder (die Zylinderachsen verlaufen parallel zur z-Achse) mit dem Radius

$R/2$ Teile herausgeschnitten. Es ist der Flächeninhalt A der Restfläche Ω der Kugel zu berechnen. Diese Aufgabenstellung wird als *Florentiner Problem* bezeichnet. Sie wurde 1692 von V. Viviani gestellt.

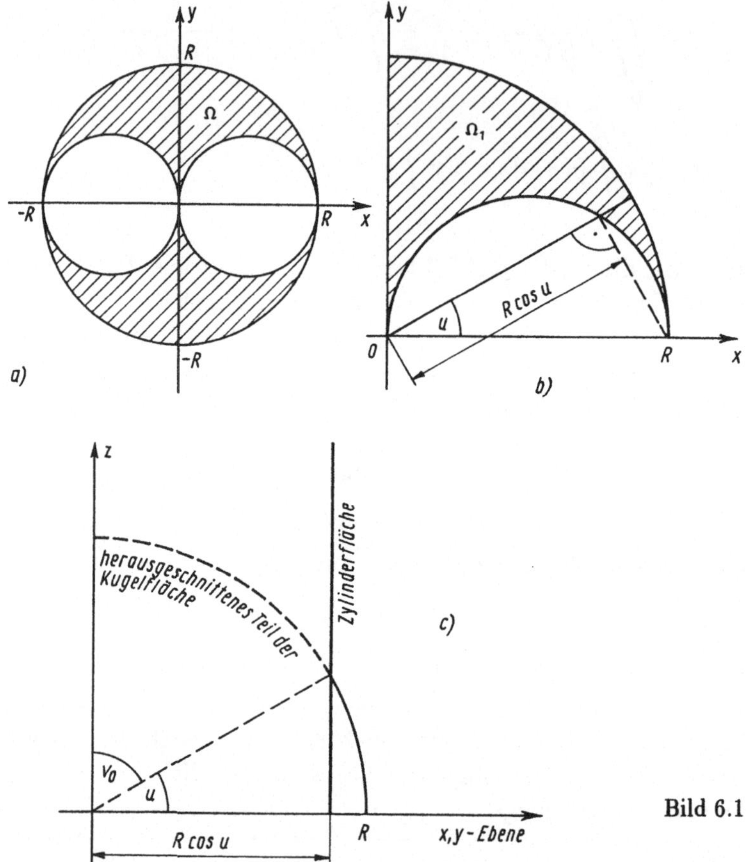

Eine Draufsicht auf Ω zeigt Bild 6.1 a). Wegen der Symmetrie von Ω genügt es, den Flächeninhalt des im ersten Oktanten gelegenen Teils Ω_1 von Ω zu bestimmen (s. Bild 6.1 b) und c)). Der gesamte Flächeninhalt hat dann den achtfachen Wert. Da die Fläche Ω aus Teilen der Kugeloberfläche besteht, können wir die Parameterdarstellung aus Beispiel 6.1 verwenden; lediglich der Parameterbereich muß verändert werden:

$$\mathbf{r} = \mathbf{r}(u,v) = R\,(\mathbf{e}_1 \cos u \, \sin v + \mathbf{e}_2 \sin u \, \sin v + \mathbf{e}_3 \cos v)\,.$$

Um den ersten Oktanten zu überstreichen, muß u zwischen 0 und $\pi/2$ laufen. Bei festem u ist der Winkel v_0 zum Schnittpunkt zwischen Zylinder- und Kugelfläche gleich $\pi/2 - u$; siehe Bild 6.1 c), in dem der zum Winkel u gehörige Kugelgroßkreis gezeichnet ist. Der zu Ω_1 gehörige Parameterbereich B_1 ist also

$$B_1 = \{(u,v)\,|\,0 \le u \le \frac{\pi}{2},\; \frac{\pi}{2} - u \le v \le \frac{\pi}{2}\}\,.$$

Mit

$$\begin{aligned}
\mathbf{r}_u(u,v) &= (-\mathbf{e}_1\,\sin u + \mathbf{e}_2\,\cos u)\,R\,\sin v\,,\\
\mathbf{r}_v(u,v) &= (\mathbf{e}_1\,\cos u\,\cos v + \mathbf{e}_2\,\sin u\,\cos v - \mathbf{e}_3\,\sin v)\,R\,,\\
E &= (\sin^2 u\,\sin^2 v + \cos^2 u\,\sin^2 v)\,R^2 = R^2\,\sin^2 v\,,\\
F &= (-\sin u\,\cos u\,\sin v\,\cos v + \sin u\,\cos u\,\sin v\,\cos v)\,R^2 = 0\,,\\
G &= (\cos^2 u\,\cos^2 v + \sin^2 u\,\cos^2 v + \sin^2 v)\,R^2 = R^2
\end{aligned}$$

und $\sqrt{E\,G - F^2} = R^2\,|\sin v| = R^2\,\sin v$ wegen $v \in [0, \frac{\pi}{2}]$ erhalten wir

$$\begin{aligned}
A &= 8\iint\limits_{B_1} \sqrt{E\,G - F^2}\;\mathrm{d}b = 8\int\limits_0^{\frac{\pi}{2}} \int\limits_{\frac{\pi}{2}-u}^{\frac{\pi}{2}} R^2\,\sin v\;\mathrm{d}v\;\mathrm{d}u\\
&= 8\,R^2 \int\limits_0^{\frac{\pi}{2}} \cos(\frac{\pi}{2} - u)\;\mathrm{d}u = 8\,R^2 \int\limits_0^{\frac{\pi}{2}} \sin u\;\mathrm{d}u = 8\,R^2\,.
\end{aligned}$$

Aufgabe 6.2 Berechne den Flächeninhalt des Teiles der in Zylinderkoordinaten r, φ, z durch $z = (1 - r/a)\,h$, $0 \le z \le h$, gegebenen Kegelfläche, die innerhalb des Kreiszylinders $r = a\cos\varphi$, $-\pi/2 \le \varphi \le \pi/2$, liegt. Skizziere den Schnitt des Zylinders mit der x,y-Ebene, also die Kurve $r = a\cos\varphi$ mit $-\pi/2 \le \varphi \le \pi/2$ in der x,y-Ebene. Verwende für die Parameterdarstellung dieses Teiles der Kegelfläche Zylinderkoordinaten. Parameter sollen dabei r und φ sein.

6.2 Oberflächenintegrale 1. Art

Es sei Ω eine Fläche, $Z = \{\Omega_1,\ldots,\Omega_n\}$ eine Zerlegung von Ω in meßbare Teilflächen Ω_i mit dem Flächeninhalt $\Delta\omega_i$, $P_i \in \Omega_i$ ($i = 1,\ldots,n$) und $f(P) = f(x,y,z)$ eine mindestens auf Ω definierte Funktion. Dann erklären wir wie bei allen bisherigen Integralerweiterungen durch

$$S(Z) = \sum_{i=1}^{n} f(P_i)\,\Delta\omega_i \tag{6.13}$$

die zu Z gehörige Integralsumme. Als Feinheitsmaß $\delta(Z)$ verwenden wir das Maximum der Durchmesser der Ω_i (s. die Definitionen 2.2 und 2.3). Ebenso wie in den Abschnitten 2, 3 und 5 können wir jetzt einen Grenzwert der Integralsummen und damit ein Integral definieren:

Definition 6.1   *Wenn für beliebige Folgen immer feiner werdender Zerlegungen der Fläche Ω die Integralsummen (6.13) bei beliebiger Wahl der $P_i \in \Omega_i$ gegen einen bestimmten Wert G konvergieren, so bezeichnen wir diesen Grenzwert als* O b e r f l ä c h e n i n t e g r a l 1 . A r t *von $f(P)$ über Ω:*

$$G = \lim_{\emptyset\Omega_i \to 0} \sum_{i=1}^{n} f(P_i)\,\Delta\omega_i =: \iint_{\Omega} f(P)\,\mathrm{d}\omega. \qquad (6.14)$$

Die Oberflächenintegrale 1. Art können z.B. zum Berechnen des Flächeninhaltes, des Schwerpunktes und der Trägheitsmomente einer räumlich gekrümmten Fläche Ω benutzt werden. Die entsprechenden Formeln kann man dem Abschnitt 2.4 entnehmen. Es ist dort lediglich der ebene Bereich B durch die Fläche Ω und das „Flächenelement" $\mathrm{d}b$ durch das „Oberflächenelement" $\mathrm{d}\omega$ zu ersetzen. So wie wir die Berechnung eines Kurvenintegrals 1. Art auf die Berechnung eines bestimmten Integrals zurückführen konnten, läßt sich die Berechnung eines Oberflächenintegrals 1. Art auf die Berechnung eines Bereichsintegrals zurückführen. Die völlig analogen Gedankengänge sollen hier nicht wiederholt werden. Die Berechnung erfolgt dann nach

---

Satz 6.2   *Es sei Ω eine Fläche mit der Parameterdarstellung $\mathbf{r} = \mathbf{r}(u,v)$, $(u,v) \in B$, und $f(P) = f(\mathbf{r}) = f(x,y,z)$ eine auf Ω definierte und stückweise stetige Funktion. Dann existiert das* O b e r f l ä c h e n i n t e g r a l 1 . A r t *von $f(P)$ über Ω, und es gilt*

$$\iint_{\Omega} f(P)\,\mathrm{d}\omega = \iint_{B} f(\mathbf{r}(u,v))|\mathbf{r}_u(u,v) \times \mathbf{r}_v(u,v)|\,\mathrm{d}b. \qquad (6.15)$$

Für $|\mathbf{r}_u \times \mathbf{r}_v|$ kann man wieder nach Formel (6.11) $\sqrt{E\,G - F^2}$ schreiben.

Beispiel 6.7   Es ist der Schwerpunkt $S = (x_S, y_S, z_S)$ der im ersten Oktanten gelegenen Fläche Ω_1 des Florentiner Problems (s. Beispiel 6.6) zu bestimmen. Wir verwenden die gleiche Parameterdarstellung von Ω_1 wie in Beispiel 6.6:

$$\mathbf{r} = \mathbf{r}(u,v) = R\,(\mathbf{e}_1 \cos u \sin v + \mathbf{e}_2 \sin u \sin v + \mathbf{e}_3 \cos v).$$

Mit $\sqrt{E\,G - F^2} = R^2 \sin v$ hatten wir dort

$$A = \iint\limits_{\Omega_1} \mathrm{d}\omega = \iint\limits_{B_1} \sqrt{E\,G - F^2}\,\mathrm{d}b = \int\limits_0^{\frac{\pi}{2}} \int\limits_{\frac{\pi}{2}-u}^{\frac{\pi}{2}} R^2 \sin v\,\mathrm{d}v\,\mathrm{d}u = R^2$$

gefunden. Die Integrationsgrenzen bleiben bei der Schwerpunktbestimmung dieselben, da ja ebenfalls über Ω_1 zu integrieren ist. Der Integrand 1 wird dagegen durch $f(x,y,z) = x$ bzw. $f(x,y,z) = y$ bzw. $f(x,y,z) = z$ ersetzt.

$$x_S = \frac{1}{A} \iint\limits_{\Omega_1} x\,\mathrm{d}\omega = \frac{1}{R^2} \iint\limits_{B_1} R\cos u \sin v \sqrt{E\,G - F^2}\,\mathrm{d}b$$

$$= R \int\limits_0^{\frac{\pi}{2}} \int\limits_{\frac{\pi}{2}-u}^{\frac{\pi}{2}} \cos u \sin^2 v\,\mathrm{d}v\,\mathrm{d}u = \frac{3\pi - 4}{12}\,R,$$

$$y_S = \frac{1}{A} \iint\limits_{\Omega_1} y\,\mathrm{d}\omega = \frac{1}{R^2} \iint\limits_{B_1} R\sin u \sin v \sqrt{E\,G - F^2}\,\mathrm{d}b$$

$$= R \int\limits_0^{\frac{\pi}{2}} \int\limits_{\frac{\pi}{2}-u}^{\frac{\pi}{2}} \sin u \sin^2 v\,\mathrm{d}v\,\mathrm{d}u = \frac{2}{3}\,R,$$

$$z_S = \frac{1}{A} \iint\limits_{\Omega_1} z\,\mathrm{d}\omega = \frac{1}{R^2} \iint\limits_{B_1} R\cos v \sqrt{E\,G - F^2}\,\mathrm{d}b$$

$$= R \int\limits_0^{\frac{\pi}{2}} \int\limits_{\frac{\pi}{2}-u}^{\frac{\pi}{2}} \cos v \sin v\,\mathrm{d}v\,\mathrm{d}u = \frac{\pi}{8}\,R.$$

Aufgabe 6.3 Der im ersten Oktanten liegende Teil Ω der Kugeloberfläche $x^2 + y^2 + z^2 = R^2$ sei mit Masse der Dichte $\varrho(x,y,z) = \dfrac{h}{1+z}$ belegt. Berechne die Gesamtmasse. Das gleiche Problem entsteht, wenn man Ω als Schale der Dicke $\dfrac{h}{1+z}$ auffaßt, wobei h gegenüber R klein ist, und das Volumen berechnet. Die Dicke der Schale nimmt dabei vom Wert h in der x,y-Ebene bis zum Wert $\dfrac{h}{1+R}$ im höchsten Punkt der Kugel ab.

Aufgabe 6.4 Die geschlossene Fläche Ω sei zusammengesetzt aus dem Mantel Ω_1 des Zylinders mit dem Radius 1, der z-Achse als Zylinderachse und der Höhe 1 $(0 \leq z \leq 1)$ sowie der Grundfläche Ω_2 (Kreisscheibe in der x,y-Ebene) und der Deckfläche Ω_3 (Kreisscheibe in der Ebene $z = 1$) dieses Zylinders. Es ist das Oberflächenintegral 1. Art $J = \iint\limits_{\Omega} \varrho_0\,(y^2 + z^2)\,\mathrm{d}\omega$ zu berechnen. Auf das Integral J führt die Berechnung des Trägheitsmomentes eines Blechfasses mit dem Durchmesser 2 und der Höhe 1 um einen Durchmesser des Bodens. ϱ_0 ist die konstante Masse pro Oberflächeneinheit.

6.3   Oberflächenintegrale 2. Art

Neben den in Abschnitt 5 behandelten allgemeinen Kurvenintegralen (2. Art)

$$\int\limits_{\mathcal{K}} \mathbf{f}(\mathbf{r}) \cdot d\mathbf{r}$$

sind die allgemeinen Oberflächenintegrale (2. Art)

$$\iint\limits_{\Omega} \mathbf{f}(\mathbf{r}) \cdot d\mathbf{w}$$

für die Anwendungen in den Natur- und Ingenieurwissenschaften von besonderer Bedeutung. Eine der Maxwellschen Gleichungen in der Elektrotechnik lautet z.B.

$$\iint\limits_{\Omega} \frac{\partial \mathbf{B}}{\partial t} \cdot d\mathbf{w} = - \oint\limits_{\mathcal{K}} \mathbf{E} \cdot d\mathbf{r}\,;$$

auf der linken Seite dieser Gleichung haben wir ein allgemeines Oberflächenintegral, auf der rechten Seite ein allgemeines Kurvenintegral.

Der Integrand ist sowohl bei den allgemeinen Kurvenintegralen als auch bei den allgemeinen Oberflächenintegralen immer eine Vektorfunktion (ein Vektorfeld) $\mathbf{f}(\mathbf{r})$. In den Anwendungen kann $\mathbf{f}(\mathbf{r})$ z.B. ein Kraftfeld, ein Feld von Strömungsgeschwindigkeiten oder ein elektrisches Feld sein. In Anlehnung an die Geschwindigkeitsfelder schreiben wir für den Integranden meist $\mathbf{v}(\mathbf{r})$ (statt $\mathbf{f}(\mathbf{r})$). In den folgenden Ausführungen werden wir anstelle von $\mathbf{v}(\mathbf{r})$ auch wieder die Bezeichnungen $\mathbf{v}(P)$ bzw. $\mathbf{v}(x,y,z)$ verwenden. ($\mathbf{r}$ ist der zum Punkt P mit den Koordinaten (x,y,z) gehörige Ortsvektor.) Der Integrationsbereich ist bei den Kurvenintegralen eine orientierte Raumkurve $\mathcal{K}$, bei den allgemeinen Oberflächenintegralen eine orientierte Fläche Ω im Raum. Die „Orientierung" von Ω wird dadurch festgelegt, daß die eine Seite der Fläche Ω als *Außenseite*, die andere Seite als *Innenseite* erklärt wird. Beispielsweise wird bei der Berechnung des magnetischen Flusses durch eine Fläche Ω der Anwender vorher festlegen, welche Seite von Ω die Außenseite sein soll. Wenn man die Rolle von Außenseite und Innenseite vertauscht, ändert der Wert des Integrals nur sein Vorzeichen! Nachdem die Orientierung von Ω festgelegt ist, gibt es zu jedem Punkt $P \in \Omega$ genau einen Einheitsvektor $\mathbf{n} = \mathbf{n}(P)$, der auf Ω (in P) senkrecht steht und nach außen zeigt. Ist $\mathbf{r} = \mathbf{r}(u,v)$, $(u,v) \in B$, eine Parameterdarstellung von Ω, so ist der nach Formel (6.5) berechnete Normalenvektor $\mathbf{n}$ ein derartiger Vektor, falls er nach außen zeigt. Bei der Beschreibung der orientierten Fläche Ω werden wir daher nur solche Parameterdarstellungen zulassen, bei denen der nach Formel (6.5) berechnete Normalenvektor $\mathbf{n}$ nach außen zeigt.

Definition 6.2 *Unter dem* a l l g e m e i n e n   O b e r f l ä c h e n i n t e - g r a l   2 .   A r t *von* $\mathbf{v}(P)$ *über* Ω

$$- \quad in\ Zeichen: \quad \iint\limits_{\Omega} \mathbf{v}(P) \cdot \mathbf{dw} \quad -$$

versteht man das Oberflächenintegral 1. Art von $f(P) := \mathbf{v}(P) \cdot \mathbf{n}(P)$[1] *über* Ω, *d.h.*

$$\iint\limits_{\Omega} \mathbf{v}(P) \cdot \mathbf{dw} = \iint\limits_{\Omega} f(P)\, d\omega . \tag{6.16}$$

Mit der Komponentendarstellung $\mathbf{v}(P) = v_1(P)\, \mathbf{e}_1 + v_2(P)\, \mathbf{e}_2 + v_3(P)\, \mathbf{e}_3$ können wir (6.16) in der Form schreiben

$$\iint\limits_{\Omega} \mathbf{v}(P) \cdot \mathbf{dw} = \iint\limits_{\Omega} [v_1(P)\, \mathbf{e}_1 \cdot \mathbf{n} + v_2(P)\, \mathbf{e}_2 \cdot \mathbf{n} + v_3(P)\, \mathbf{e}_3 \cdot \mathbf{n}]\, d\omega . \tag{6.17}$$

Die drei Teilintegrale

$$\iint\limits_{\Omega} v_1(P)\, \mathbf{e}_1 \cdot \mathbf{n}\, d\omega\,, \quad \iint\limits_{\Omega} v_2(P)\, \mathbf{e}_2 \cdot \mathbf{n}\, d\omega\,, \quad \iint\limits_{\Omega} v_3(P)\, \mathbf{e}_3 \cdot \mathbf{n}\, d\omega \tag{6.18}$$

bezeichnet man als *Oberflächenintegrale 2. Art* von $v_1(P)$ bzw. $v_2(P)$ bzw. $v_3(P)$ bezüglich der y,z-Ebene bzw. x,z-Ebene bzw. x,y-Ebene.

Satz 6.3 *Es sei* Ω *eine orientierte Fläche mit der Parameterdarstellung* $\mathbf{r} = \mathbf{r}(u,v)$, $(u,v) \in B$, *und* $\mathbf{v}(P) = \mathbf{v}(\mathbf{r}) = \mathbf{v}(x,y,z)$ *ein (auf* Ω *definiertes und stückweise stetiges) Vektorfeld. Dann gilt für das allgemeine Oberflächenintegral 2. Art von* $\mathbf{v}(P)$ *über* Ω

$$\iint\limits_{\Omega} \mathbf{v}(P) \cdot \mathbf{dw} = \iint\limits_{B} \mathbf{v}(\mathbf{r}(u,v)) \cdot [\mathbf{r}_u(u,v) \times \mathbf{r}_v(u,v)]\, db . \tag{6.19}$$

---

[1] $f(P)$ ist nur auf Ω definiert, denn außerhalb von Ω existiert $\mathbf{n}(P)$ nicht!

Die Gültigkeit der Formel (6.19) folgt unmittelbar aus Definition 6.2, wenn man nacheinander auf die Funktion $f(P) := \mathbf{v}(P) \cdot \mathbf{n}(P)$ Satz 6.2 und Formel (6.5) anwendet.

Die Formeln für die Oberflächenintegrale 2. Art bezüglich der Koordinatenebenen erhalten wir, indem wir in Formel (6.19) vom Vektorfeld $\mathbf{v}(P)$ nur die entsprechende Komponente benutzen. Zum Beispiel erhalten wir für das Oberflächenintegral 2. Art von $v_3(P)$ bezüglich der x,y-Ebene:

$$\iint_\Omega v_3(P)\,\mathbf{e}_3 \cdot \mathbf{n}\,\mathrm{d}\omega = \iint_B v_3(\mathbf{r}(u,v))\,\mathbf{e}_3 \cdot [\mathbf{r}_u(u,v) \times \mathbf{r}_v(u,v)]\,\mathrm{d}b. \qquad (6.20)$$

Beispiel 6.8 Ω sei die durch die Parameterdarstellung $\mathbf{r} = \mathbf{r}(u,v) = R\cos v\,\mathbf{e}_1 + u\,\mathbf{e}_2 + R\sin v\,\mathbf{e}_3$ mit $0 \leq u \leq R$ und $-\dfrac{\pi}{2} \leq v \leq \dfrac{\pi}{2}$ dargestellte Fläche. B ist also ein Rechteck in der u,v-Ebene mit den Seitenlängen R und π. Es ist das allgemeine Oberflächenintegral 2. Art über Ω mit dem Vektorfeld $\mathbf{v}(x,y,z) = xyz\,\mathbf{e}_3$ zu berechnen. (Da in $\mathbf{v}(x,y,z)$ nur die 3. Komponente vorkommt, handelt es sich um ein Oberflächenintegral 2. Art bezüglich der x,y-Ebene, was wir in Beispiel 6.9 noch einmal unter diesem Gesichtspunkt behandeln werden.) Mit $\mathbf{r}_u = \mathbf{e}_2$ und $\mathbf{r}_v = -R\sin v\,\mathbf{e}_1 + R\cos v\,\mathbf{e}_3$ wird $\mathbf{r}_u \times \mathbf{r}_v = R(\cos v\,\mathbf{e}_1 + \sin v\,\mathbf{e}_3)$, $|\mathbf{r}_u \times \mathbf{r}_v| = \sqrt{EG - F^2} = R$, $\mathbf{n} = \cos v\,\mathbf{e}_1 + \sin v\,\mathbf{e}_3$ und $\mathbf{e}_3 \cdot [\mathbf{r}_u \times \mathbf{r}_v] = R\sin v$. Es ergibt sich folglich (vgl. (6.19))

$$\begin{aligned}
\iint_\Omega \mathbf{v}(P)\cdot\mathrm{d}\mathbf{w} &= \iint_B [xyz\,\mathbf{e}_3]\cdot[\mathbf{r}_u \times \mathbf{r}_v]\,\mathrm{d}b \\[2mm]
&= \int_0^R \int_{-\frac{\pi}{2}}^{\frac{\pi}{2}} (R\cos v \cdot u \cdot R\sin v)\cdot(\sin v)\cdot R\,\mathrm{d}v\,\mathrm{d}u \\[2mm]
&= R^3 \int_0^R u\,\mathrm{d}u \int_{-\frac{\pi}{2}}^{\frac{\pi}{2}} \sin^2 v\,\cos v\,\mathrm{d}v = \frac{R^5}{6} \int_{-\frac{\pi}{2}}^{\frac{\pi}{2}} \frac{\mathrm{d}}{\mathrm{d}v}(\sin v)^3\,\mathrm{d}v \\[2mm]
&= \frac{1}{3}R^5.
\end{aligned}$$

Indem wir das Spatprodukt $\mathbf{e}_3 \cdot [\mathbf{r}_u(u,v) \times \mathbf{r}_v(u,v)]$ (s. [MSV, Abschnitt 2.3.6]) in Formel (6.20) näher betrachten, wird auch die Bezeichnung „Oberflächenintegral 2. Art bezüglich der x,y-Ebene" deutlich:

$$\mathbf{e}_3 \cdot [\mathbf{r}_u(u,v) \times \mathbf{r}_v(u,v)] = \begin{vmatrix} 0 & 0 & 1 \\ x_u & y_u & z_u \\ x_v & y_v & z_v \end{vmatrix} = \begin{vmatrix} x_u & y_u \\ x_v & y_v \end{vmatrix} = \frac{\partial(x,y)}{\partial(u,v)}.$$

Wenn wir dies in das rechte Integral von (6.20) einsetzen und die Transformationsformel (4.13) aus Satz 4.1 beachten, erhalten wir

$$\iint\limits_{\Omega} f_3(P)\,\mathbf{e}_3\cdot\mathbf{n}\,\mathrm{d}\omega = \iint\limits_{B} f_3(\mathbf{r}(u,v))\,\frac{\partial(x,y)}{\partial(u,v)}\,\mathrm{d}b = \iint\limits_{B_3} f_3(P)\,\mathrm{d}b_3\,. \qquad (6.21)$$

Hierbei ist B_3 die Projektion (parallel zur z-Achse) von Ω auf die x,y-Ebene. Wir haben also das Oberflächenintegral 2. Art bezüglich der x,y-Ebene auf ein Bereichsintegral in der x,y-Ebene zurückgeführt. In $f_3(P) = f_3(x,y,z)$ sind in diesem Integral die Punkte von Ω einzusetzen. Man schreibt (6.21) deshalb meist als

$$\iint\limits_{\Omega} f_3(P)\,\mathbf{e}_3\cdot\mathbf{n}\,\mathrm{d}\omega = \iint\limits_{\Omega} f_3(P)\,\mathrm{d}x\,\mathrm{d}y\,. \qquad (6.22)$$

Entsprechend schreibt man für die Oberflächenintegrale 2. Art bezüglich der y,z- bzw. x,z-Ebene

$$\iint\limits_{\Omega} f_1(P)\,\mathbf{e}_1\cdot\mathbf{n}\,\mathrm{d}\omega = \iint\limits_{\Omega} f_1(P)\,\mathrm{d}y\,\mathrm{d}z\,, \qquad (6.23)$$

$$\iint\limits_{\Omega} f_2(P)\,\mathbf{e}_2\cdot\mathbf{n}\,\mathrm{d}\omega = \iint\limits_{\Omega} f_2(P)\,\mathrm{d}x\,\mathrm{d}z\,. \qquad (6.24)$$

Für das allgemeine Oberflächenintegral 2. Art (6.17) schreibt man dann

$$\iint\limits_{\Omega} \mathbf{f}(P)\cdot\mathrm{d}\mathbf{w} = \iint\limits_{\Omega} [f_1(P)\,\mathrm{d}y\,\mathrm{d}z + f_2(P)\,\mathrm{d}x\,\mathrm{d}z + f_3(P)\,\mathrm{d}x\,\mathrm{d}y]\,. \qquad (6.25)$$

Die durch die Parameterdarstellung $\mathbf{r} = x(u,v)\,\mathbf{e}_1 + y(u,v)\,\mathbf{e}_2 + z(u,v)\,\mathbf{e}_3$, $(u,v)\in B$, gegebene Abbildung $(u,v)\longrightarrow (x(u,v),y(u,v),z(u,v))$ von B auf Ω ist eineindeutig (bis auf gewisse Randpunkte von B), während das bei der Projektion $(x,y,z)\to(x,y)$ von Ω auf B_3 nicht der Fall ist. Gewisse Teile von B_3 können mehrfach überdeckt sein (s. Bild 6.2). Bei der Berechnung des ebenen Bereichsintegrales (in der x,y-Ebene) in Formel (6.21) ist das zu berücksichtigen. Über die mehrfach überdeckten Teile ist auch entsprechend oft zu integrieren. Bei der Projektion geht $\mathbf{e}_3\cdot\mathbf{n}\,\mathrm{d}\omega$ in $\mathrm{d}b_3$ über. Da $\mathbf{e}_3$ und $\mathbf{n}$ Einheitsvektoren sind, ist $\mathbf{e}_3\cdot\mathbf{n} = \cos\gamma$, γ der Winkel zwischen $\mathbf{e}_3$ und $\mathbf{n}$. Es ist $\cos\gamma$ positiv, wenn γ spitz ist, d.h. wenn wir bei der Projektion auf die x,y-Ebene auf die Außenseite von Ω sehen. Dagegen ist $\cos\gamma$ negativ, wenn γ stumpf ist, d.h. wenn wir bei der Projektion auf die Innenseite sehen. Entsprechend ordnen wir den Teilen der Projektion B_3 von Ω positive bzw.

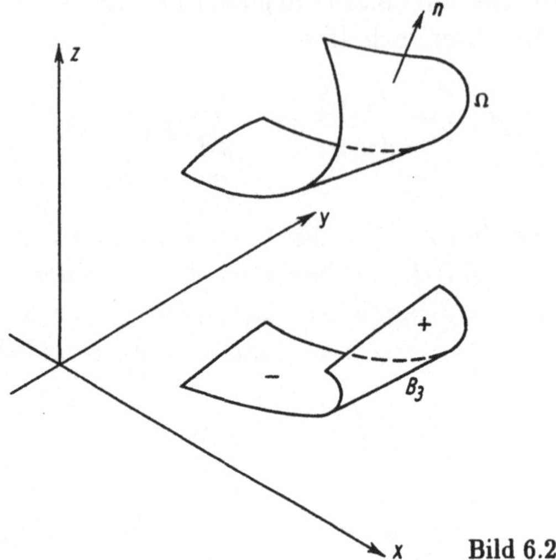

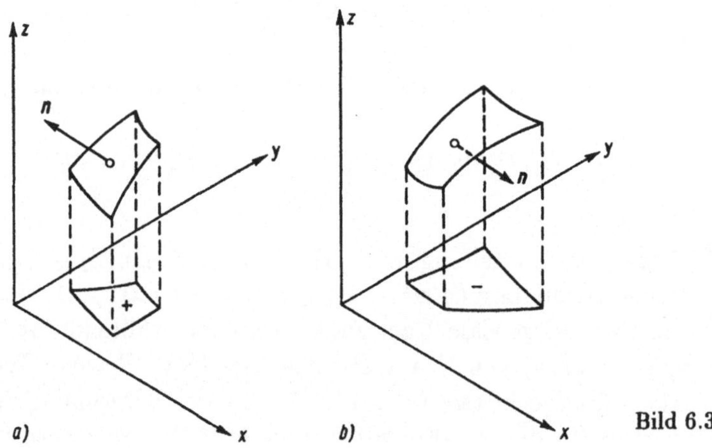

Bild 6.2

negative Vorzeichen zu (s. die Bilder 6.2 und 6.3) und berücksichtigen diese bei der Integration des ebenen Bereichsintegrales.

Bild 6.3

Beispiel 6.9 Es ist Beispiel 6.8 über Integration in der x,y-Ebene zu berechnen. Ω ist die Hälfte einer Kreiszylinderfläche mit dem Radius R, der y-Achse als Zylinderachse und der Länge R (s. Bild 6.4). Die Projektion B_3 von Ω ist das Quadrat mit $0 \leq x \leq R$ und $0 \leq y \leq R$. B_3 wird bei der Projektion aber doppelt überdeckt. Bereits die Projektion des über der x,y-Ebene liegen-

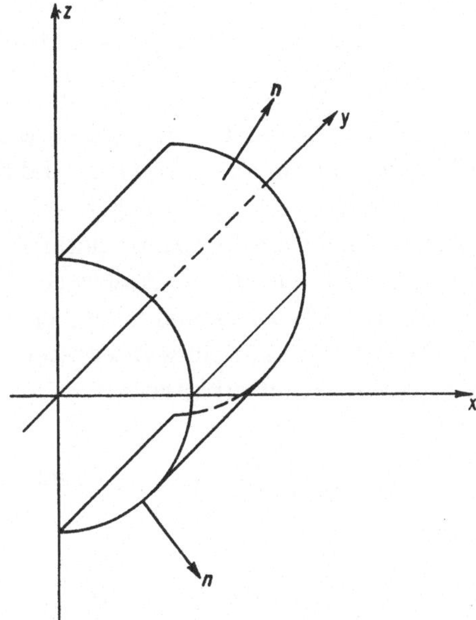

Bild 6.4

den Teiles von Ω liefert B_3, und zwar mit positivem Vorzeichen, da wir bei der Projektion auf die Außenseite blicken. Auch die Projektion des unter der x, y-Ebene liegenden Teils von Ω ergibt B_3, aber jetzt mit negativem Vorzeichen, da wir auf die Innenseite blicken. Auf dem oberen Teil von Ω gilt $z = \sqrt{R^2 - x^2}$, auf dem unteren dagegen $z = -\sqrt{R^2 - x^2}$. Wir erhalten damit

$$\iint\limits_{\Omega} xyz \, \mathrm{d}x \, \mathrm{d}y = \int\limits_0^R \int\limits_0^R xy \sqrt{R^2 - x^2} \, \mathrm{d}x \, \mathrm{d}y - \int\limits_0^R \int\limits_0^R xy \left(-\sqrt{R^2 - x^2}\right) \mathrm{d}x \, \mathrm{d}y$$

$$= 2 \int\limits_0^R \int\limits_0^R xy \sqrt{R^2 - x^2} \, \mathrm{d}x \, \mathrm{d}y$$

$$= \frac{2}{3} R^3 \int\limits_0^R y \, \mathrm{d}y = \frac{1}{3} R^5 \,.$$

Beispiel 6.10 Ω sei die Oberfläche des Würfels W im x, y, z-Raum mit den Eckpunkten $(0,0,0)$, $(1,0,0)$, $(1,0,1)$, $(0,0,1)$, $(0,1,0)$, $(1,1,0)$, $(1,1,1,)$ und $(0,1,1)$. Die Normale $\mathbf{n}$ von Ω zeige in das Äußere von W. Für das Vektorfeld $\mathbf{f}(x,y,z) = x\,(y+z)\,\mathbf{e}_1 + y^2\,\mathbf{e}_2 + (x^2+z^2)\,\mathbf{e}_3$ ist das allgemeine Oberflächenintegral

2. Art J über Ω zu berechnen. Es ist

$$J = \iint\limits_{\Omega} \mathbf{f}(P) \cdot \mathrm{d}\mathbf{w} = \iint\limits_{\Omega} \left[x\,(y+z)\,\mathrm{d}y\,\mathrm{d}z + y^2\,\mathrm{d}x\,\mathrm{d}z + (x^2+z^2)\,\mathrm{d}x\,\mathrm{d}y \right].$$

Bei der Projektion von Ω auf jede der Koordinatenebenen erhalten wir das doppelt überdeckte Quadrat mit den Eckpunkten $(0,0)$, $(1,0)$, $(1,1)$ und $(0,1)$. Die in der Koordinatenebene liegende Teilfläche von Ω erhält negatives Vorzeichen, weil wir hier auf die Innenseite blicken. Bei der im Abstand 1 parallel zur Koordinatenebene verlaufenden Teilfläche blicken wir auf die Außenseite von Ω; sie erhält positives Vorzeichen. Die anderen vier Würfelseiten fallen bei der Projektion in den Rand des Quadrates. Die Randpunkte eines Integrationsbereiches bringen aber keinen Beitrag zum Integral. Damit erhalten wir

$$\begin{aligned}
J \;=\; & -\int_0^1\!\!\int_0^1 0\cdot(y+z)\,\mathrm{d}y\,\mathrm{d}z + \int_0^1\!\!\int_0^1 1\cdot(y+z)\,\mathrm{d}y\,\mathrm{d}z \\[2mm]
& -\int_0^1\!\!\int_0^1 0^2\,\mathrm{d}x\,\mathrm{d}z + \int_0^1\!\!\int_0^1 1^2\,\mathrm{d}x\,\mathrm{d}z \\[2mm]
& -\int_0^1\!\!\int_0^1 (x^2+0^2)\,\mathrm{d}x\,\mathrm{d}y + \int_0^1\!\!\int_0^1 (x^2+1^2)\,\mathrm{d}x\,\mathrm{d}y \\[2mm]
=\; & -0 + 1 - 0 + 1 - \frac{1}{3} + \frac{4}{3} = 3.
\end{aligned}$$

Es sei noch erwähnt, daß Satz 5.3 analog für Oberflächenintegrale gilt. Verstehen wir unter $-\Omega$ die Fläche Ω mit entgegengesetzter Orientierung, so hat die Aussage e) bei Oberflächenintegralen 1. Art die Form

$$\iint\limits_{-\Omega} f(P)\,\mathrm{d}\omega = \iint\limits_{\Omega} f(P)\,\mathrm{d}\omega$$

und bei Oberflächenintegralen 2. Art die Form

$$\iint\limits_{-\Omega} \mathbf{f}(P) \cdot \mathrm{d}\mathbf{w} = -\iint\limits_{\Omega} \mathbf{f}(P) \cdot \mathrm{d}\mathbf{w}.$$

Aufgabe 6.5 Es sei B das Quadrat $0 \le u \le 1$, $0 \le v \le 1$, der u,v-Ebene, $\mathbf{r} = \mathbf{r}(u,v) = (u+1)\mathbf{e}_1 + (v-1)\mathbf{e}_2 + (v-u)\mathbf{e}_3$, $(u,v) \in B$, eine Parameterdarstellung der Fläche Ω und $\mathbf{F}(x,y,z) = y\,\mathbf{e}_1 + z\,\mathbf{e}_2 + x\,\mathbf{e}_3$. Berechne das Oberflächenintegral allgemeiner Art $J = \iint\limits_{\Omega} \mathbf{F} \cdot \mathbf{n}\,\mathrm{d}\omega$!

7 Integralsätze

In diesem Abschnitt werden wir Beziehungen zwischen Bereichs- und Kurvenintegralen bzw. zwischen Raum- und Oberflächenintegralen kennenlernen, die es uns in häufig vorkommenden Spezialfällen gestatten, Bereichs- in Kurvenintegrale bzw. Raum- in Oberflächenintegrale und umgekehrt umzuformen. Diese Beziehungen gestatten uns auch, eine Reihe von Anwendungen zu behandeln. Besonders fruchtbar wirken sich diese Beziehungen im Zusammenhang mit der Vektoranalysis aus.

7.1 Der Gaußsche Integralsatz in der Ebene

Es sei B ein ebener Normalbereich bezüglich der x-Achse (vgl. Def. 1.1), begrenzt durch Kurven im Sinne von Abschnitt 5.1, und $P(x, y)$ eine auf B stetige und stetig nach y partiell differenzierbare Funktion. Ziel unserer Betrachtung ist es, das Bereichsintegral $J = \iint_B P_y(x, y)\, db$ in ein Kurvenintegral umzuformen. Dies wird wegen der besonderen Gestalt von Integrationsbereich und Integrand ohne Schwierigkeiten möglich sein.

Als Normalbereich bezüglich der x-Achse besitzt B eine Darstellung

$$(x, y) \in B \Leftrightarrow \begin{cases} x_1 \leq x \leq x_2, \\ y_1(x) \leq y \leq y_2(x). \end{cases}$$

Die Berandungskurve $\mathcal{K}$ von B zerlegen wir in die vier Teilkurven $\mathcal{K}_1$ bis $\mathcal{K}_4$ (siehe Bild 7.1) mit den Parameterdarstellungen

$$\mathcal{K}_1: \quad \mathbf{r} = \mathbf{r}_1(t) = t\,\mathbf{e}_1 + y_1(t)\,\mathbf{e}_2,\ t \in I_1 = [x_1, x_2]; \tag{7.1}$$

$$\mathcal{K}_2: \quad \mathbf{r} = \mathbf{r}_2(t) = x_2\,\mathbf{e}_1 + t\,\mathbf{e}_2,\ t \in I_2 = [y_1(x_2), y_2(x_2)]; \tag{7.2}$$

$$-\mathcal{K}_3: \quad \mathbf{r} = \mathbf{r}_3(t) = t\,\mathbf{e}_1 + y_2(t)\,\mathbf{e}_2,\ t \in I_1; \tag{7.3}$$

$$-\mathcal{K}_4: \quad \mathbf{r} = \mathbf{r}_4(t) = x_1\,\mathbf{e}_1 + t\,\mathbf{e}_2,\ t \in I_4 = [y_1(x_1), y_2(x_1)]. \tag{7.4}$$

Das Bereichsintegral J können wir nach Satz 2.4, Formel (2.6), durch ein Doppelintegral darstellen:

$$J = \iint_B P_y(x, y)\, db = \int_{x_1}^{x_2} \int_{y_1(x)}^{y_2(x)} P_y(x, y)\, dy\, dx. \tag{7.5}$$

Da wir als Integranden von J die partielle Ableitung von $P(x, y)$ nach y gewählt haben, läßt sich das innere Integral des Doppelintegrales in Formel (7.5) sofort

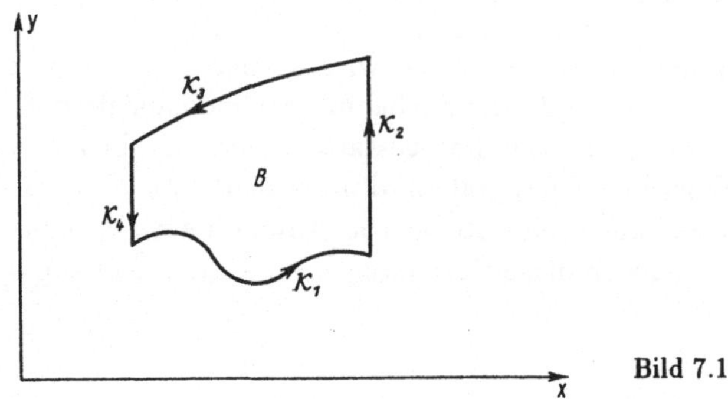

Bild 7.1

angeben:

$$\int\limits_{y_1(x)}^{y_2(x)} P_y(x,y)\,\mathrm{d}y = [P(x,y)]_{y=y_1(x)}^{y=y_2(x)} = P(x,y_2(x)) - P(x,y_1(x))\,.$$

Damit wird J nach Formel (7.5)

$$J = \int\limits_{x_1}^{x_2} P(x,y_2(x))\,\mathrm{d}x - \int\limits_{x_1}^{x_2} P(x,y_1(x))\,\mathrm{d}x\,. \tag{7.6}$$

Auf die in Formel (7.6) vorkommenden Integrale stoßen wir auch bei der Berechnung des Kurvenintegrales 2. Art $\oint_{\mathcal{K}} P(x,y)\,\mathrm{d}x$. Es ist nämlich nach Satz 5.6 mit den Parameterdarstellungen (7.1) und (7.3):

$$\int\limits_{\mathcal{K}_1} P(x,y)\,\mathrm{d}x = \int\limits_{x_1}^{x_2} P(t,y_1(t))\cdot 1\cdot\,\mathrm{d}t\,, \tag{7.7}$$

$$\int\limits_{\mathcal{K}_3} P(x,y)\,\mathrm{d}x = -\int\limits_{-\mathcal{K}_3} P(x,y)\,\mathrm{d}x = -\int\limits_{x_1}^{x_2} P(t,y_2(t))\cdot 1\cdot\,\mathrm{d}t\,. \tag{7.8}$$

Die Integrale (7.7) und (7.8) stimmen aber bis auf die Bezeichnung der Integrationsvariablen mit den in (7.6) vorkommenden Integralen überein. Weiter gilt

$$\int\limits_{\mathcal{K}_2} P(x,y)\,\mathrm{d}x = \int\limits_{y_1(x_2)}^{y_2(x_2)} P(x_2,t)\cdot 0\cdot\,\mathrm{d}t = 0\,, \tag{7.9}$$

da die Ableitung $\dot{\mathbf{r}}_2(t) = \mathbf{e}_2$ von $\mathbf{r}_2(t)$ in der ersten Komponente den Wert 0 hat. Analog ist

$$\int\limits_{\mathcal{K}_4} P(x,y)\,\mathrm{d}x = 0\,. \tag{7.10}$$

Zusammenfassung von (7.7) bis (7.10) ergibt

$$\oint\limits_{\mathcal{K}} P(x,y)\,\mathrm{d}x = \int\limits_{x_1}^{x_2} P(x,y_1(x))\,\mathrm{d}x - \int\limits_{x_1}^{x_2} P(x,y_2(x))\,\mathrm{d}x\,, \tag{7.11}$$

wobei wir die Integrationvariable t durch x ersetzt haben. (7.11) stimmt aber bis auf das Vorzeichen mit (7.6) überein. Wir haben damit

$$\iint\limits_{B} P_y(x,y)\,\mathrm{d}b = -\oint\limits_{\mathcal{K}} P(x,y)\,\mathrm{d}x \tag{7.12}$$

gefunden. Dies ist die gesuchte Beziehung.

Ganz analog erhalten wir

$$\iint\limits_{B} Q_x(x,y)\,\mathrm{d}b = \oint\limits_{\mathcal{K}} Q(x,y)\,\mathrm{d}y\,, \tag{7.13}$$

wenn B ein Normalbereich bezüglich der y-Achse und $Q(x,y)$ eine auf dem Bereich B stetige und nach x stetig partiell differenzierbare Funktion ist. Die einzelnen Schritte möge der Leser selbst aufschreiben.

Die Formeln (7.12) bzw. (7.13) heißen Gaußscher Integralsatz für die Ebene. Wollen wir die Integrale (7.12) und (7.13) in einer Formel zusammenfassen, so müssen wir von dem Bereich B verlangen, daß er Normalbereich sowohl bezüglich der x-Achse wie auch bezüglich der y-Achse ist, oder sich in endlich viele Normalbereiche bezüglich der x-Achse und auch in endlich viele Normalbereiche bezüglich der y-Achse zerlegen läßt. Ein Beispiel eines solchen Bereiches zeigt das Bild 7.2. Erinnert sei weiter daran, daß die Berandung von B eine Kurve im Sinne von Abschnitt 5.1 sein soll, d.h., daß sie in endlich viele Kurven zerlegbar sein soll, zu denen es stetig differenzierbare Parameterdarstellungen gibt, deren erste Ableitungen nicht gleichzeitig zu null werden. Es gilt dann der *Gaußsche Integralsatz:*

> **Satz 7.1** *Ist B ein Bereich der oben beschriebenen Art mit der Berandung $\mathcal{K}$, und sind $P(x,y)$ und $Q(x,y)$ auf B stetige und stückweise stetig partiell differenzierbare Funktionen, so gilt*
>
> $$\iint\limits_{B} \left(-\frac{\partial P}{\partial y} + \frac{\partial Q}{\partial x}\right)\, \mathrm{d}b = \oint\limits_{\mathcal{K}} [P(x,y)\, \mathrm{d}x + Q(x,y)\, \mathrm{d}y]\,. \qquad (7.14)$$

Aus dem *Gaußschen Integralsatz* 7.1 ist sofort zu erkennen, daß das Kurvenintegral 2. Art $\int(P\,\mathrm{d}x + Q\,\mathrm{d}y)$ in einem einfach zusammenhängenden ebenen Gebiet genau dann vom Integrationsweg unabhängig ist, wenn dort die Integrabilitätsbedingung $P_y(x,y) = Q_x(x,y)$ erfüllt ist.

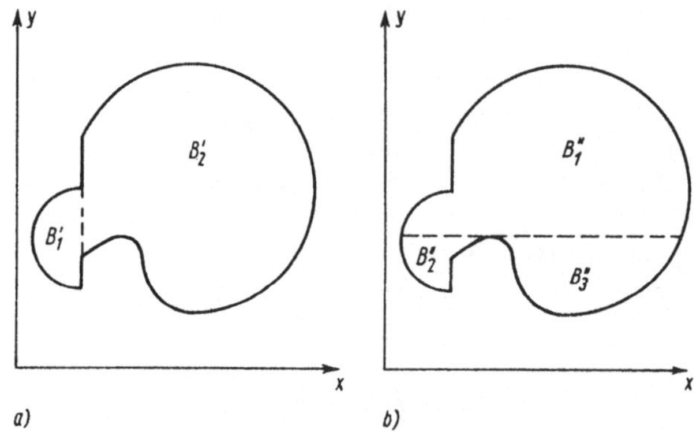

Bild 7.2   Zerlegung eines Bereiches B in Normalbereiche
a) bezüglich der x-Achse   b) bezüglich der y-Achse

Die rechte Seite von Formel (7.14) können wir auch in Vektordarstellung schreiben, wenn wir $\mathbf{v}(x,y) = P(x,y)\,\mathbf{e}_1 + Q(x,y)\,\mathbf{e}_2$ setzen. Es wird dann

$$\oint\limits_{\mathcal{K}} (P(x,y)\, \mathrm{d}x + Q(x,y)\, \mathrm{d}y) = \oint\limits_{\mathcal{K}} \mathbf{v}(x,y)\cdot \mathrm{d}\mathbf{r}\,,$$

wobei $\mathrm{d}\mathbf{r}$ die Richtung der Tangente an $\mathcal{K}$ hat. In Abschnitt 7.2 werden wir den Gaußschen Integralsatz im Raum behandeln. Das Bereichsintegral auf der linken Seite von Formel (7.14) erstreckt sich dann über einen räumlichen Bereich und läßt sich in einfacher Form mit Vektoren schreiben. Auf der rechten Seite der Formel geht das Kurvenintegral in ein Oberflächenintegral über die den räumlichen Bereich berandende Fläche über. Bei einer Fläche tritt an die

Stelle der Tangente die Tangentialebene. Ihre Richtung wird am günstigsten durch die senkrecht auf ihr stehende Normale festgelegt. Die Formel (7.14) entsprechende Formel wird dann auf der rechten Seite ein Skalarprodukt mit der Flächennormalen enthalten. Wir können selbstverständlich auch den Gaußschen Integralsatz für die Ebene mit Hilfe der Normalen $\mathbf{n}$ an die Kurve $\mathcal{K}$ (im Kurvenpunkt P) darstellen. Da $\mathbf{n}$ orthogonal zum Einheitsvektor in Tangentenrichtung $\mathbf{t}$ ist, müssen wir in $\mathbf{v}(x,y) \cdot \mathrm{d}\mathbf{r}$ wegen $\mathrm{d}\mathbf{r} = \mathbf{t}\,\mathrm{d}s$ das Vektorfeld $\mathbf{v}(x,y)$ durch ein orthogonales Vektorfeld $\mathbf{F}(x,y)$ mit gleichem Betrag ersetzen, um den gleichen Wert des Skalarproduktes zu erhalten. Ist $\mathbf{r} = \mathbf{r}(t) = x(t)\,\mathbf{e}_1 + y(t)\,\mathbf{e}_2$, $t \in [a,b]$, eine Parameterdarstellung von $\mathcal{K}$, so wird

$$\mathbf{t} = \frac{\dot{\mathbf{r}}}{|\dot{\mathbf{r}}|} = \frac{1}{\sqrt{\dot{x}^2 + \dot{y}^2}}(\dot{x}\,\mathbf{e}_1 + \dot{y}\,\mathbf{e}_2) \quad \text{und} \quad \mathbf{n} = \frac{1}{\sqrt{\dot{x}^2 + \dot{y}^2}}(\dot{y}\,\mathbf{e}_1 - \dot{x}\,\mathbf{e}_2)\,.$$

Um $\mathbf{F}(x,y) \cdot \mathbf{n} = \mathbf{v}(x,y) \cdot \mathbf{t} = \dfrac{1}{\sqrt{\dot{x}^2 + \dot{y}^2}}[P(x,y)\dot{x} + Q(x,y)\dot{y}]$ zu erhalten, müssen wir also $\mathbf{F}(x,y) = Q(x,y)\,\mathbf{e}_1 - P(x,y)\,\mathbf{e}_2$ setzen. Erweitern wir noch die zweidimensionalen Vektoren $\mathbf{F}(x,y)$, $\mathbf{v}(x,y)$, $\mathbf{n}(t)$ durch Hinzufügen einer Komponente mit dem Wert 0 zu dreidimensionalen Vektoren, so können wir in der linken Seite von Formel (7.14) $Q_x(x,y) - P_y(x,y)$ durch div $\mathbf{F}$ ersetzen. Damit erhält die Formel (7.14) in Satz 7.1 die Form

$$\iint\limits_{B} \operatorname{div}\mathbf{F}\,\mathrm{d}b = \oint\limits_{\mathcal{K}} \mathbf{F} \cdot \mathbf{n}\,\mathrm{d}s\,. \tag{7.15}$$

In dieser Form werden wir in Abschnitt 7.2 den Gaußschen Integralsatz für den Raum formulieren, nur daß dort das Bereichsintegral über einen räumlichen Bereich erstreckt ist, und das Kurvenintegral durch ein Oberflächenintegral ersetzt wird. Schreiben wir die Formel (7.15) mit dem Vektorfeld $\mathbf{G}(x,y) = P(x,y)\,\mathbf{e}_1 + Q(x,y)\,\mathbf{e}_2$ statt des Vektorfeldes $\mathbf{F}(x,y) = Q(x,y)\,\mathbf{e}_1 - P(x,y)\,\mathbf{e}_2$ in Komponenten, so erhalten wir

$$\iint\limits_{B} (P_x(x,y) + Q_y(x,y))\,\mathrm{d}b = \oint\limits_{\mathcal{K}} (P(x,y)\,\mathrm{d}y - Q(x,y)\,\mathrm{d}x)\,.$$

Diese Formel nennen wir auch die Normalkomponentenform des Gaußschen Integralsatzes für die Ebene, während Formel (7.14) als Tangentialkomponentenform bezeichnet wird.

Wir wollen jetzt noch zu einigen einfachen Anwendungen des Gaußschen Integralsatzes für die Ebene kommen.

Beispiel 7.1 Den Flächeninhalt A eines ebenen Bereiches B erhalten wir aus $A = \iint\limits_B \mathrm{d}b$. Den Integranden 1 des Bereichsintegrals können wir in $1 = \frac{1}{2} + \frac{1}{2}$ zerlegen und $-P_y(x,y) = \frac{1}{2}$, $Q_x(x,y) = \frac{1}{2}$ setzen. Wir erhalten daraus z.B. das Paar von Funktionen $P(x,y) = -y/2$, $Q(x,y) = x/2$ und schließlich nach dem Gaußschen Integralsatz 7.1

$$A = \frac{1}{2} \oint\limits_{\mathcal{K}} (-y \, \mathrm{d}x + x \, \mathrm{d}y). \tag{7.16}$$

(7.16) ist eine vielfach zur Berechnung des Flächeninhaltes benutzte Formel (s. z.B. [BSE]). Aus ihr erhält man auch leicht die Leibnizsche Sektorformel: B sei begrenzt durch die Strecke $\mathcal{K}_1$ von $(0,0)$ nach (x_1, y_1), durch die Kurve $\mathcal{K}_2$ von

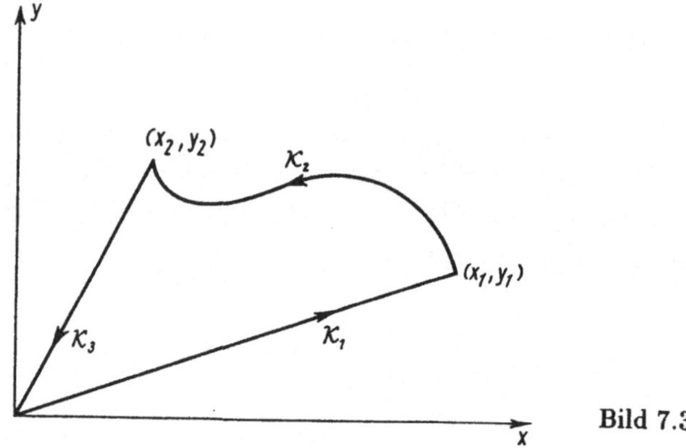

Bild 7.3

(x_1, y_1) nach (x_2, y_2) mit der Parameterdarstellung $\mathbf{r} = \mathbf{r}(t) = x(t)\,\mathbf{e}_1 + y(t)\,\mathbf{e}_2$, $t \in [t_1, t_2]$, und durch die Strecke $\mathcal{K}_3$ von (x_2, y_2) nach $(0,0)$ (s. Bild 7.3). Für jede auf einer Geraden durch $(0,0)$ liegende Strecke $\mathcal{K}_0$ hat nun aber das Kurvenintegral $\int_{\mathcal{K}_0} (-y \, \mathrm{d}y + x \, \mathrm{d}y)$ den Wert Null. Ist nämlich $\mathbf{r} = \mathbf{r}(t) = at\,\mathbf{e}_1 + bt\,\mathbf{e}_2$, $t \in [t', t'']$, eine Parameterdarstellung von $\mathcal{K}_0$, so wird

$$\int\limits_{\mathcal{K}_0} (-y \, \mathrm{d}x + x \, \mathrm{d}y) = \int\limits_{t'}^{t''} (-bt\,a + a\,t\,b) \, \mathrm{d}t = 0.$$

Damit wird für die Sektorfläche nach Bild 7.3

$$A = \frac{1}{2} \oint\limits_{\mathcal{K}} (-y \, \mathrm{d}x + x \, \mathrm{d}y) = \frac{1}{2} \int\limits_{\mathcal{K}_2} (-y \, \mathrm{d}x + x \, \mathrm{d}y)$$

$$= \frac{1}{2} \int\limits_{t_1}^{t_2} [-y(t)\dot{x}(t) + x(t)\dot{y}(t)]\, \mathrm{d}t\,. \tag{7.17}$$

Als Zahlenbeispiel wollen wir den Flächeninhalt der Sektorfläche berechnen, die durch die Strecke von $(0,0)$ nach $(a,0)$, durch die Hyperbel $\frac{x^2}{a^2} - \frac{y^2}{b^2} = 1$ von $(a,0)$ nach (x_2,y_2) (auf dem Hyperbelast im 1. Quadranten) und durch die Strecke von (x_2,y_2) nach $(0,0)$ begrenzt ist. Nach (7.17) (Leibnizsche Sektorformel) brauchen wir nur über das Hyperbelstück zu integrieren. Eine Parameterdarstellung dieser Kurve ist $\mathbf{r} = \mathbf{r}(t) = a\cosh t\, \mathbf{e}_1 + b\sinh t\, \mathbf{e}_2$ (von der Richtigkeit kann man sich leicht durch Einsetzen in die Hyperbelgleichung überzeugen). Zu $(a,0)$ gehört der Parameter $t_1 = 0$. t_2 gewinnt man durch Auflösen von $x_2 = a\cosh t_2$ nach t_2 zu $t_2 = \operatorname{arcosh}\frac{x_2}{a}$. Mit $\dot{\mathbf{r}}(t) = a\sinh t\, \mathbf{e}_1 + b\cosh t\, \mathbf{e}_2$ erhalten wir

$$A = \frac{1}{2} \int\limits_{0}^{t_2} (-b\sinh t \cdot a\sinh t + a\cosh t \cdot b\cosh t)\, \mathrm{d}t$$

$$= \frac{a\,b}{2} \int\limits_{0}^{t_2} \mathrm{d}t = \frac{1}{2} a\,b\,t_2 = \frac{1}{2} a\,b\,\operatorname{arcosh}\frac{x_2}{a}$$

wegen $\cosh^2 t - \sinh^2 t = 1$. Dieses Ergebnis ist auch für die Bezeichnung der Umkehrfunktionen der Hyperbelfunktionen (area – Fläche) bestimmend gewesen.

Aufgabe 7.1 a) Bestimme den Flächeninhalt der zum Ellipsenbogen mit der Parameterdarstellung $\mathbf{r} = \mathbf{r}(t) = a\cos t\, \mathbf{e}_1 + b\sin t\, \mathbf{e}_2$, $t \in [t_1, t_2]$, gehörigen Sektorfläche! (Benutze Formel (7.17).)
b) Wie groß ist der Flächeninhalt der ganzen Ellipse?

Beispiel 7.2 Die Koordinaten des geometrischen Schwerpunktes (x_0, y_0) eines ebenen Bereiches B mit der Berandung $\mathcal{K}$ berechnet man mit Bereichsintegralen nach Bemerkung 2.4 zu

$$x_0 = \frac{1}{A} \iint\limits_{B} x\, \mathrm{d}b\,, \qquad y_0 = \frac{1}{A} \iint\limits_{B} y\, \mathrm{d}b\,,$$

wobei A der Flächeninhalt von B ist. Formt man diese Formeln mit Hilfe der

Formel (7.12) um, so erhält man

$$x_0 = -\frac{1}{A} \oint_{\mathcal{K}} xy \, \mathrm{d}x\,, \qquad y_0 = -\frac{1}{2A} \oint_{\mathcal{K}} y^2 \, \mathrm{d}x\,.$$

Man kann bei x_0 den Integranden x des Bereichsintegrals jedoch auch in $\dfrac{x}{3} + \dfrac{2x}{3}$ zerlegen und $\dfrac{x}{3}$ als $-P_y(x,y)$, $\dfrac{2x}{3}$ als $Q_x(x,y)$ in der Formel (7.17) von Satz 7.1 auffassen. Es kann dann $P(x,y) = -\frac{1}{3}xy$, $Q(x,y) = \frac{1}{3}x^2$ gewählt werden, und wir erhalten

$$x_0 = \frac{1}{3A} \oint_{\mathcal{K}} x\,(-y \, \mathrm{d}x + x \, \mathrm{d}y)\,.$$

Damit haben wir eine zu (7.16) ähnliche Formel. Analog erhält man

$$y_0 = \frac{1}{3A} \oint_{\mathcal{K}} y\,(-y \, \mathrm{d}x + x \, \mathrm{d}y)\,.$$

Für die Trägheitsmomente findet man durch entsprechende Überlegungen

$$J_x = \iint_B y^2 \, \mathrm{d}b = \frac{1}{4} \oint_{\mathcal{K}} y^2\,(-y \, \mathrm{d}x + x \, \mathrm{d}y)\,,$$

$$J_y = \iint_B x^2 \, \mathrm{d}b = \frac{1}{4} \oint_{\mathcal{K}} x^2\,(-y \, \mathrm{d}x + x \, \mathrm{d}y)\,.$$

Die mit Hilfe des Gaußschen Integralsatzes gefundenen Formeln für A, x_0, y_0, J_x, J_y sind gut geeignet für die Berechnung dieser Größen mit Hilfe von Computern. Nach dem Einsetzen von Parameterdarstellungen $\mathbf{r} = \mathbf{r}(t)$, $t \in [t_1, t_2]$, für $\mathcal{K}$ sind nur noch bestimmte Integrale mit der Integrationsvariablen t auszuwerten. Dies kann mit den Methoden der numerischen Integration, je nach gewünschter Genauigkeit also z.B. mit der Trapezregel, der Simpsonschen Regel oder dem Romberg-Algorithmus, erfolgen. Schreibt man sich also einmal ein Programm zur Berechnung der Integranden aus Unterprogrammen für $x(t)$, $y(t)$, $\dot{x}(t)$ und $\dot{y}(t)$ und zur Anwendung einer Formel für die numerische Integration, so braucht man dann jeweils nur noch die Unterprogramme für die Parameterdarstellungen von $\mathcal{K}$ einschließlich der Integrationsgrenzen einzugeben und erhält gleichzeitig für den entsprechenden Bereich A, x_0, y_0, J_x und J_y.

Als Zahlenbeispiel wollen wir J_x für das Dreieck mit den Eckpunkten $(0,0)$, $(2,0)$ und $(0,1)$ berechnen. $\mathcal{K}_1$ sei die auf der x-Achse liegende Seite, $\mathcal{K}_2$ die Seite mit den Eckpunkten $(2,0)$ und $(0,1)$, $\mathcal{K}_3$ schließlich die auf der y-Achse liegende Seite. Die Parameterdarstellungen für die $\mathcal{K}_i$ einschließlich der Integrationsgrenzen t_0 und t_1 sind in der folgenden Tabelle zusammengefaßt:

i	x	y	$\dot{x}$	$\dot{y}$	t_0	t_1	$F(t) = y^2\,(-y\dot{x} + x\dot{y})/4$
1	t	0	1	0	0	2	0
2	$2(1-t)$	t	-2	1	0	1	$t^2/2$
3	0	t	0	1	1	0	0

Die letzte Spalte der Tabelle enthält die formelmäßige Darstellung des Integranden $F(t)$. Sie wird für ein Rechenprogramm nicht benötigt. Der Computer berechnet vielmehr die numerischen Werte von $F(t)$ in den verwendeten Teilungspunkten unmittelbar aus den Spalten 2 bis 5. Da der Wert des Integranden auf $\mathcal{K}_1$ und $\mathcal{K}_3$ null ist, bekommen wir für J_x nur einen Beitrag von $\mathcal{K}_2$. Verwendet man für die numerische Integration die Keplersche Faßregel $\dfrac{h}{3}\,(F_0 + 4F_1 + F_2)$ mit $h = 1/2$, $F_0 = F(0) = 0$, $F_1 = F(h) = 1/8$, $F_2 = F(2h) = 1/2$, so wird $J_x = \dfrac{1}{6}(0 + 4\cdot\dfrac{1}{8} + \dfrac{1}{2}) = \dfrac{1}{6}$. Dies ist der genaue Wert, da die Keplersche Faßregel Polynome 2. Grades genau integriert. Bei gekrümmten Konturen wäre eine feinere Unterteilung der Integrationsintervalle und die Anwendung der Simpsonschen Regel oder des Rombergalgorithmus zweckmäßiger.

7.2   Der Gaußsche Integralsatz im Raum

Die Betrachtungen von Abschnitt 7.1 lassen sich ganz auch für Raumintegrale durchführen. Die einzelnen Schritte sollen hier nur angedeutet werden. Zur Umformung von $\iiint\limits_{B} P_x(x,y,z)\,db$ gehen wir von einem räumlichen Normalbereich B der Art

$$(x,y,z) \in B \iff \begin{cases} (y,z) \in B_{y,z}\,, \\ x_1(y,z) \le x \le x_2(y,z) \end{cases}$$

aus und können in

$$\iiint\limits_{B} P_x(x,y,z)\,db = \iint\limits_{B_{y,z}} \left[\int\limits_{x_1(y,z)}^{x_2(y,z)} P_x(x,y,z)\,dx \right]\,db_{y,z}$$

das innere Integral mit Hilfe der Stammfunktion $P(x,y,z)$ berechnen.

Ist Ω die B begrenzende Fläche (mit nach außen gerichteter Normale), so können wir das Ergebnis in der Form

$$\iiint\limits_{B} P_x(x,y,z)\,db = \iint\limits_{\Omega} P(x,y,z)\,dy\,dz \tag{7.18}$$

darstellen. Eine Herleitung von (7.18) findet man z.B. in [MKN, Bd. 3].

Entsprechend findet man

$$\iiint\limits_{B} Q_y(x,y,z)\,\mathrm{d}b = \iint\limits_{\Omega} Q(x,y,z)\,\mathrm{d}x\,\mathrm{d}z \qquad (7.19)$$

und

$$\iiint\limits_{B} R_z(x,y,z)\,\mathrm{d}b = \iint\limits_{\Omega} R(x,y,z)\,\mathrm{d}x\,\mathrm{d}y\,. \qquad (7.20)$$

Die Zusammenfassung der Formeln (7.18) bis (7.20) gibt die Grundform für den Gaußschen Integralsatz im Raum:

$$\iiint\limits_{B} (P_x + Q_y + R_z)\,\mathrm{d}b = \iint\limits_{\Omega} (P\,\mathrm{d}y\,\mathrm{d}z + Q\,\mathrm{d}x\,\mathrm{d}z + R\,\mathrm{d}x\,\mathrm{d}y)\,. \qquad (7.21)$$

Die Integrale in Formel (7.21) lassen sich kürzer schreiben, wenn wir das Vektorfeld $\mathbf{v} = \mathbf{v}(x,y,z) = P(x,y,z)\,\mathbf{e}_1 + Q(x,y,z)\,\mathbf{e}_2 + R(x,y,z)\,\mathbf{e}_3$ verwenden. Es ist dann $P_x + Q_y + R_z = \operatorname{div}\mathbf{v}$. Beachtung von Formel (6.25) ergibt dann

$$\iiint\limits_{B} \operatorname{div}\mathbf{v}\,\mathrm{d}b = \iint\limits_{\Omega} \mathbf{v}\cdot\mathrm{d}\mathbf{w} = \iint\limits_{\Omega} \mathbf{v}\cdot\mathbf{n}\,\mathrm{d}\omega\,. \qquad (7.22)$$

Die äquivalenten Formeln (7.21) und (7.22) sind natürlich nur unter gewissen Voraussetzungen für B und $\mathbf{v} = \mathbf{v}(x,y,z)$ gültig.

Satz 7.2 *(Integralsatz von Gauß) Es sei B ein räumlicher Bereich, der aus endlich vielen Normalbereichen zusammengesetzt ist, und zwar sowohl bezüglich der x,y-, der x,z- wie auch der y,z-Ebene. Die die Normalbereiche begrenzenden Funktionen seien stetig und stückweise stetig differenzierbar bzw. partiell differenzierbar, und zwar so, daß die Oberfläche Ω den in Abschnitt 6.1 angegebenen Bedingungen genügt und die Normale $\mathbf{n}$ von Ω nach außen gerichtet ist. $\mathbf{v} = \mathbf{v}(\mathbf{r})$ sei ein auf B stetiges und stückweise stetig partiell differenzierbares Vektorfeld. Dann gilt*

$$\iiint\limits_{B} \operatorname{div}\mathbf{v}\,\mathrm{d}b = \iint\limits_{\Omega} \mathbf{v}\cdot\mathrm{d}\mathbf{w}\,.$$

Zum Teil benutzt man auch in den Natur- und Ingenieurwissenschaften bei Raum- und Oberflächenintegralen das Symbol mit einem Integralzeichen. Die Formel (7.22) findet man dann z.B. in der Gestalt

$$\int\limits_{B} \operatorname{div}\mathbf{v}\,\mathrm{d}V = \oint\limits_{\partial B} \mathbf{v}\cdot\mathrm{d}\mathbf{A}\,,$$

wobei unter ∂B die (geschlossene) Oberfläche von B verstanden wird.

Beispiel 7.3 Es seien das Vektorfeld $\mathbf{F}(x,y,z) = P(x,y)\,\mathbf{e}_1 + Q(x,y)\,\mathbf{e}_2$ und der Bereich $B' = \{(x,y,z)\,|\,(x,y) \in B\,,\,0 \le z \le 1\}$ gegeben. B' ist ein zylindrischer Bereich mit der Grundfläche B in der x,y-Ebene und der Höhe 1 (also ein Normalbereich bezüglich der x,y-Ebene). B werde durch die geschlossene Kurve $\mathcal{K}$ (in der x,y-Ebene) mit der Parameterdarstellung $\mathbf{r}_1(t) = x(t)\,\mathbf{e}_1 + y(t)\,\mathbf{e}_2$, $t \in [a,b]$, berandet. Wir wenden jetzt den Gaußschen Integralsatz an. $\operatorname{div}\mathbf{F} = P_x(x,y) + Q_y(x,y)$ hängt nur von x und y ab. Deshalb erhalten wir für die linke Seite von Formel (7.22) (vgl. Def. 3.3 und Satz 3.1)

$$\iiint\limits_{B'} \operatorname{div}\mathbf{F}\,\mathrm{d}b' = \iint\limits_{B} \int\limits_{0}^{1} \operatorname{div}\mathbf{F}\,\mathrm{d}z\,\mathrm{d}b = \iint\limits_{B} \operatorname{div}\mathbf{F}\,\mathrm{d}b\,.$$

Dies ist aber die linke Seite von Formel (7.15). Auf der Grund- bzw. Deckfläche von B' ist $\mathbf{n} = -\mathbf{e}_3$ bzw. $\mathbf{n} = \mathbf{e}_3$, also $\mathbf{F}\cdot\mathbf{n} = 0$. Für die rechte Seite von Formel (7.22) erhalten wir deshalb nur einen Beitrag von der restlichen Zylinderfläche. Diese hat mit $u = t$ und $v = z$ die Parameterdarstellung $\mathbf{r} = \mathbf{r}(u,v) = x(u)\,\mathbf{e}_1 + y(u)\,\mathbf{e}_2 + v\,\mathbf{e}_3$, $u \in [a,b]$ und $0 \le v \le 1$. Wegen $\mathbf{r}_u = \dot{x}(u)\,\mathbf{e}_1 + \dot{y}(u)\,\mathbf{e}_2$ und $\mathbf{r}_v = \mathbf{e}_3$ wird $E = \dot{x}^2 + \dot{y}^2$, $G = 1$, $F = 0$ und $\sqrt{EG - F^2} = \sqrt{\dot{x}^2 + \dot{y}^2}$. Setzen wir die Parameterdarstellung in $\mathbf{F}$ ein, so erhalten wir eine nur von u abhängige Funktion. Für jeden Wert von $u \in [a,b]$ fällt die Normale $\mathbf{n}$ an die Zylinderfläche mit der Normalen an $\mathcal{K}$ im entsprechenden Kurvenpunkt zusammen. Diese ist aber auch nur von u abhängig. Damit wird die rechte Seite von (7.22)

$$\iint\limits_{\Omega} \mathbf{F}\cdot\mathbf{n}\,\mathrm{d}\omega = \int\limits_{a}^{b} \int\limits_{0}^{1} \mathbf{F}\cdot\mathbf{n}\,\sqrt{EG - F^2}\,\mathrm{d}v\,\mathrm{d}u = \int\limits_{a}^{b} \mathbf{F}\cdot\mathbf{n}\,\sqrt{\dot{x}^2 + \dot{y}^2}\,\mathrm{d}u = \oint\limits_{\mathcal{K}} \mathbf{F}\cdot\mathbf{n}\,\mathrm{d}s\,.$$

Dies ist Formel (7.15). Wir haben also aus dem Gaußschen Integralsatz im Raum die Normalen-Form des Gaußschen Integralsatzes in der Ebene erhalten (vgl. Abschnitt 7.1).

Beispiel 7.4 Ein Körper (ein Normalbereich B), begrenzt durch die Fläche Ω (mit nach außen gerichteter Normale $\mathbf{n}$), tauche ganz in eine Flüssigkeit mit dem spezifischen Gewicht γ. Wie groß ist der Auftrieb, der auf den Körper wirkt?

Die Oberfläche der Flüssigkeit sei die x,y-Ebene, die z-Achse sei senkrecht zur Oberfläche der Flüssigkeit nach oben gerichtet. Der Druck der Flüssigkeit greift senkrecht zu Ω an, also in Richtung von $\mathbf{n}$, und hat die absolute Größe

$-\gamma z$ (z ist negativ, da sich B unter der x,y-Ebene befindet). Der Druck hat also die Größe $\gamma z \mathbf{n}$. Die vertikale Komponente des Druckes ist $\gamma z \mathbf{n} \cdot \mathbf{e}_3$, und für den Auftrieb ergibt sich $\iint_\Omega \gamma z \mathbf{n} \cdot \mathbf{e}_3 \, d\omega$. Dieses Oberflächenintegral 2. Art können wir nach Formel (6.22) auch in der Form

$$\iint_\Omega \gamma z \mathbf{n} \cdot \mathbf{e}_3 \, d\omega = \iint_\Omega \gamma z \mathbf{e}_3 \cdot d\mathbf{w} = \iint_\Omega \gamma z \, dx \, dy$$

schreiben. Nach Formel (7.20) gilt somit für den Auftrieb

$$\iint_\Omega \gamma z \mathbf{n} \cdot \mathbf{e}_3 \, d\omega = \iint_\Omega \gamma z \mathbf{e}_3 \cdot d\mathbf{w} = \iiint_B \gamma \, db,$$

d.h., der Auftrieb ist gleich dem Gewicht der verdrängten Flüssigkeit (Archimedisches Prinzip).

Beispiel 7.5 In Beispiel 6.10 haben wir das allgemeine Oberflächenintegral 2. Art $J = \iint_\Omega \mathbf{F} \cdot d\mathbf{w}$ über die Oberfläche Ω des Würfels B mit $0 \leq x \leq 1$, $0 \leq y \leq 1$ und $0 \leq z \leq 1$ berechnet. Das Vektorfeld war dabei $\mathbf{F}(x,y,z) = x(y+z)\mathbf{e}_1 + y^2 \mathbf{e}_2 + (x^2 + z^2)\mathbf{e}_3$. Einen anderen Weg zur Berechnung dieses Oberflächenintegrals können wir über die Anwendung des Gaußschen Integralsatzes gehen. Nach Formel (7.22) gilt

$$J = \iint_\Omega \mathbf{F} \cdot d\mathbf{w} = \iiint_B \operatorname{div} \mathbf{F} \, db.$$

Für die Divergenz von $\mathbf{F}$ erhalten wir $\operatorname{div} \mathbf{F} = y + z + 2y + 2z = 3(y+z)$. Mit den oben angegebenen Grenzen des Normalbereiches B erhalten wir

$$J = \int_0^1 \int_0^1 \int_0^1 3(y+z) \, dz \, dy \, dx = 3 \int_0^1 \int_0^1 (y + \frac{1}{2}) \, dy \, dx = 3 \int_0^1 (\frac{1}{2} + \frac{1}{2}) \, dx = 3.$$

Aufgabe 7.2 Ω sei die Oberfläche der Kugel mit dem Radius R und dem Koordinatenursprung als Mittelpunkt. Weiter sei das Vektorfeld $\mathbf{F}(x,y,z) = y\mathbf{e}_1 + z\mathbf{e}_2 + x\mathbf{e}_3$ gegeben. Berechne das allgemeine Oberflächenintegral 2. Art $J = \iint_\Omega \mathbf{F} \cdot d\mathbf{w}$ a) direkt und b) mit Hilfe des Gaußschen Integralsatzes!

Aufgabe 7.3 Es sei $\mathbf{r} = x\mathbf{e}_1 + y\mathbf{e}_2 + z\mathbf{e}_3$. Im Raum sei elektrische Ladung der Ladungsdichte $\varrho = \dfrac{2\epsilon}{|\mathbf{r}|}$ verteilt (ϵ ist die Dielektrizitätskonstante). Diese Ladung erzeugt ein elektrisches

Feld $\mathbf{E} = \dfrac{1}{|\mathbf{r}|}\,\mathbf{r}$. Zwischen Ladung und Feld besteht die Beziehung $\varrho = \epsilon\,\mathrm{div}\,\mathbf{E}$. Berechne die im Inneren der Kugel B mit dem Radius a und dem Mittelpunkt $(0,0,0)$ liegende Ladung $Q = \iiint\limits_{B} \varrho\,db$ mit Hilfe des Gaußschen Integralsatzes! Beachte dabei, daß für die Oberfläche Ω der Kugel B der Flächeninhalt A durch $A = \iint\limits_{\Omega} d\omega = 4\pi a^2$ gegeben ist!

Aufgabe 7.4 Gegeben sei das Vektorfeld $\mathbf{F} = (x^2 + xy + 2ze^y)\,\mathbf{e}_1 - (x^2 + y^2 + z^2)\,\mathbf{e}_2 + z\,(3y - 2x)\,\mathbf{e}_3$. Berechne mit Hilfe des Integralsatzes von Gauß $J = \iint\limits_{\Omega} \mathbf{F}\cdot d\mathbf{w}$, wobei Ω die Oberfläche des durch die Flächen $x = 0$, $z = 0$, $y = 0$, $y = 3\sqrt{4 - 2x}$ und $z = \dfrac{1}{2x^2 + 8}$ begrenzten Körpers B ist. Skizziere zunächst den Grundriß des Körpers in der x,y-Ebene!

7.3 Koordinatenfreie Darstellung der Divergenz

Wir haben bisher unter der Divergenz eines Vektorfeldes $\mathbf{F} = \mathbf{F}(\mathbf{r}) = P(\mathbf{r})\,\mathbf{e}_1 + Q(\mathbf{r})\,\mathbf{e}_2 + R(\mathbf{r})\,\mathbf{e}_3$ mit $\mathbf{r} = x\,\mathbf{e}_1 + y\,\mathbf{e}_2 + z\,\mathbf{e}_3$ (vgl. [HRS, Kap. 2 und 5]) die Differentialoperation

$$\mathrm{div}\,\mathbf{F} = \frac{\partial P}{\partial x} + \frac{\partial Q}{\partial y} + \frac{\partial R}{\partial z} \tag{7.23}$$

verstanden. Die partiellen Ableitungen lassen vermuten, daß die Divergenz in einem bestimmten Punkt des Raumes nicht nur von dem Vektorfeld $\mathbf{F}$, sondern auch von der Wahl des rechtwinkligen Koordinatensystems x, y, z abhängig ist. Bei der Einführung der Divergenz in [HRS] wurde jedoch bereits eine verbale Definition angegeben, die von den gewählten Koordinaten unabhängig ist. Nur war es mit den dort zur Verfügung stehenden Mitteln nicht möglich, diese Definition exakt und als Formel niederzuschreiben, und der Nachweis, daß diese Definition mit der bisher verwendeten Differentialoperation (7.23) übereinstimmt, blieb offen.

Wir wollen jetzt diesen Problemkreis untersuchen. Um die Betrachtungen anschaulich zu gestalten, wollen wir annehmen, daß $\mathbf{v} = P(x, y, z)\,\mathbf{e}_1 + Q(x, y, z)\,\mathbf{e}_2 + R(x, y, z)\,\mathbf{e}_3$ das Geschwindigkeitsfeld einer Flüssigkeitsströmung darstellt. Da in $\mathbf{v}$ nur die Ortskoordinaten x, y, z vorkommen, nicht aber die Zeit t, ist die Strömung zeitlich nicht veränderlich. Eine solche Strömung bezeichnet man als *stationäre Strömung*. Ist jetzt Ω irgendeine Fläche, so erhalten wir das in einer Zeiteinheit durch Ω hindurchfließende Flüssigkeitsvolumen, das als *Fluß von $\mathbf{v}$ durch Ω* bezeichnet wird, zu $\iint\limits_{\Omega} \mathbf{v}\cdot d\mathbf{w}$. Betrachten wir nämlich eine kleine Teilfläche von Ω mit dem Flächeninhalt $\Delta\omega$, so schiebt sich in einer Zeiteinheit eine Flüssigkeitssäule der Länge $1 \cdot |\mathbf{v}|$ in Richtung von $\mathbf{v}$ durch die Fläche. Das Volumen dieser Säule ist $\Delta\omega \cdot h$, wobei h die Höhe der Flüssigkeitssäule ist (s. Bild 7.4). Mit $h = \mathbf{v}\cdot\mathbf{n}$ erhalten wir für das Volumen $\mathbf{v}\cdot\mathbf{n}\,\Delta\omega$. Zerlegung von

Ω in solche kleinen Teilflächen, Summation über die Volumina und Grenzübergang liefern schließlich für den Fluß von $\mathbf{v}$ durch Ω das Oberflächenintegral 2. Art $\iint\limits_{\Omega} \mathbf{v} \cdot \mathbf{n} \, d\omega = \iint\limits_{\Omega} \mathbf{v} \cdot d\mathbf{w}$. Ist speziell B ein räumlicher Bereich und Ω die (geschlossene) Oberfläche von B, so nennen wir den Fluß von $\mathbf{v}$ durch Ω die *Quellung von* $\mathbf{v}$ *aus* B (vgl. [HRS, Abschnitt 5.2.2]).

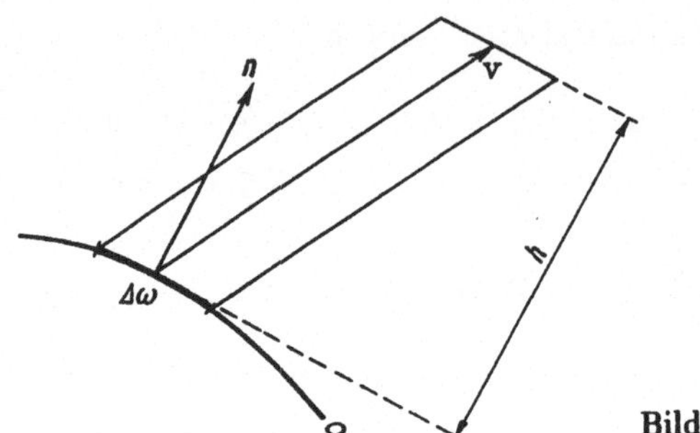

Bild 7.4

Für einen beliebigen Punkt (x_0, y_0, z_o) sei nun B_n die Folge von Kugeln mit dem Radius $\dfrac{1}{n}$ und dem Mittelpunkt (x_0, y_0, z_o). Die Oberfläche von B_n bezeichnen wir durch Ω_n. Für jedes $n = 1, 2, \ldots$ bilden wir den Quotienten aus Quellung von $\mathbf{v}$ aus B_n und dem Volumen A_n von B_n und betrachten den Grenzwert

$$D = \lim_{n \to \infty} \frac{1}{A_n} \iint\limits_{\Omega_n} \mathbf{v} \cdot d\mathbf{w} \, .$$

Dieser Grenzwert wird als *lokale Quelldichte von* $\mathbf{v}$ bezeichnet. Das Oberflächenintegral können wir mit dem Gaußschen Integralsatz umformen:

$$\iint\limits_{\Omega_n} \mathbf{v} \cdot d\mathbf{w} = \iiint\limits_{B_n} \operatorname{div} \mathbf{v} \, db \, .$$

Sind die partiellen Ableitungen $\dfrac{\partial P}{\partial x}$, $\dfrac{\partial Q}{\partial y}$ und $\dfrac{\partial R}{\partial z}$ stetig, so ist auch $\operatorname{div} \mathbf{v}$ stetig, und wir können das Raumintegral mit dem Mittelwertsatz für Raumintegrale (vgl. Abschnitt 3.1, Formel (3.4) und Satz 2.3 d) abschätzen:

$$\iiint\limits_{B_n} \operatorname{div} \mathbf{v} \, db = A_n \operatorname{div} \mathbf{v}\big|_{(x_n, y_n, z_n)} \, ,$$

wobei die Divergenz von $\mathbf{v}$ in einem geeigneten Punkt (x_n, y_n, z_n) aus B_n zu nehmen ist. Damit wird

$$D = \lim_{n \to \infty} \frac{1}{A_n} A_n \operatorname{div} \mathbf{v}\big|_{(x_n, y_n, z_n)} = \lim_{n \to \infty} \operatorname{div} \mathbf{v}\big|_{(x_n, y_n, z_n)}\,.$$

Da $\operatorname{div} \mathbf{v}$ stetig sein sollte und der Durchmesser der Kugeln gegen null strebt, konvergiert (x_n, y_n, z_n) gegen den Mittelpunkt (x_0, y_0, z_o), und es gilt

$$D = \operatorname{div} \mathbf{v}\big|_{(x_0, y_0, z_o)}\,.$$

Satz 7.3 *Ist* $\mathbf{v} = P(x, y, z)\,\mathbf{e}_1 + Q(x, y, z)\,\mathbf{e}_2 + R(x, y, z)\,\mathbf{e}_3$ *ein Vektorfeld mit stetig partiell differenzierbaren Komponenten,* (x_0, y_0, z_o) *ein beliebiger Punkt aus dem Inneren des Definitionsbereiches von* $\mathbf{v}$ *und* Ω_n *die Oberfläche der Kugel mit dem Radius* $\dfrac{1}{n}$ *und dem Mittelpunkt* (x_0, y_0, z_o)*, so gilt*

$$P_x(x_0, y_0, z_0) + Q_y(x_0, y_0, z_0) + R_z(x_0, y_0, z_0)$$
$$= \operatorname{div} \mathbf{v}\big|_{(x_0, y_0, z_0)} = \lim_{n \to \infty} \frac{3n^3}{4\pi} \iint\limits_{\Omega_n} \mathbf{v} \cdot \mathrm{d}\mathbf{w} \qquad (7.24)$$

Aus der Darstellung der Divergenz nach Satz 7.3 folgt insbesondere, daß die Divergenz eine skalare Punktfunktion ist, die unabhängig vom gewählten Koordinatensystem durch Integration aus einem gegebenen Vektorfeld gewonnen werden kann. Formel (7.24) kann sogar zur Definition der Divergenz benutzt werden. Die Differenzierbarkeitsforderungen in Satz 7.3 können dann durch die Forderung ersetzt werden, daß für jede Folge räumlicher Bereiche B_n mit der Oberfläche Ω_n und dem Volumen A_n, die (x_0, y_0, z_o) als inneren Punkt enthalten, der Grenzwert $\displaystyle\lim_{n \to \infty} \frac{1}{A_n} \iint\limits_{\Omega_n} \mathbf{v} \cdot \mathrm{d}\mathbf{w}$ existiert und den gleichen Wert besitzt.

7.4 Die Greenschen Formeln

Wendet man den Gaußschen Integralsatz auf ein Vektorfeld der Gestalt

$$\mathbf{v} = \varphi \operatorname{grad} \psi$$

an, wobei $\varphi = \varphi(x, y, z)$ und $\psi = \psi(x, y, z)$ skalare Funktionen sind, so wird wegen

$$\operatorname{div} \mathbf{v} \;=\; \operatorname{div}(\varphi \operatorname{grad} \psi)$$

$$= (\operatorname{grad} \varphi) \cdot (\operatorname{grad} \psi) + \varphi \operatorname{div} \operatorname{grad} \psi$$
$$= \frac{\partial \varphi}{\partial x} \frac{\partial \psi}{\partial x} + \frac{\partial \varphi}{\partial y} \frac{\partial \psi}{\partial y} + \frac{\partial \varphi}{\partial z} \frac{\partial \psi}{\partial z} + \varphi \, \Delta \psi$$

(vgl. [HRS, Abschnitt 5.2]), wobei Δ der Laplace-Operator $\dfrac{\partial^2}{\partial x^2} + \dfrac{\partial^2}{\partial y^2} + \dfrac{\partial^2}{\partial z^2}$ ist,

$$\iiint\limits_{B} (\varphi_x \, \psi_x + \varphi_y \, \psi_y + \varphi_z \, \psi_z + \varphi \, \Delta \psi) \, db = \iint\limits_{\Omega} \varphi \, \mathbf{n} \cdot \operatorname{grad} \psi \, d\omega \, . \qquad (7.25)$$

Die Formel (7.25) bezeichnet man als *1. Greensche Integralformel.* Hinsichtlich ihrer Gültigkeit müssen wir für B und $\mathbf{v}$ die gleichen Forderungen stellen wie beim Gaußschen Integralsatz 7.2. Für $\varphi(x, y, z)$ bedeutet das Stetigkeit und die stückweise Existenz stetiger partieller Ableitungen, für ψ Stetigkeit von $\operatorname{grad} \psi$ und stückweise Existenz stetiger partieller Ableitungen 2. Ordnung. Setzen wir $\mathbf{v} = \varphi \operatorname{grad} \psi - \psi \operatorname{grad} \varphi$, so verschwindet in $\operatorname{div} \mathbf{v}$ der in φ und ψ symmetrische Ausdruck $(\operatorname{grad} \varphi) \cdot (\operatorname{grad} \psi)$:

$$\operatorname{div} \mathbf{v} = \varphi \, \Delta \psi - \psi \, \Delta \varphi \, .$$

Der Gaußsche Integralsatz liefert dann

$$\iiint\limits_{B} (\varphi \, \Delta \psi - \psi \, \Delta \varphi) \, db = \iint\limits_{\Omega} (\varphi \operatorname{grad} \psi - \psi \operatorname{grad} \varphi) \cdot \mathbf{n} \, d\omega \, . \qquad (7.26)$$

Formel (7.26) bezeichnet man als *2. Greensche Integralformel.* Für ihre Gültigkeit ist die Stetigkeit von φ und ψ sowie die stückweise Stetigkeit der partiellen Ableitungen bis zur zweiten Ordnung zu fordern.

Die Greenschen Integralformeln haben für die Lösung vieler physikalischer Probleme eine sehr große Bedeutung. Ebenso sind sie in der Analysis ein unentbehrliches Hilfsmittel. Bevor wir ihre Anwendung an einigen Beispielen zeigen, wollen wir noch eine Spezialisierung der Formel (7.25) angeben, die verschiedentlich als *3. Greensche Integralformel* bezeichnet wird. Setzt man $\varphi(x, y, z) = 1$, so wird

$$\iiint\limits_{B} \Delta \psi \, db = \iint\limits_{\Omega} (\operatorname{grad} \psi) \cdot \mathbf{n} \, d\omega \, . \qquad (7.27)$$

Beispiel 7.6 Eine skalare Punktfunktion $u = u(\mathbf{r}) = u(x, y, z)$ heißt *harmonische Funktion*, wenn $\Delta u = 0$ gilt. Wir wollen hier einige grundlegende

Eigenschaften der harmonischen Funktionen herleiten. Um die Anwendung der Integralformeln zu erleichtern, wollen wir noch voraussetzen, daß u und die partiellen Ableitungen bis zur 2. Ordnung in den betrachteten räumlichen Bereichen einschließlich der Oberfläche stetig sind.

a) Aus Formel (7.27) folgt

$$\iint\limits_{\Omega} (\operatorname{grad} u) \cdot \mathbf{n} \; d\omega = 0 . \tag{7.28}$$

Die Ableitung einer skalaren Punktfunktion v in Richtung eines Einheitsvektors $\mathbf{s}$ war $(\operatorname{grad} v) \cdot \mathbf{s}$ (vgl. [HRS, Abschnitt 5.2.2]). $(\operatorname{grad} u) \cdot \mathbf{n}$ können wir also als Ableitung von u in Richtung der Normalen von Ω auffassen und $(\operatorname{grad} u) \cdot \mathbf{n} = \dfrac{\partial u}{\partial \mathbf{n}}$ schreiben. (7.28) können wir damit wie folgt in Worte fassen: *Ist u im räumlichen Bereich B mit der Oberfläche Ω zweimal stetig differenzierbar und harmonisch, so ist das Oberflächenintegral der Ableitung von u in Richtung der Normalen von Ω über Ω gleich null.*

b) Es sei B ein räumlicher Bereich mit der Oberfläche Ω, (x_0, y_0, z_0) ein beliebiger Punkt aus dem Inneren von B ($\mathbf{r}_0 = x_0\,\mathbf{e}_1 + y_0\,\mathbf{e}_2 + z_0\,\mathbf{e}_3$) und u in B harmonisch. Wir wenden jetzt die Formel (7.26) mit $\varphi = u$ und $\psi = \dfrac{1}{|\mathbf{r} - \mathbf{r}_0|}$ an, wobei wir unter $\mathbf{r} = x\,\mathbf{e}_1 + y\,\mathbf{e}_2 + z\,\mathbf{e}_3$ den Ortsvektor verstehen. In [HRS, Kap. 4], wurde gezeigt, daß $\dfrac{K}{|\mathbf{r} - \mathbf{r}_0|}$ harmonisch im $\mathbb{R}^3$ mit Ausnahme von $\mathbf{r} = \mathbf{r}_0$ ist. K war dort eine Konstante. Da der Laplacesche Operator linear ist, gilt auch $\Delta \dfrac{1}{|\mathbf{r} - \mathbf{r}_0|} = 0$, ($\mathbf{r} \neq \mathbf{r}_0$). Um die 2. Greensche Formel (7.26) anwenden zu können, müssen wir noch $\mathbf{r}_0$ aus B entfernen, da ψ in $\mathbf{r}_0$ die Differenzierbarkeits- und Stetigkeitseigenschaften nicht erfüllt. Verstehen wir unter B' den Bereich B, aus dem die Kugel B_0 mit dem Radius a und dem Mittelpunkt $\mathbf{r}_0$ herausgenommen ist, so besteht die Oberfläche von B' aus Ω und der Oberfläche Ω_0 von B_0, wobei die Normale von Ω_0 nach $\mathbf{r}_0$ hin zeigt, da die Kugel ja nicht zu B' gehört. Für B', $\varphi = u$ und $\psi = \dfrac{1}{|\mathbf{r} - \mathbf{r}_0|}$ ist (7.26) anwendbar. Insbesondere wird wegen $\Delta\varphi = \Delta\psi = 0$ in B'

$$\iiint\limits_{B'} (\varphi\,\Delta\psi - \psi\,\Delta\varphi) \; db = 0 .$$

Formel (7.26) ergibt wegen $\operatorname{grad} \dfrac{1}{|\mathbf{r} - \mathbf{r}_0|} = -\dfrac{\mathbf{r} - \mathbf{r}_0}{|\mathbf{r} - \mathbf{r}_0|^3}$

$$0 = \iint\limits_{\Omega} \left(\frac{1}{|\mathbf{r} - \mathbf{r}_0|} \operatorname{grad} u + u \frac{\mathbf{r} - \mathbf{r}_0}{|\mathbf{r} - \mathbf{r}_0|^3} \right) \cdot \mathbf{n} \, d\omega$$

$$+ \iint\limits_{\Omega_0} \left(\frac{1}{|\mathbf{r} - \mathbf{r}_0|} \operatorname{grad} u + u \frac{\mathbf{r} - \mathbf{r}_0}{|\mathbf{r} - \mathbf{r}_0|^3} \right) \cdot \mathbf{n} \, d\omega \,. \tag{7.29}$$

Das Oberflächenintegral 2. Art über die Kugelfläche Ω_0 können wir mit dem Mittelwertsatz für Bereichsintegrale (vgl. Abschnitt 2.2) einfach abschätzen. Auf Ω_0 ist $|\mathbf{r} - \mathbf{r}_0| = a$ und $\mathbf{n} = -\dfrac{\mathbf{r} - \mathbf{r}_0}{a}$. Damit wird

$$\iint\limits_{\Omega_0} u \frac{\mathbf{r} - \mathbf{r}_0}{|\mathbf{r} - \mathbf{r}_0|^3} \cdot \mathbf{n} \, d\omega = - \iint\limits_{\Omega_0} u \frac{\mathbf{r} - \mathbf{r}_0}{a^3} \cdot \frac{\mathbf{r} - \mathbf{r}_0}{a} \, d\omega = -\frac{1}{a^2} \iint\limits_{\Omega_0} u \, d\omega \,.$$

Anwendung des Mittelwertsatzes auf $\iint\limits_{\Omega_0} u \, d\omega$ ergibt $\iint\limits_{\Omega_0} u \, d\omega = 4\pi a^2 \, u(\mathbf{r}_1)$, wobei $\mathbf{r}_1$ ein geeigneter Punkt der Kugeloberfläche Ω_0 ist. Wir haben also

$$\iint\limits_{\Omega_0} u \frac{\mathbf{r} - \mathbf{r}_0}{|\mathbf{r} - \mathbf{r}_0|^3} \cdot \mathbf{n} \, d\omega = -4\pi \, u(\mathbf{r}_1) \,. \tag{7.30}$$

Den zweiten Anteil des Integrals über Ω_0 können wir mit Formel (7.28) näher bestimmen. Es ist

$$\iint\limits_{\Omega_0} \frac{1}{|\mathbf{r} - \mathbf{r}_0|} \, (\operatorname{grad} u) \cdot \mathbf{n} \, d\omega = \frac{1}{a} \iint\limits_{\Omega} (\operatorname{grad} u) \cdot \mathbf{n} \, d\omega \,.$$

Da u in B_0 harmonisch ist, können wir Formel (7.28) anwenden. Die nach innen gerichtete Normale (bez. B_0) stört hierbei nicht. Es würde lediglich das Vorzeichen umgekehrt. Wir erhalten folglich

$$\iint\limits_{\Omega_0} \frac{1}{|\mathbf{r} - \mathbf{r}_0|} \, (\operatorname{grad} u) \cdot \mathbf{n} \, d\omega = 0 \,. \tag{7.31}$$

Unter Beachtung von (7.30) und (7.31) lautet (7.29)

$$0 = \iint\limits_{\Omega} \left(\frac{1}{|\mathbf{r} - \mathbf{r}_0|} \operatorname{grad} u + u \frac{\mathbf{r} - \mathbf{r}_0}{|\mathbf{r} - \mathbf{r}_0|^3} \right) \cdot \mathbf{n} \, d\omega - 4\pi \, u(\mathbf{r}_1) \,. \tag{7.32}$$

Formel (7.32) gilt für jeden Radius a. Wir können deshalb in (7.32) a gegen null streben lassen. Das Oberflächenintegral über Ω ist von a nicht abhängig, bleibt beim Grenzübergang also unverändert. Da $\mathbf{r}_1$ auf Ω_0 liegt, strebt $\mathbf{r}_1$ beim Grenzübergang gegen den Kugelmittelpunkt $\mathbf{r}_0$. Die Stetigkeit von u ergibt $\lim\limits_{a \to 0} 4\pi\, u(\mathbf{r}_1) = 4\pi\, u(\mathbf{r}_0)$. Der Grenzübergang a gegen null in (7.32) liefert demnach

$$0 = \iint\limits_{\Omega} \left(\frac{1}{|\mathbf{r} - \mathbf{r}_0|}\, \operatorname{grad} u + u\, \frac{\mathbf{r} - \mathbf{r}_0}{|\mathbf{r} - \mathbf{r}_0|^3} \right) \cdot \mathbf{n}\, d\omega - 4\pi\, u(\mathbf{r}_0)$$

oder

$$u(\mathbf{r}_0) = \frac{1}{4\pi} \iint\limits_{\Omega} \left(\frac{1}{|\mathbf{r} - \mathbf{r}_0|}\, \operatorname{grad} u + u\, \frac{\mathbf{r} - \mathbf{r}_0}{|\mathbf{r} - \mathbf{r}_0|^3} \right) \cdot \mathbf{n}\, d\omega . \qquad (7.33)$$

Formel (7.33) zeigt uns, daß der Wert einer in einem Bereich B harmonischen Funktion u in einem beliebigen inneren Punkt $\mathbf{r}_0$ von B aus den Werten von u und der Richtungsableitung $(\operatorname{grad} u) \cdot \mathbf{n} = \dfrac{\partial u}{\partial \mathbf{n}}$ in Richtung der Normalen von Ω auf der Oberfläche Ω von B berechnet werden kann. Man bezeichnet (7.33) als *Greensche Darstellungsformel für harmonische Funktionen.*

c) Wählen wir in Formel (7.33) als Integrationsbereich eine Kugel B_1 um $\mathbf{r}_0$ mit dem Radius ϱ und der Oberfläche Ω_1, so läßt sich wieder Formel (7.28) anwenden. Es ist nämlich $\dfrac{1}{|\mathbf{r} - \mathbf{r}_0|} = \dfrac{1}{\varrho} = \text{const}$ und $\mathbf{n} = \dfrac{1}{\varrho}\,(\mathbf{r} - \mathbf{r}_0)$, also

$$\iint\limits_{\Omega} \left(\frac{\mathbf{r} - \mathbf{r}_0}{|\mathbf{r} - \mathbf{r}_0|^3}\, u + \frac{1}{|\mathbf{r} - \mathbf{r}_0|}\, \operatorname{grad} u \right) \cdot \mathbf{n}\, d\omega = \frac{1}{\varrho^2} \iint\limits_{\Omega_1} u\, d\omega + \frac{1}{\varrho} \iint\limits_{\Omega_1} (\operatorname{grad} u) \cdot \mathbf{n}\, d\omega .$$

Das zweite der Integrale auf der rechten Seite ist nach Formel (7.28) gleich null. Formel (7.33) liefert dann

$$u(\mathbf{r}_0) = \frac{1}{4\pi \varrho^2} \iint\limits_{\Omega_1} u\, d\omega = \frac{\displaystyle\iint\limits_{\Omega_1} u\, d\omega}{\displaystyle\iint\limits_{\Omega_1} d\omega} . \qquad (7.34)$$

da $4\pi \varrho^2$ ja gleich dem Inhalt der Oberfläche von Ω_1 ist. $u(\mathbf{r}_0)$ ist also der Mittelwert der Werte von u auf Ω_1. (7.34) läßt sich verbal so ausdrücken:
Ist u in einer Kugel harmonisch, dann nimmt u im Mittelpunkt der Kugel den Mittelwert der Werte von u auf der Kugeloberfläche an.

7.5 Der Stokessche Integralsatz

Ebenso wie wir mit dem Gaußschen Integralsatz der Ebene eine Beziehung zwischen Bereichsintegralen und Kurvenintegralen über geschlossene ebene Kurven herstellen konnten, ist es auch möglich, eine Beziehung zwischen Oberflächenintegralen und Integralen über Raumkurven anzugeben. Eine solche Beziehung stellt der *Integralsatz von Stokes* her.

Satz 7.4 *Es sei Ω eine stückweise glatte Fläche mit der zweimal stetig partiell differenzierbaren Parameterdarstellung $\mathbf{r} = \mathbf{r}(u,v)$, $(u,v) \in M$. M sei ein Normalbereich bezüglich der u- und bezüglich der v-Achse. Ω werde durch die orientierte Kurve $\mathcal{K}$ berandet. Ω und $\mathcal{K}$ sind dabei so orientiert, daß $\mathcal{K}$ entgegen dem Uhrzeigersinn verläuft, wenn Ω von der Außenseite her betrachtet wird. In einer offenen Menge des Raumes, die Ω einschließlich $\mathcal{K}$ enthält, sei ein Vektorfeld $\mathbf{v} = \mathbf{v}(\mathbf{r})$ gegeben, dessen Komponenten stetig und stetig partiell differenzierbar sind. Dann gilt*

$$\oint_{\mathcal{K}} \mathbf{v} \cdot d\mathbf{r} = \iint_{\Omega} (\mathrm{rot}\ \mathbf{v}) \cdot d\mathbf{w} \left(= \iint_{\Omega} (\mathrm{rot}\ \mathbf{v}) \cdot \mathbf{n}\ d\omega\right). \qquad (7.35)$$

In Satz 7.4 verstehen wir dabei unter $\mathbf{r}$ wie immer den Ortsvektor $\mathbf{r} = x\,\mathbf{e}_1 + y\,\mathbf{e}_2 + z\,\mathbf{e}_3$ und unter der Rotation den in [HRS, Abschnitt 5.2], eingeführten Differentialoperator:

$$\mathrm{rot}\ \mathbf{v} = \nabla \times \mathbf{v} \quad \mathrm{mit} \quad \nabla = \frac{\partial}{\partial x}\mathbf{e}_1 + \frac{\partial}{\partial y}\mathbf{e}_2 + \frac{\partial}{\partial z}\mathbf{e}_3.$$

Den Beweis des Integralsatzes von Stokes wollen wir nur kurz skizzieren. Wir betrachten nur die erste Komponente $v_1 = v_1(\mathbf{r})$ von $\mathbf{v} = v_1(\mathbf{r})\mathbf{e}_1 + v_2(\mathbf{r})\mathbf{e}_2 + v_3(\mathbf{r})\mathbf{e}_3$. Die Parameterdarstellung $\mathbf{r} = \mathbf{r}(u,v) = x(u,v)\mathbf{e}_1 + y(u,v)\mathbf{e}_2 + z(u,v)\mathbf{e}_3$, $(u,v) \in M$, vermittelt eine Abbildung von M aus der u,v-Ebene auf $\Omega \subset \mathbb{R}^3$. Dabei geht die Randkurve $\mathcal{K}^*$ von M in die Randkurve $\mathcal{K}$ von Ω über. Ist $\mathbf{r}^* = u(t)\mathbf{e}_1 + v(t)\mathbf{e}_2$, $t \in [a,b]$, eine Parameterdarstellung von $\mathcal{K}^*$, so ist $\mathbf{r} = \mathbf{r}(u(t),v(t))$, $t \in [a,b]$, eine Parameterdarstellung von $\mathcal{K}$. Für den Anteil von v_1 der linken Seite von Formel (7.35) gilt dann

$$\oint_{\mathcal{K}} v_1(\mathbf{r})\ dx = \int_a^b v_1(\mathbf{r}(u(t),v(t)))\frac{dx(u(t),v(t))}{dt}\ dt. \qquad (7.36)$$

Unter Beachtung von $\dfrac{dx(u(t),v(t))}{dt} = \dfrac{\partial x}{\partial u}\cdot \dot{u}(t) + \dfrac{\partial x}{\partial v}\cdot \dot{v}(t)$ ist die rechte Seite von (7.36) der Ausdruck zur Berechnung des allgemeinen Kurvenintegrals 2. Art

$$\oint_{\mathcal{K}^*}\left(v_1(\mathbf{r}(u,v))\frac{\partial x(u,v)}{\partial u}\ du + v_1(\mathbf{r}(u,v))\frac{\partial x(u,v)}{\partial v}\ dv\right) \qquad (7.37)$$

in der u, v-Ebene. Auf (7.37) können wir wegen der Voraussetzungen über v_1, $\mathbf{r} = \mathbf{r}(u, v)$ und M den Gaußschen Integralsatz für die Ebene (Satz 7.1) anwenden und erhalten

$$\iint\limits_M \left(-\frac{\partial}{\partial v} \left[v_1(\mathbf{r}(u, v)) \frac{\partial x}{\partial u} \right] + \frac{\partial}{\partial u} \left[v_1(\mathbf{r}(u, v)) \frac{\partial x}{\partial v} \right] \right) \, du \, dv \,. \tag{7.38}$$

Berechnet man in (7.38) die partiellen Ableitungen der Ausdrücke in den eckigen Klammern und ordnet die Ergebnisse entsprechend, so stellt (7.38) das ebene Bereichsintegral zur Berechnung des allgemeinen Oberflächenintegrals 2. Art

$$\iint\limits_\Omega \left(\frac{\partial v_1}{\partial z} \, dx \, dz - \frac{\partial v_1}{\partial y} \, dx \, dy \right) = \iint\limits_\Omega \left(\frac{\partial v_1}{\partial z} \, \mathbf{e}_2 - \frac{\partial v_1}{\partial y} \, \mathbf{e}_3 \right) \cdot \mathbf{n} \, d\omega$$

dar. Es gilt also

$$\oint\limits_\mathcal{K} v_1 \, dx = \iint\limits_\Omega \left(\frac{\partial v_1}{\partial z} \, \mathbf{e}_2 - \frac{\partial v_1}{\partial y} \, \mathbf{e}_3 \right) \cdot \mathbf{n} \, d\omega \,. \tag{7.39}$$

Verfährt man mit v_2 und v_3 entsprechend, erhält man die Formeln

$$\oint\limits_\mathcal{K} v_2 \, dy = \iint\limits_\Omega \left(\frac{\partial v_2}{\partial x} \, \mathbf{e}_3 - \frac{\partial v_2}{\partial z} \, \mathbf{e}_1 \right) \cdot \mathbf{n} \, d\omega \,, \tag{7.40}$$

$$\oint\limits_\mathcal{K} v_3 \, dz = \iint\limits_\Omega \left(\frac{\partial v_3}{\partial y} \, \mathbf{e}_1 - \frac{\partial v_3}{\partial x} \, \mathbf{e}_2 \right) \cdot \mathbf{n} \, d\omega \,. \tag{7.41}$$

Fassen wir die Formeln (7.39) bis (7.41) zusammen, so erhalten wir

$$\oint\limits_\mathcal{K} \mathbf{v} \cdot d\mathbf{r} = \iint\limits_\Omega \left((\frac{\partial v_3}{\partial y} - \frac{\partial v_2}{\partial z}) \cdot \mathbf{e}_1 + (\frac{\partial v_1}{\partial z} - \frac{\partial v_3}{\partial x}) \cdot \mathbf{e}_2 + (\frac{\partial v_2}{\partial x} - \frac{\partial v_1}{\partial y}) \cdot \mathbf{e}_3 \right) \, d\omega \,.$$

Der Integrand des Oberflächenintegrals ist aber gleich $(\mathrm{rot}\ \mathbf{v}) \cdot \mathbf{n}$. Dies ergibt Formel (7.35).

Wir zeigen nun an einigen Beispielen Anwendungsmöglichkeiten für den Integralsatz von Stokes.

Beispiel 7.7   Wie bereits in Abschnitt 5 angekündigt, soll jetzt der Beweis des Satzes 5.9 nachholt werden. Satz 5.9 sagt aus: Ist in einem einfach zusammenhängenden räumlichen Gebiet G die Gleichung $\mathrm{rot}\ \mathbf{f} = \mathbf{o}$ erfüllt, so ist das Kurvenintegral $\int \mathbf{f} \cdot d\mathbf{r}$ in G vom Integrationsweg unabhängig. Nach Satz 5.7 ist $\int \mathbf{f} \cdot d\mathbf{r}$ genau dann vom Integrationsweg unabhängig, wenn für jede geschlossene, ganz in G verlaufende Kurve $\mathcal{K}$ die Gleichung $\oint\limits_\mathcal{K} \mathbf{f} \cdot d\mathbf{r} = 0$ gilt.

Um dies nachzuweisen, sei jetzt $\mathcal{K}$ eine ganz in G verlaufende geschlossene Kurve. Ω sei eine beliebige, ganz in G liegende und den Voraussetzungen des Integralsatzes von Stokes genügende Fläche, die $\mathcal{K}$ als Rand hat. (Man kann zeigen, daß es unter unseren Voraussetzungen für Kurven stets eine solche Fläche gibt.) Nach Formel (7.35) ist dann

$$\oint_{\mathcal{K}} \mathbf{f} \cdot d\mathbf{r} = \iint_{\Omega} (\mathrm{rot}\ \mathbf{f}) \cdot \mathbf{n}\ d\omega = \iint_{\Omega} \mathbf{o} \cdot \mathbf{n}\ d\omega = 0\,.$$

Damit ist Satz 5.9 bewiesen.

Beispiel 7.8 Es sei $\mathcal{K}$ die Schnittkurve zwischen der oberen Halbkugel ($z \geq 0$) mit dem Radius R um den Koordinatenursprung und dem Zylinder $(x - \dfrac{R}{2})^2 + y^2 = \frac{R^2}{4}$. Diese Schnittkurve werde entgegen dem Uhrzeigersinn durchlaufen, wenn wir von oben auf die Kugelfläche sehen. Es ist $\oint_{\mathcal{K}} \mathbf{v} \cdot d\mathbf{r}$ mit $\mathbf{v} = xy\,\mathbf{e}_1 + y^2\,\mathbf{e}_2 + yz\,\mathbf{e}_3$ zu berechnen.

Die Kurve $\mathcal{K}$ berandet den beim Florentiner Problem herausgeschnittenen Teil Ω_0 der Kugelfläche (vgl. Beispiel 6.6). Wir wenden zur Berechnung des Kurvenintegrals $L = \oint_{\mathcal{K}} \mathbf{v} \cdot d\mathbf{r}$ den Integralsatz von Stokes an. Hierzu benötigen wir die Rotation von $\mathbf{v}$ und die Parameterdarstellung einer geeigneten Fläche, die von $\mathcal{K}$ berandet wird. Es bietet sich hier der Teil Ω_0 der Kugeloberfläche an. Die Normale $\mathbf{n}$ der Kugeloberfläche hat die gleiche Richtung wie der Ortsvektor $\mathbf{r} = x\,\mathbf{e}_1 + y\,\mathbf{e}_2 + z\,\mathbf{e}_3$. Es gilt also $\mathbf{n} = \mathbf{r}/R$, da der Betrag für auf der Kugeloberfläche liegende $\mathbf{r}$ gleich R ist. Weiter ist $\mathrm{rot}\ \mathbf{v} = z\,\mathbf{e}_1 - x\,\mathbf{e}_3$. Damit wird

$$(\mathrm{rot}\ \mathbf{v}) \cdot \mathbf{n} = \frac{1}{R}(xz - xz) = 0$$

und

$$L = \oint_{\mathcal{K}} \mathbf{v} \cdot d\mathbf{r} = \iint_{\Omega_0} (\mathrm{rot}\ \mathbf{v}) \cdot \mathbf{n}\ d\omega = \iint_{\Omega_0} 0\ d\omega = 0\,.$$

Aufgabe 7.5 Es ist das gleiche Kurvenintegral wie in Beispiel 7.8 zu berechnen. Bei der Anwendung des Integralsatzes von Stokes ist jedoch nicht die Kugelfläche, sondern die Fläche Ω^* zu verwenden, die entsteht, wenn man auf $\mathcal{K}$ eine zur y-Achse parallele Gerade entlang gleiten läßt.

Ehe wir als nächstes Beispiel eine Anwendung des Integralsatzes von Stokes in der Elektrodynamik behandeln, wollen wir einen Hilfssatz bereitstellen.

> **Satz 7.5** *Ist* $\mathbf{v} = \mathbf{v}(\mathbf{r})$ *ein in einem räumlichen Gebiet G stetiges Vektorfeld, für das für jede beliebige, in G liegende Fläche Ω*
>
> $$\iint_{\Omega} \mathbf{v} \cdot d\mathbf{w} = \iint_{\Omega} \mathbf{v} \cdot \mathbf{n} \, d\omega = 0 \tag{7.42}$$
>
> *gilt, dann ist* $\mathbf{v}(\mathbf{r}) = \mathbf{o}$ *in G.*

Beweis: Wir führen den Beweis indirekt. Hierzu nehmen wir an, $\mathbf{v}$ sei in einem Punkt von G, zu dem der Vektor $\mathbf{r}_0$ führt, vom Nullvektor verschieden: $\mathbf{v}(\mathbf{r}_0)$ $= \mathbf{a} \neq \mathbf{o}$. Wegen der Stetigkeit von $\mathbf{v}$ gibt es zu $\epsilon = |\mathbf{a}|/2$ ein $\delta > 0$, so daß $|\mathbf{v}(\mathbf{r}) - \mathbf{v}(\mathbf{r}_0)| = |\mathbf{v}(\mathbf{r}) - \mathbf{a}| < \epsilon$ ist für alle $\mathbf{r}$ mit $|\mathbf{r} - \mathbf{r}_0| \leq \delta$. Für $\mathbf{r}$ mit $|\mathbf{r} - \mathbf{r}_0| \leq \delta$ ist dann

$$0 \leq |\mathbf{v}(\mathbf{r}) - \mathbf{a}|^2 = [\mathbf{v}(\mathbf{r}) - \mathbf{a}] \cdot [\mathbf{v}(\mathbf{r}) - \mathbf{a}] = |\mathbf{v}(\mathbf{r})|^2 + |\mathbf{a}|^2 - 2\mathbf{v}(\mathbf{r}) \cdot \mathbf{a} < \epsilon^2 = \frac{|\mathbf{a}|^2}{4},$$

also

$$0 < \frac{3}{8}|\mathbf{a}|^2 < \mathbf{v}(\mathbf{r}) \cdot \mathbf{a} \quad \text{für} \quad |\mathbf{r} - \mathbf{r}_0| \leq \delta. \tag{7.43}$$

Ω_0 sei nun eine Kreisfläche mit dem Radius δ um $\mathbf{r}_0$, die senkrecht auf $\mathbf{a}$ steht. Die Normale von Ω_0 ist $\mathbf{n} = \dfrac{\mathbf{a}}{|\mathbf{a}|}$. Nach dem Mittelwertsatz für Oberflächenintegrale ist

$$\iint_{\Omega} \mathbf{v} \cdot \mathbf{n} \, d\omega = \delta^2 \, \pi \, \mathbf{v}(\mathbf{r}_1) \cdot \frac{\mathbf{a}}{|\mathbf{a}|},$$

wobei $\mathbf{r}_1$ zu einem geeigneten Punkt von Ω_0 gehört, d.h., es ist $|\mathbf{r}_1 - \mathbf{r}_0| \leq \delta$. Wegen der Voraussetzung (Formel (7.42)) ist dann

$$0 = \iint_{\Omega} \mathbf{v} \cdot \mathbf{n} \, d\omega = \delta^2 \, \pi \, \mathbf{v}(\mathbf{r}_1) \cdot \frac{\mathbf{a}}{|\mathbf{a}|},$$

also $\mathbf{v}(\mathbf{r}_1) \cdot \mathbf{a} = 0$ im Widerspruch zu Formel (7.43). Unsere Annahme kann also nicht richtig sein, womit Satz 7.5 bewiesen ist.

Beispiel 7.9 Die Maxwellschen Gleichungen (für ruhendes Medium) in Integralform lauten:

$$\iint_{\Omega} \frac{\partial \mathbf{B}}{\partial t} \cdot d\mathbf{w} = -\oint_{\mathcal{K}} \mathbf{E} \cdot d\mathbf{r} \quad \text{(Induktionsgesetz)}, \tag{7.44}$$

$$\iint\limits_{\Omega} \mathbf{C} \cdot d\mathbf{w} \;=\; \oint\limits_{\mathcal{K}} \mathbf{H} \cdot d\mathbf{r} \quad \text{(Verkettungsgesetz)}. \qquad (7.45)$$

Hierbei kann Ω jede beliebige Fläche im Raum sein. $\mathcal{K}$ ist die jeweilige Berandungskurve von Ω. $\mathbf{B}$ ist die magnetische Induktion, $\mathbf{C} = \dfrac{\partial \mathbf{D}}{\partial t} + \mathbf{I}$ der Gesamtstrom, $\mathbf{D}$ die dielektrische Verschiebung, $\mathbf{E}$ die elektrische Feldstärke, $\mathbf{H}$ die magnetische Erregung und $\mathbf{I}$ der spezifische elektrische Strom (s. z.B. [SFD] oder [ELS]).

Die Maxwellschen Gleichungen sollen nun in eine Form ohne Integrale gebracht werden. Hierzu wenden wir auf die Kurvenintegrale 2. Art in Formel (7.44) und (7.45) den Integralsatz von Stokes an:

$$\oint\limits_{\mathcal{K}} \mathbf{E} \cdot d\mathbf{r} \;=\; \iint\limits_{\Omega} (\operatorname{rot} \mathbf{E}) \cdot d\mathbf{w} \,,$$

$$\oint\limits_{\mathcal{K}} \mathbf{H} \cdot d\mathbf{r} \;=\; \iint\limits_{\Omega} (\operatorname{rot} \mathbf{H}) \cdot d\mathbf{w} \,.$$

Damit können wir (7.44) und (7.45) umformen zu

$$\iint\limits_{\Omega} \left(\frac{\partial \mathbf{B}}{\partial t} + \operatorname{rot} \mathbf{E} \right) \cdot d\mathbf{w} \;=\; 0 \,,$$

$$\iint\limits_{\Omega} \left(\frac{\partial \mathbf{D}}{\partial t} + \mathbf{I} - \operatorname{rot} \mathbf{H} \right) \cdot d\mathbf{w} \;=\; 0 \,.$$

Da Ω jede beliebige Fläche sein darf, können wir Satz 7.5 anwenden. Es folgt

$$\operatorname{rot} \mathbf{E} \;=\; -\frac{\partial \mathbf{B}}{\partial t} \,,$$

$$\operatorname{rot} \mathbf{H} \;=\; \frac{\partial \mathbf{D}}{\partial t} + \mathbf{I} \,.$$

Dies sind die gesuchten Gleichungen (Maxwellsche Gleichungen in Differentialform).

In den vorangegangenen Beispielen haben wir Kurvenintegrale über den Stokesschen Integralsatz durch Oberflächenintegrale ausgewertet. Oft lassen sich jedoch auch Oberflächenintegrale besser durch die über den Integralsatz von Stokes zugeordneten Kurvenintegrale berechnen. Es muß dann die Randkurve der Oberfläche oder das Vektorfeld besonders günstig sein. Wir wollen auch hierzu ein Beispiel angeben.

Wir bemerken weiter: Im Stokesschen Integralsatz 7.4 sind die betrachteten Oberflächen ziemlich starken Einschränkungen unterworfen. Satz 7.4 gilt jedoch auch noch dann, wenn Ω aus endlich vielen, den Bedingungen des Satzes genügenden Flächen zusammengesetzt ist. Auch dieser Sachverhalt soll im nächsten Beispiel berücksichtigt werden.

Beispiel 7.10 Es sei B der Würfel mit den Eckpunkten $(0,0,0)$, $(1,0,0)$, $(1,0,1)$, $(0,0,1)$, $(0,1,0)$, $(1,1,0)$, $(1,1,1)$ und $(0,1,1)$. Ω sei die Oberfläche von B mit nach außen gerichteter Normale, Ω_0 sei die Restfläche von Ω, wenn aus Ω das Quadrat Ω_1 mit den Eckpunkten $(0,0,0)$, $(1,0,0)$, $(1,1,0)$ und $(0,1,0)$ entfernt wird. $I = \iint\limits_{\Omega_0}(\text{rot } \mathbf{v}) \cdot d\mathbf{w}$ mit $\mathbf{v} = e^{y+z}\,\mathbf{e}_1 + \sin xz\,\mathbf{e}_2 + e^{-xy}\,\mathbf{e}_3$ ist zu berechnen.

Ω_0 besteht aus fünf Quadraten, über die getrennt integriert werden muß. Weiter ist $\text{rot } \mathbf{v} = -(xe^{-xy}+x\cos xz)\,\mathbf{e}_1 + (ye^{-xy}+e^{y+z})\,\mathbf{e}_2+(z\cos xz-e^{y+z})\,\mathbf{e}_3$ sicher nicht einfacher als $\mathbf{v}$ aufgebaut. Da der Rand $\mathcal{K}$ von Ω_0 der Streckenzug $(0,0,0)$—$(1,0,0)$—$(1,1,0)$—$(0,1,0)$ ist, also ganz in der x,y-Ebene liegt, ist es sicher einfacher, I nach dem Stokesschen Integralsatz umzuformen und das Kurvenintegral über $\mathcal{K}$ zu berechnen. Diesen Weg wollen wir beschreiten:

$$I = \iint\limits_{\Omega_0}(\text{rot } \mathbf{v}) \cdot d\mathbf{w} = \oint\limits_{\mathcal{K}} \mathbf{v} \cdot d\mathbf{r} = \int\limits_0^1 e^0\,dt - \int\limits_0^1 e^1\,dt = 1 - e.$$

(In den beiden Integralen von $(1,1,0)$ nach $(0,1,0)$ und von $(0,1,0)$ nach $(0,0,0)$ ist der Integrand $\sin xz$ gleich null wegen $z = 0$. Für das Integral von $(0,0,0)$ nach $(1,0,0)$ ist $\mathbf{r} = t\,\mathbf{e}_1$, $t \in [0,1]$, eine Parameterdarstellung. Das Integral von $(1,1,0)$ nach $(0,1,0)$ kann mit Hilfe der Parameterdarstellung $\mathbf{r} = (1-t)\,\mathbf{e}_1+\mathbf{e}_2$, $t \in [0,1]$ berechnet werden.)

Aufgabe 7.6 Berechne mit Hilfe des Integralsatzes von Stokes $I = \iint\limits_{\Omega}(\text{rot } \mathbf{v}) \cdot d\mathbf{w}$, wobei $\mathbf{v} = (z-4)\,\mathbf{e}_1 + y^2\,\mathbf{e}_2$ und Ω der Teil des Rotationsparaboloids $z = x^2 + y^2$ ist, der im ersten Oktanten ($x \geq 0$, $y \geq 0$, $z \geq 0$) zwischen den Ebenen $z = 0$ und $z = 4$ liegt. Die Normale $\mathbf{n}$ von Ω weise in das Äußere des die positive z-Achse enthaltenden Rotationskörpers. Skizzieren Sie zunächst in einem Schrägbild das Flächenstück!

Aus dem Integralsatz von Stokes folgt übrigens unmittelbar ein Sachverhalt, der sich oft günstig zur Auswertung von Oberflächenintegralen folgender Gestalt $\iint\limits_{\Omega}(\text{rot } \mathbf{v}) \cdot d\mathbf{w}$ verwenden läßt. Es läßt sich nämlich bei diesen Integralen eine komplizierte Oberfläche durch eine einfachere ersetzen, die allerdings die gleiche Randkurve haben muß.

Satz 7.6 *Es sei G ein einfach zusammenhängendes räumliches Gebiet. In G sei das Vektorfeld* **v** *stetig und stetig partiell differenzierbar. Ω_1 und Ω_2 seien ganz in G liegende Flächen, die den Voraussetzungen von Satz 7.4 genügen und gemeinsam von der geschlossenen Raumkurve $\mathcal{K}$ berandet werden. Ω_1, Ω_2 und $\mathcal{K}$ seien wie in Satz 7.4 orientiert. Dann gilt*

$$\iint\limits_{\Omega_1} (\operatorname{rot} \mathbf{v}) \cdot d\mathbf{w} = \iint\limits_{\Omega_2} (\operatorname{rot} \mathbf{v}) \cdot d\mathbf{w} \, .$$

Ist insbesondere Ω eine in G liegende geschlossene Fläche, so ist

$$\iint\limits_{\Omega} (\operatorname{rot} \mathbf{v}) \cdot d\mathbf{w} = 0 \, .$$

Zum Beweis wenden wir auf beide Oberflächenintegrale den Integralsatz von Stokes an und erhalten

$$\iint\limits_{\Omega_1} (\operatorname{rot} \mathbf{v}) \cdot d\mathbf{w} = \oint\limits_{\mathcal{K}} \mathbf{v} \cdot d\mathbf{r} \, ,$$

$$\iint\limits_{\Omega_2} (\operatorname{rot} \mathbf{v}) \cdot d\mathbf{w} = \oint\limits_{\mathcal{K}} \mathbf{v} \cdot d\mathbf{r} \, .$$

Wegen der Gleichheit der rechten Seiten ist der erste Teil des Satzes bereits bewiesen. Zerlegen wir die geschlossene Fläche Ω durch eine in Ω verlaufende geschlossene Kurve $\mathcal{K}$ in zwei Teile Ω_1 und Ω_2, so gilt nach dem bisher bewiesenen

$$\iint\limits_{\Omega_1} (\operatorname{rot} \mathbf{v}) \cdot d\mathbf{w} = - \iint\limits_{\Omega_2} (\operatorname{rot} \mathbf{v}) \cdot d\mathbf{w} \, ,$$

da $\mathcal{K}$ als Rand von Ω_2 die entgegengesetzte Orientierung hat wie als Rand von Ω_1. Zusammenfassung der Integrale über Ω_1 und Ω_2 ergibt die Behauptung

$$\iint\limits_{\Omega} (\operatorname{rot} \mathbf{v}) \cdot d\mathbf{w} = 0 \, .$$

Beispiel 7.11 Satz 7.6 liefert uns ein weiteres Mittel, das Oberflächenintegral I aus Beispiel 7.10 in einfacherer Weise zu berechnen. **v** ist im ganzen Raum stetig und stetig partiell differenzierbar. Weiter ist das Quadrat Ω_1 mit der

Normalen $\mathbf{n} = \mathbf{e}_3$ eine Fläche, die die gleiche Randkurve $\mathcal{K}$ wie Ω_0 hat. Nach Satz 7.6 gilt folglich

$$I \;=\; \iint\limits_{\Omega_0} (\operatorname{rot} \mathbf{v}) \cdot \mathrm{d}\mathbf{w} = \iint\limits_{\Omega_1} (\operatorname{rot} \mathbf{v}) \cdot \mathrm{d}\mathbf{w} = \int\limits_0^1 \int\limits_0^1 (\operatorname{rot} \mathbf{v}) \cdot \mathbf{e}_3 \, \mathrm{d}x \, \mathrm{d}y$$

$$=\; -\int\limits_0^1 \int\limits_0^1 \mathrm{e}^y \, \mathrm{d}y \, \mathrm{d}x = 1 - \mathrm{e}\,,$$

da $(\operatorname{rot} \mathbf{v}) \cdot \mathbf{e}_3 = \mathrm{e}^{-y}$ für $z = 0$ (s. Beispiel 7.10).

7.6 Koordinatenfreie Darstellung der Rotation

Ähnlich wie die Divergenz läßt sich auch die Rotation eines Vektorfeldes mit Hilfe von Integralen in einer Form darstellen, die vom benutzten Koordinatensystem unabhängig ist. Wir haben bisher die Rotation des Vektorfeldes $\mathbf{v} = P\,\mathbf{e}_1 + Q\,\mathbf{e}_2 + R\,\mathbf{e}_3$ in der Form

$$\operatorname{rot} \mathbf{v} = (R_y - Q_z)\,\mathbf{e}_1 + (P_z - R_x)\,\mathbf{e}_2 + (Q_x - P_y)\,\mathbf{e}_3$$

benutzt und wollen sie jetzt mit Hilfe von Integralen definieren.

Es sei $\mathbf{v}$ ein stetiges und stetig partiell differenzierbares Vektorfeld. Ist Ω eine orientierte Fläche mit der orientierten Randkurve $\mathcal{K}$ ($\mathcal{K}$ wird entgegen den Uhrzeigersinn durchlaufen, wenn man auf die Außenseite von Ω blickt), so bezeichnet man $\oint_{\mathcal{K}} \mathbf{v}\cdot\mathrm{d}\mathbf{r}$ als *Zirkulation des Vektorfeldes* $\mathbf{v}$ *längs der (geschlossenen) Kurve* $\mathcal{K}$. Betrachten wir nun für einen festen Punkt $\mathbf{r}_0$ und eine feste Richtung $\mathbf{n}_0$ eine Folge ebener Flächen Ω_n mit den Randkurven $\mathcal{K}_n$, die senkrecht auf $\mathbf{n}_0$ stehen, $\mathbf{r}_0$ als inneren Flächenpunkt enthalten und für die die Durchmesser gegen null streben, wenn n gegen unendlich strebt, so können wir mit der Zirkulation von $\mathbf{v}$ längs $\mathcal{K}_n$ folgende (von $\mathbf{r}_0$ und $\mathbf{n}_0$ abhängige) skalare Größe

$$a = \lim_{n\to\infty} \frac{\oint\limits_{\mathcal{K}_n} \mathbf{v} \cdot \mathrm{d}\mathbf{r}}{A_n} \tag{7.46}$$

erklären, wobei $A_n = \iint\limits_{\Omega_n} \mathrm{d}\omega$ der Flächeninhalt von Ω_n ist. Wenden wir auf die Zirkulation in Formel (7.46) den Integralsatz von Stokes an, so erhalten wir

$$\oint\limits_{\mathcal{K}_n} \mathbf{v} \cdot \mathrm{d}\mathbf{r} = \iint\limits_{\Omega_n} (\operatorname{rot} \mathbf{v}) \cdot \mathbf{n}_0 \, \mathrm{d}\omega\,.$$

Der Mittelwertsatz für Oberflächenintegrale liefert weiter

$$\iint\limits_{\Omega_n} (\text{rot } \mathbf{v}) \cdot \mathbf{n}_0 \, d\omega = A_n \, (\text{rot } \mathbf{v}|_{\mathbf{r}=\mathbf{r}_n}) \cdot \mathbf{n}_0 \,,$$

wobei $\mathbf{r}_n$ ein geeigneter Punkt von Ω_n ist. Da die Durchmesser der Ω_n gegen null streben, gilt $\lim\limits_{n\to\infty} \mathbf{r}_n = \mathbf{r}_0$. Wegen der Stetigkeit der partiellen Ableitungen von $\mathbf{v}$ ist auch rot $\mathbf{v}$ stetig, und es gilt $\lim\limits_{n\to\infty} \text{rot } \mathbf{v}|_{\mathbf{r}=\mathbf{r}_n} = \text{rot } \mathbf{v}|_{\mathbf{r}=\mathbf{r}_0}$. Damit liefert Formel (7.46)

$$a = \lim_{n\to\infty} \frac{A_n \, (\text{rot } \mathbf{v}|_{\mathbf{r}=\mathbf{r}_n}) \cdot \mathbf{n}_0}{A_n} = (\text{rot } \mathbf{v}|_{\mathbf{r}=\mathbf{r}_0}) \cdot \mathbf{n}_0 \,.$$

a ist also die Komponente von rot $\mathbf{v}$ in Richtung von $\mathbf{n}_0$ im Punkte $\mathbf{r}_0$. Wir fassen das Ergebnis zusammen in

---

Satz 7.7 *Es sei $\mathbf{v}$ ein stetiges und stetig partiell differenzierbares Vektorfeld, $\mathbf{r}_0$ ein fester Punkt, $\mathbf{n}_0$ eine feste Richtung und Ω_n eine Folge ebener, auf $\mathbf{n}_0$ senkrecht stehender Flächen mit dem Flächeninhalt A_n und dem Rand $\mathcal{K}_n$, die $\mathbf{r}_0$ als inneren Flächenpunkt enthalten und deren Durchmesser gegen null streben, so gilt*

$$(\text{rot } \mathbf{v}|_{\mathbf{r}=\mathbf{r}_0}) \cdot \mathbf{n}_0 = \lim_{n\to\infty} \frac{\oint\limits_{\mathcal{K}_n} \mathbf{v} \cdot d\mathbf{r}}{A_n} \,.$$

Satz 7.7 zeigt, daß rot $\mathbf{v}$ nicht von der Wahl der Koordinatenachsen abhängig ist.

Übrigens kann man die rechte Seite der Formel aus Satz 7.7 auch dann berechnen, wenn $\mathbf{v}$ schwächeren als den im Satz angegebenen Voraussetzungen genügt. Z.B. muß $\mathbf{v}$ nicht unbedingt partiell differenzierbar sein. Man muß dann allerdings fordern, daß die rechte Seite für jede Folge von Flächen der angegebenen Art gegen den gleichen Grenzwert strebt. Mit dieser Formel als Grundlage für die Definition von rot $\mathbf{v}$ erhält man deshalb sogar einen allgemeineren Begriff als mit der Definition über die Differentialoperatoren.

Beispiel 7.12 Es sei $\mathbf{v} = \mathbf{v}(r)$ mit $r = |\mathbf{r}|$. $\mathbf{v}$ ist also auf jeder Kugel um den Koordinatenursprung eine konstante Vektorgröße. Es ist die Komponente von rot $\mathbf{v}$ im Punkt $\mathbf{r}_0$ in Richtung von $\dfrac{\mathbf{r}_0}{|\mathbf{r}_0|} = \mathbf{n}_0$ zu berechnen.

Wir benutzen Satz 7.7 und nehmen für Ω_n Kreisflächen mit dem Radius $1/n$ um $\mathbf{r}_0$ senkrecht zu $\mathbf{n}_0$. Auf dem Rand $\mathcal{K}_n$ dieser Kreisflächen ist $|\mathbf{r}|^2 = |\mathbf{r}_0|^2 + \dfrac{1}{n^2}$

konstant, also ist auch $\mathbf{v}(|\mathbf{r}|) = \mathbf{a}_n$ konstant auf $\mathcal{K}_n$. Es ist also $\oint\limits_{\mathcal{K}_n} \mathbf{a}_n \cdot d\mathbf{r}$ zu berechnen. Wir können dieses Kurvenintegral 2. Art auch als $\oint\limits_{\mathcal{K}_n} \mathbf{f}(\mathbf{r}) \cdot d\mathbf{r}$ auffassen mit $\mathbf{f}(\mathbf{r}) = \mathbf{a}_n = \text{const}$ im ganzen Raum. Wegen rot $\mathbf{f} = \mathbf{o}$ wird dann nach Satz 5.9 das Kurvenintegral $\int \mathbf{f} \cdot d\mathbf{r}$ vom Weg unabhängig, nach Satz 5.7 also $\oint\limits_{\mathcal{K}_n} \mathbf{f}(\mathbf{r}) \cdot d\mathbf{r} = \oint\limits_{\mathcal{K}_n} \mathbf{a}_n \cdot d\mathbf{r} = 0$. Satz 7.7 liefert schließlich

$$(\text{rot } \mathbf{v}) \cdot \mathbf{n}_0 = \lim_{n\to\infty} \frac{0}{\pi \frac{1}{n^2}} = 0\,.$$

Aufgabe 7.7 Es sei $\mathbf{v} = \mathbf{v}(\mathbf{r})$ ein Vektorfeld, Ω die Ebene mit der Gleichung $3x+2y-z = 5$. Für $(x,y,z) \in \Omega$ stehe $\mathbf{v}(x,y,z)$ senkrecht auf Ω. Es ist die Komponente von rot $\mathbf{v}$ in Richtung $\mathbf{n}_0 = \dfrac{1}{\sqrt{14}}(3\,\mathbf{e}_1 + 2\,\mathbf{e}_2 - \mathbf{e}_3)$ im Punkt $(1,2,2)$ zu berechnen.

Tabellarische Übersicht der Integrale

Name	Integrand	Integrationsbereich
bestimmtes Integral (gewöhnliches Integral)	$f(x)$ (f: Abbildung aus $\mathbb{R}^1$ in $\mathbb{R}^1$)	Intervall $[a, b]$, $[a, b] \subset \mathbb{R}^1$
ebenes Bereichsintegral (Flächenintegral, Gebietsintegral, zweidimensionales Integral)	$f(x, y) = f(P)$ f: Abbildung aus $\mathbb{R}^2$ in $\mathbb{R}^1$	ebener Bereich B, $B \subset \mathbb{R}^2$
räumliches Bereichsintegral (Raumintegral, Volumenintegral, dreidimensionales Integral)	$f(x, y, z) = f(P)$ f: Abbildung aus $\mathbb{R}^3$ in $\mathbb{R}^1$	räumlicher Bereich B, $B \subset \mathbb{R}^3$
Kurvenintegral (allgemeines Kurvenintegral 2. Art, Linienintegral eines Vektorfeldes)	$\mathbf{v}(x, y, z)$ $= \mathbf{v}(P) = \mathbf{v}(\mathbf{r})$ ($\mathbf{v}$: Abbildung aus $\mathbb{R}^3$ in $\mathbb{R}^3$, Vektorfeld, $\mathbf{v} = v_1\,\mathbf{e}_1 + v_2\,\mathbf{e}_2 + v_3\,\mathbf{e}_3$)	orientierte Kurve $\mathcal{K}$ im Raum (mit dem Anfangspunkt A und dem Endpunkt B)
Oberflächenintegral (allgemeines Oberflächenintegral 2. Art, Oberflächenintegral eines Vektorfeldes)	$\mathbf{v}(x, y, z)$ $= \mathbf{v}(P) = \mathbf{v}(\mathbf{r})$ ($\mathbf{v}$: Abbildung aus $\mathbb{R}^3$ in $\mathbb{R}^3$, Vektorfeld, $\mathbf{v} = v_1\,\mathbf{e}_1 + v_2\,\mathbf{e}_2 + v_3\,\mathbf{e}_3$)	orientierte Fläche Ω im Raum (mit dem Normalenvektor $\mathbf{n}$)

Symbol	Definition	Berechnung
$I = \int\limits_a^b f(x)\,\mathrm{d}x$	$I = \lim\limits_{\Delta x_i \to 0} \sum\limits_i f(\xi_i) \cdot \Delta x_i$	$I = F(b) - F(a)$ $F(x)$: Stammfunktion von $f(x)$
$I = \iint\limits_B f(P)\,\mathrm{d}b,$ $(\iint\limits_B f(x,y)\,\mathrm{d}x\,\mathrm{d}y,$ $\int\limits_B f(x,y)\,\mathrm{d}A\,)$	$I = \lim\limits_{\emptyset B_i \to 0} \sum\limits_i f(P_i) \cdot \Delta B_i$ $(B_1, B_2, \dots:$ Zerlegung von B; $P_i \in B_i$; $\Delta B_i =$ Flächeninhalt von B_i)	$I = \int\limits_{x_1}^{x_2} \int\limits_{y_1(x)}^{y_2(x)} f(x,y)\,\mathrm{d}y\,\mathrm{d}x$ $B : \begin{cases} x_1 \leq x \leq x_2 \\ y_1(x) \leq y \leq y_2(x) \end{cases}$
$I = \iiint\limits_B f(P)\,\mathrm{d}b$ $(\iiint\limits_B f(x,y,z)\,\mathrm{d}x\,\mathrm{d}y\,\mathrm{d}z,$ $\int\limits_B f(x,y,z)\,\mathrm{d}V)$	$I = \lim\limits_{\emptyset B_i \to 0} \sum\limits_i f(P_i) \cdot \Delta B_i$ $(B_1, B_2, \dots:$ Zerlegung von B; $P_i \in B_i$; $\Delta B_i =$ Volumen von B_i)	$I = \int\limits_{x_1}^{x_2} \int\limits_{y_1(x)}^{y_2(x)} \int\limits_{z_1(x,y)}^{z_2(x,y)} f(x,y,z)\,\mathrm{d}z\,\mathrm{d}y\,\mathrm{d}x$ $B : \begin{cases} x_1 \leq x \leq x_2 \\ y_1(x) \leq y \leq y_2(x) \\ z_1(x,y) \leq z \leq z_2(x,y) \end{cases}$
$\int\limits_{\mathcal{K}} \mathbf{v}(\mathbf{r})\,\mathrm{d}\mathbf{r}$ $\int\limits_A^B \mathbf{v}(\mathbf{r})\,\mathrm{d}\mathbf{r},$ $\int\limits_{\mathcal{K}} v_1\,\mathrm{d}x + v_2\,\mathrm{d}y + v_3\,\mathrm{d}z$	$I = \lim\limits_{\Delta r_i \to 0} \sum\limits_i \mathbf{v}(P_i) \cdot \Delta \mathbf{r}_i$ $(\mathcal{K}_1, \mathcal{K}_2, \dots:$ Zerlegung von $\mathcal{K}$; $P_i \in \mathcal{K}_i$; $\Delta \mathbf{r}_i = \mathbf{r}_i - \mathbf{r}_{i-1})$	$I = \int\limits_\alpha^\beta \mathbf{v}(\mathbf{r}(t)) \cdot \dot{\mathbf{r}}(t)\,\mathrm{d}t$ $\mathbf{r} = \mathbf{r}(t)$, $t \in [\alpha, \beta]$ Parameterdarstellung von $\mathcal{K}$
$I = \iint\limits_\Omega \mathbf{v}(\mathbf{r})\,\mathrm{d}\mathbf{w}$ $(\iint\limits_\Omega \mathbf{v} \cdot \mathbf{n}\,\mathrm{d}\omega, \int\limits_A \mathbf{v}\,\mathrm{d}\mathbf{A},$ $\iint\limits_\Omega v_1\,\mathrm{d}y\,\mathrm{d}z + v_2\,\mathrm{d}x\,\mathrm{d}z$ $+ v_3\,\mathrm{d}x\,\mathrm{d}y\,)$	$I = \lim\limits_{\emptyset \Omega_i \to 0} \sum\limits_i \mathbf{v}(P_i) \cdot$ $\mathbf{n}(P_i)\,\Delta \omega_i$ $(\Omega_1, \Omega_2, \dots:$ Zerlegung von Ω; $P_i \in \Omega_i$; $\Delta \omega_i =$ Flächeninhalt von Ω_i)	$I = \iint\limits_B \mathbf{v}(\mathbf{r}(u,v)) \cdot (\mathbf{r}_u \times \mathbf{r}_v)\,\mathrm{d}b$ $\mathbf{r} = \mathbf{r}(u,v)$, $(u,v) \in B$ Parameterdarstellung von Ω

Lösungen und Lösungshinweise

1.1 $\int\limits_{-x}^{2x} x\,(y+1)\,\mathrm{d}y = [x\,(\tfrac{1}{2}y^2 + y)]_{y=-x}^{y=2x} = x\,(2x^2 + 2x) - x\,(\tfrac{1}{2}x^2 - x) = 3x^2\,(\tfrac{1}{2}x + 1)$. (Für $x \geq 0$ verläuft $y_1(x) = -x$ unterhalb von $y_2(x) = 2x$.)

1.2 a) Durch die Substitution $u = xy$ mit $x\,\mathrm{d}y = \mathrm{d}u$ erhält man $F(x) = \int\limits_{0}^{x^2}(\sin u)\tfrac{1}{x}\,\mathrm{d}u$

$= [-\tfrac{1}{x}\cos u]_{u=0}^{u=x^2} = \tfrac{1}{x}(1 - \cos x^2)$. Hieraus folgt: $F'(x) = 2\sin x^2 - \tfrac{1}{x^2} + \tfrac{1}{x^2}\cos x^2$.

b) $f(x,y) = \sin xy$, $f_x(x,y) = y\cos xy$. Aus Formel (1.3) folgt $F'(x) = \int\limits_{0}^{x} y\,\cos xy\,\mathrm{d}y + \sin x^2$.

Das Integral kann durch die Substitution $u = xy$, ($x\,\mathrm{d}y = \mathrm{d}u$), und anschließende partielle Integration gelöst werden:

$\int\limits_{0}^{x} y\,\cos xy\,\mathrm{d}y = \tfrac{1}{x^2}\int\limits_{0}^{x^2} u\,\cos u\,\mathrm{d}u = \tfrac{1}{x^2}[u\,\sin u + \cos u]_{0}^{x^2} = \tfrac{1}{x^2}(x^2\sin x^2 + \cos x^2 - 1)$.

Man erhält also für $F'(x)$ das gleiche Ergebnis wie in Aufgabe a).

1.3 B^* ist eine Ordinatenmenge $O(B,f)$ mit $B = \{(x,y)\,|\,0 \leq x \leq 3,\, 0 \leq y \leq 3 - x\}$ und $z = f(x,y) = 6 - x - 2y$. (Vgl. die Ausführungen in Beispiel 1.8). Bild 1.15 zeigt uns eine Skizze von B^*. Die Formel 1.5 für das Volumen ergibt $V = \int\limits_{0}^{3}\int\limits_{0}^{3-x}(6 - x - 2y)\,\mathrm{d}y\,\mathrm{d}x$

$= \int\limits_{x=0}^{3}[\int\limits_{y=0}^{3-x}(6 - x - 2y)\,\mathrm{d}y]\,\mathrm{d}x$. Wir berechnen zunächst das innere Integral:

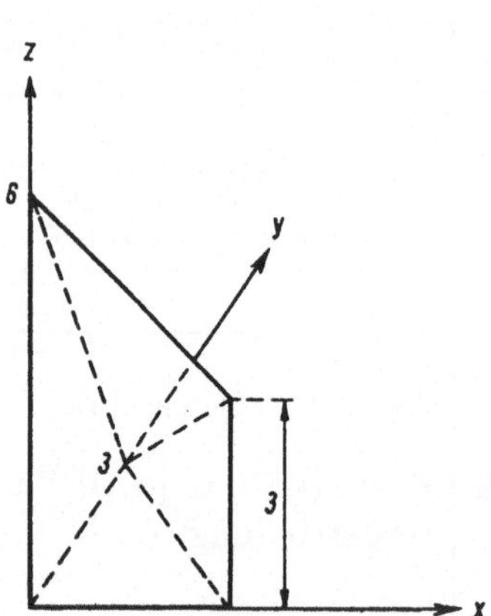

Bild L 1.3

$\int\limits_{0}^{3-x}(6 - x - 2y)\,\mathrm{d}y = [6y - xy - y^2]_{y=0}^{y=3-x} = 6\,(3 - x) - x\,(3 - x) - (3 - x)^2 = 9 - 3x$.

Hieraus folgt $V = \int\limits_{0}^{3}(9 - 3x)\,\mathrm{d}x = \dfrac{27}{2}$.

1.4 B^* ist eine Ordinatenmenge $O(B,f)$ mit
$B = \{(x,y)\,|\,1 \leq x \leq 5,\, 4 - \sqrt{4 - (x-3)^2} \leq y \leq 4 + \sqrt{4 - (x-3)^2}\}$ und $f(x,y) = xy$ (vgl.

die Ausführungen in Beispiel 1.8). Bild 1.16 zeigt den Grundriß B von B^*. B wird von dem Kreis $(x-3)^2 + (y-4)^2 = 4$ begrenzt; $y = y_1(x) = 4 - \sqrt{4-(x-3)^2}$ liefert die untere Kreishälfte, $y = y_2(x) = 4 + \sqrt{4-(x-3)^2}$ die obere Kreishälfte. Aus Formel (1.5) ergibt sich dann

$$V = \int_1^5 \int_{4-\sqrt{4-(x-3)^2}}^{4+\sqrt{4-(x-3)^2}} xy \, dy \, dx = \int_1^5 8x \sqrt{4-(x-3)^2} \, dx = \int_{-2}^2 8(t+3)\sqrt{4-t^2}\, dt$$

$$= 8 \int_{-2}^2 t\sqrt{4-t^2}\, dt + 24 \int_{-2}^2 \sqrt{4-t^2}\, dt = 0 + 48\pi.$$

(Hinweis: Das erste Integral braucht man nicht zu berechnen. Da $f(t) = t\sqrt{4-t^2}$ eine ungerade Funktion ist, muß $\int_{-2}^2 f(t)\, dt$ gleich null sein!)

1.5 Nach der l'Hospitalschen Regel gilt:
$$\lim_{x\to 0} \frac{\sin(x\, f(x))}{x} = \frac{0\,"}{"\,0} = \lim_{x\to 0} \frac{[f(x) + x\, f'(x)]\cos(x\, f(x))}{1} = \frac{(y_0+0)\cdot 1}{1} = y_0.$$ Die Zusatzfrage muß mit „nein" beantwortet werden (s. Definition des Grenzwertes bei Funktionen mit mehreren Variablen in [HRS].)

1.6 $x = 0,1$. Aus $\Gamma(x+1) = x\cdot\Gamma(x)$ (für jedes $x>0$) und der Tabelle ergibt sich $0,1\cdot\Gamma(0,1) = \Gamma(1,1) = 0,951$. Hieraus folgt: $\Gamma(0,1) = 9,51$. Analog berechnet man $\Gamma(x)$ für $x = 0,2;\ldots;0,9.\, x = 2,1 \Longrightarrow \Gamma(2,1) = \Gamma(1,1+1) = 1,1\cdot\Gamma(1,1) = 1,1\cdot 0,951 = 1,046$. Ebenso berechnet man $\Gamma(x)$ für $x = 2,2;\ldots;3,0$. (Kurvenverlauf s. Bild 1.17)

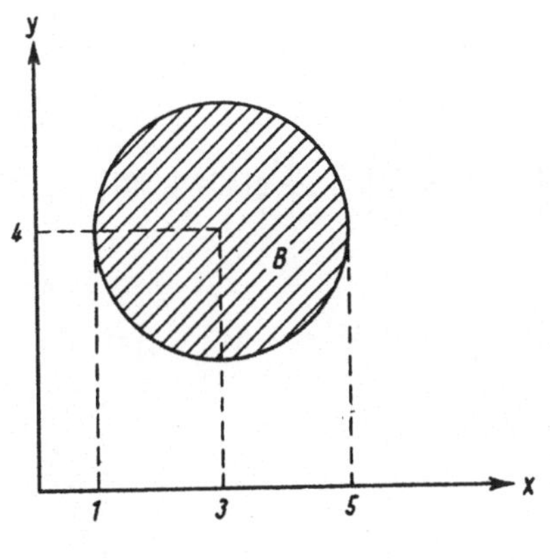

Bild L 1.4

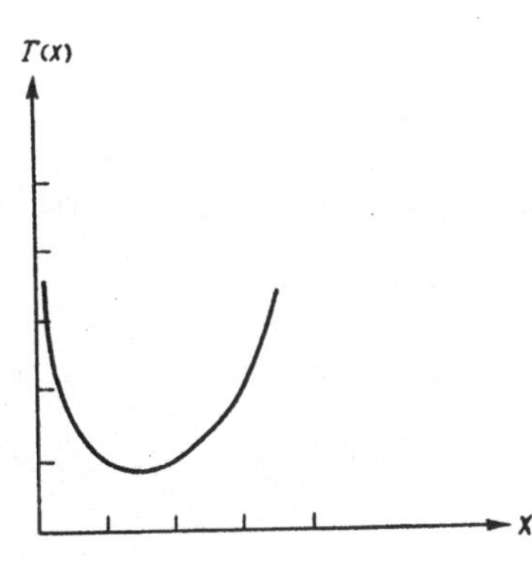

Bild L 1.6

x	0,1	0,2	0,3	0,4	0,5	0,6	0,7	0,8	0,9
$\Gamma(x)$	9,51	4,59	2,99	2,22	1,77	1,49	1,30	1,16	1,07

x	2,1	2,2	2,3	2,4	2,5	2,6	2,7	2,8	2,9	3,0
$\Gamma(x)$	1,04	1,10	1,17	1,24	1,33	1,44	1,54	1,67	1,83	2,00

2.1 B hat als Normalbereich bez. der y-Achse die Darstellung $B = \{(x,y)\,|\,0 \le y \le 4,$ $\sqrt{y} \le x \le 6-y\}$. $y = -x+6$ ist die Gerade durch die Punkte $(6,0)$ und $(2,4)$. Aus $y = -x+6$ bzw. $y = x^2$ folgt $x = 6-y$ bzw. $x = \sqrt{y}$.

$$\iint\limits_B f(P)\,\mathrm{d}b = \int\limits_0^4 \int\limits_{\sqrt{y}}^{6-y} xy\,\mathrm{d}x\,\mathrm{d}y = \frac{112}{3}.$$

2.2 $B = \{(x,y)\,|\,2 \le y \le 5,\ 0 \le x \le \ln(5y)\}$ ist ein Normalbereich bezüglich der y-Achse. (Aus $y = \frac{1}{5}e^x$ folgt $x = \ln(5y)$.)

$I = \iint\limits_B f(P)\,\mathrm{d}b = \int\limits_2^5 \int\limits_0^{\ln(5y)} y \cdot e^{3x}\,\mathrm{d}x\,\mathrm{d}y,\ I_1(y) = \int\limits_0^{\ln(5y)} y \cdot e^{3x}\,\mathrm{d}x = \frac{125}{3}y^4 - \frac{1}{3}y,$

$I = \int\limits_2^5 I_1(y)\,\mathrm{d}y = [\frac{25}{3}y^5 - \frac{1}{6}y^2]_2^5 = 25771,5.$

2.3 $m = \iint\limits_B \varrho\,\mathrm{d}b = \int\limits_{-2}^2 \int\limits_{x^2}^4 (x^2 + y^2)\,\mathrm{d}y\,\mathrm{d}x,$

$I_1(x) = \int\limits_{x^2}^4 (x^2 + y^2)\,\mathrm{d}y = [x^2 y + \frac{1}{3}y^3]_{y=x^2}^{y=4} = 4x^2 + \frac{64}{3} - x^4 - \frac{1}{3}x^6,$

$m = \int\limits_{-2}^2 I_1(x)\,\mathrm{d}x = 8576/105 = 81,7.$

2.4 $m = \iint\limits_B \varrho\,\mathrm{d}b = \iint\limits_{B_1} \varrho\,\mathrm{d}b + \iint\limits_{B_2} \varrho\,\mathrm{d}b = \int\limits_0^4 \int\limits_0^{1+x^2/4} xy\,\mathrm{d}y\,\mathrm{d}x + \int\limits_4^9 \int\limits_0^{9-x} xy\,\mathrm{d}y\,\mathrm{d}x = \frac{124}{3} + \frac{875}{8} = \frac{3617}{24}.$

$x_S = \frac{1}{m}\iint\limits_B x\varrho\,\mathrm{d}b = \frac{1}{m}[\int\limits_0^4 \int\limits_0^{1+x^2/4} x^2 y\,\mathrm{d}y\,\mathrm{d}x + \int\limits_4^9 \int\limits_0^{9-x} x^2 y\,\mathrm{d}y\,\mathrm{d}x] = \frac{24}{3617}[\frac{17536}{105} + \frac{2375}{4}]$
$\approx 0,0066 \cdot 760,6 \approx 5,02.$

$y_S = \frac{1}{m}\iint\limits_B y\varrho\,\mathrm{d}b = \frac{1}{m}[\int\limits_0^4 \int\limits_0^{1+x^2/4} xy^2\,\mathrm{d}y\,\mathrm{d}x + \int\limits_4^9 \int\limits_0^{9-x} xy^2\,\mathrm{d}y\,\mathrm{d}x] = \frac{24}{3617}[104 + 261]$
$\approx 0,0066 \cdot 365 \approx 2,41.$

2.5 $J_x = \iint\limits_B y^2 \varrho\,\mathrm{d}b = \int\limits_{-2}^2 \int\limits_0^{4-x^2} y^2\,(x^2 + y)\,\mathrm{d}y\,\mathrm{d}x = \int\limits_{-2}^2 (64 - \frac{128}{3}x^2 + 8x^4 - \frac{1}{12}x^8)\,\mathrm{d}x$

$= 2 \cdot \int\limits_{-2}^2 (64 - \frac{128}{3}x^2 + 8x^4 - \frac{1}{12}x^8)\,\mathrm{d}x \approx 65.$

2.6 $\iint\limits_B f(P)\,\mathrm{d}b = \lim\limits_{\epsilon \to +0}\iint\limits_{B_\epsilon} f(P)\,\mathrm{d}b = \lim\limits_{\epsilon \to +0} \int\limits_\epsilon^{\sqrt{8}} \int\limits_0^4 y \cdot x^{-\frac{1}{3}}\,\mathrm{d}y\,\mathrm{d}x = \lim\limits_{\epsilon \to +0} 12\,(2 - \epsilon^{\frac{2}{3}}) = 24.$

3.1 B wird von 5 Ebenen begrenzt (s. Bild 3.9):

$z = -3$ (untere Begrenzung);

$y = -x+1,\ y = x-1,\ x = 4$ (seitliche Begrenzung);

$z = 2(x + y + 2)/3$ (obere Begrenzung).

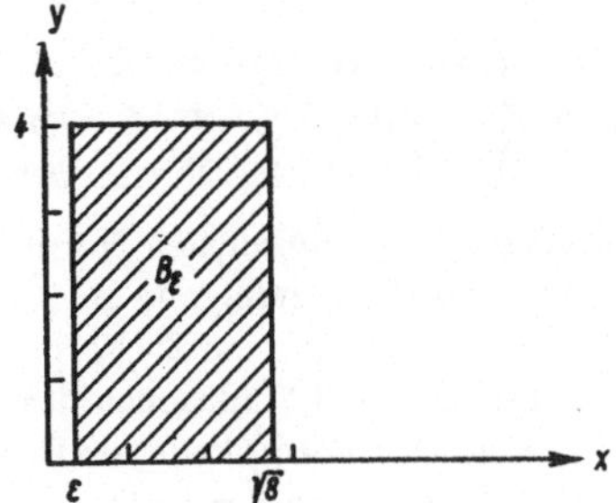

Bild L 2.6

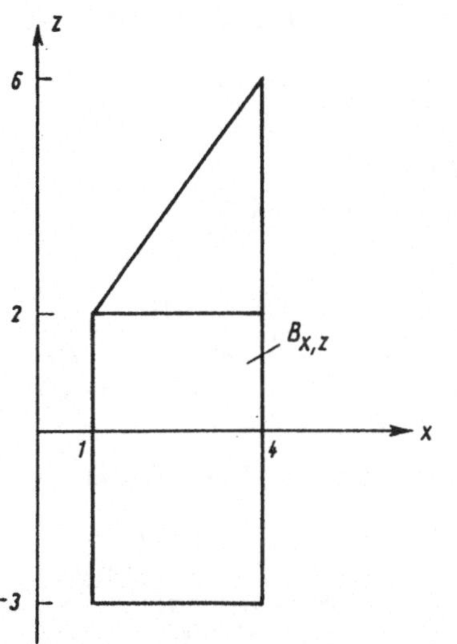

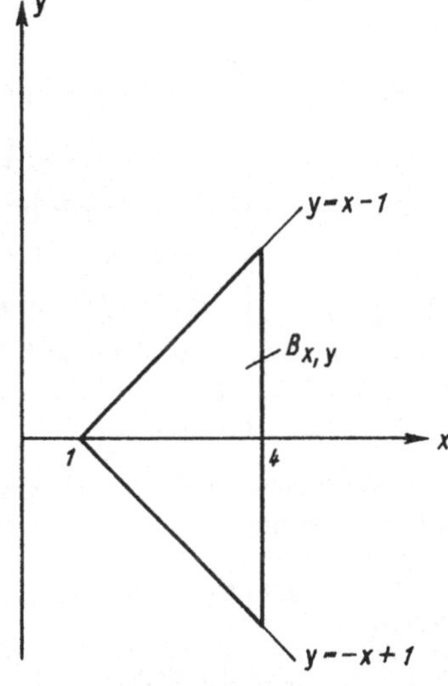

Bild L 3.1

3.2 Normalbereiche bezüglich der x, y-Ebene:

$$B_1 : \begin{cases} x_1 \leq x \leq x_2 \\ y_1(x) \leq y \leq y_2(x) \\ z_1(x,y) \leq z \leq z_2(x,y), \end{cases} \qquad B_2 : \begin{cases} y_1 \leq y \leq y_2 \\ x_1(y) \leq x \leq x_2(y) \\ z_1(x,y) \leq z \leq z_2(x,y), \end{cases}$$

Normalbereiche bezüglich der y, z-Ebene:

$$B_3 : \begin{cases} y_1 \leq y \leq y_2 \\ z_1(y) \leq z \leq z_2(y) \\ x_1(y,z) \leq x \leq x_2(y,z), \end{cases} \qquad B_4 : \begin{cases} z_1 \leq z \leq z_2 \\ y_1(z) \leq y \leq y_2(z) \\ x_1(y,z) \leq x \leq x_2(y,z), \end{cases}$$

Normalbereiche bezüglich der x, z-Ebene:

$$B_5 : \left\{ \begin{array}{ccccc} x_1 & \leq & x & \leq & x_2 \\ z_1(x) & \leq & z & \leq & z_2(x) \\ y_1(x,z) & \leq & y & \leq & y_2(x,z), \end{array} \right. \qquad B_6 : \left\{ \begin{array}{ccccc} z_1 & \leq & z & \leq & z_2 \\ x_1(z) & \leq & x & \leq & x_2(z) \\ y_1(x,z) & \leq & y & \leq & y_2(x,z). \end{array} \right.$$

Aus diesen Darstellungen kann man folgende Gesetzmäßigkeit bei räumlichen Normalbereichen ablesen: Bringt man die Variablen x, y, z in eine geeignete Reihenfolge (z.B. z, y, x bei B_4), so sind die Grenzen für die 1. Variable konstant, die Grenzen für die 2. Variable sind Funktionen der 1. Variablen, und die Grenzen für die 3. Variable sind Funktionen der 1. und der 2. Variablen. Diese Formulierung (in entsprechend präzisierter Form) kann als Definition für räumliche Normalbereiche benutzt werden; sie ist unabhängig von der in Definition 3.2 zugrunde gelegten geometrischen Vorstellung und sofort auf einen beliebigen u, v, w-Raum übertragbar.

Hinweis: In Aufg. 3.1 ist B ein räumlicher Normalbereich vom Typ B_1. Es gilt $z_1(x, y) = -3$, $z_2(x, y) = \frac{2}{3}(x + y + 2)$. Bei der Gleichung $z_1(x, y) = -3$ soll besonders darauf hingewiesen werden, daß $z = -3$ als Funktion von x und y angesehen werden kann: z ist für alle Punkte (x, y) konstant gleich -3.

3.3 Inneres Integral:
$$\int_0^{x+y+4} (x + y + z)\,\mathrm{d}z = \left[xz + yz + \frac{z^2}{2} \right]_{z=0}^{z=x+y+4}$$
$$= \tfrac{3}{2}x^2 + 8x + 8y + 3xy + \tfrac{3}{2}y^2 + 8.$$

Mittleres Integral:
$$\left[\tfrac{3}{2}x^2 y + 8xy + 4y^2 + \tfrac{3}{2}xy^2 + \tfrac{1}{2}y^3 + 8y \right]_{y=x-1}^{y=\frac{x}{2}+3}$$
$$= -\tfrac{37}{16}x^3 + \tfrac{73}{8}x^2 + \tfrac{261}{4}x + 78.$$

Äußeres Integral:
$$\left[-\tfrac{37}{64}x^4 + \tfrac{73}{24}x^3 + \tfrac{261}{8}x^2 + 78x \right]_0^8 = \tfrac{5704}{3} \approx 1901.$$

B wird nach unten durch die x, y-Ebene mit der Gleichung $z = 0$, nach oben durch die Ebene $z = x + y + 4$ und seitlich durch die drei auf der x, y-Ebene senkrecht stehenden Ebenen $y = x - 1$, $y = \frac{x}{2} + 3$, $x = 0$ begrenzt.

3.4 Zu den Normalbereichen $B_1, \ldots, B_6$ gehören (in der angegebenen Reihenfolge) die folgenden dreifachen Integrale:

1. $\displaystyle \int_{x_1}^{x_2} \int_{y_1(x)}^{y_2(x)} \int_{z_1(x,y)}^{z_2(x,y)} f(x, y, z)\,\mathrm{d}z\,\mathrm{d}y\,\mathrm{d}x,$

2. $\displaystyle \int_{y_1}^{y_2} \int_{x_1(y)}^{x_2(y)} \int_{z_1(x,y)}^{z_2(x,y)} f(x, y, z)\,\mathrm{d}z\,\mathrm{d}x\,\mathrm{d}y,$

3. $\displaystyle \int_{y_1}^{y_2} \int_{z_1(y)}^{z_2(y)} \int_{x_1(y,z)}^{x_2(y,z)} f(x, y, z)\,\mathrm{d}x\,\mathrm{d}z\,\mathrm{d}y,$

4. $\displaystyle \int_{z_1}^{z_2} \int_{y_1(z)}^{y_2(z)} \int_{x_1(y,z)}^{x_2(y,z)} f(x, y, z)\,\mathrm{d}x\,\mathrm{d}y\,\mathrm{d}z,$

5. $\displaystyle \int_{x_1}^{x_2} \int_{z_1(x)}^{z_2(x)} \int_{y_1(x,z)}^{y_2(x,z)} f(x, y, z)\,\mathrm{d}y\,\mathrm{d}z\,\mathrm{d}x,$

6. $\displaystyle \int_{z_1}^{z_2} \int_{x_1(z)}^{x_2(z)} \int_{y_1(x,z)}^{y_2(x,z)} f(x, y, z)\,\mathrm{d}y\,\mathrm{d}x\,\mathrm{d}z.$

Hinweis: Die drei Symbole (Elemente) $\mathrm{d}x$, $\mathrm{d}y$, $\mathrm{d}z$ kann man auf $3! = 6$ Arten anordnen (permutieren). Das entspricht der Tatsache, daß es 6 verschiedene Arten von dreifachen Integralen gibt.

3.5 Inneres Integral:
$$\left[\tfrac{1}{2}xzy^2 \right]_{y=0}^{y=x+3z} = \tfrac{1}{2}x^3 z + 3x^2 z^2 + \tfrac{9}{2}xz^3.$$

Mittleres Integral:
$$\left[\tfrac{1}{8}x^4 z + x^3 z^2 + \tfrac{9}{4}x^2 z^3 \right]_{x=0}^{x=z+2}$$
$$= \tfrac{1}{2}\left(\tfrac{27}{4}z^5 + 32z^4 + 48z^3 + 24z^2 + 4z \right).$$

Äußeres Integral:
$$\tfrac{1}{2}\left[\tfrac{9}{8}z^6 + \tfrac{32}{5}z^5 + 12z^4 + 8z^3 + 2z^2 \right]_0^5 = \tfrac{369025}{16} \approx 23064.$$

Betrachtet man die y-Achse als vertikale Richtung, so wird B nach unten durch die x, z-Ebene, nach oben durch die Ebene $y = x + 3z$ und seitlich durch die auf der x, z-Ebene senkrecht stehenden Ebenen $x = 0$, $x = z + 2$, $z = 0$, $z = 5$ begrenzt.

3.6 $\quad V = \iiint\limits_{B} \mathrm{d}b = \int\limits_{0}^{3} \int\limits_{1}^{4} \int\limits_{0}^{x^2+y^2+2} \mathrm{d}z\, \mathrm{d}y\, \mathrm{d}x$

$\qquad\qquad = \int\limits_{0}^{3} \int\limits_{1}^{4} (x^2 + y^2 + 2)\, \mathrm{d}y\, \mathrm{d}x = \int\limits_{0}^{3} (3x^2 + 27)\, \mathrm{d}x = 108.$

$\qquad x_0 = \frac{1}{V} \iiint\limits_{B} x\, \mathrm{d}b = \frac{1}{108} \int\limits_{0}^{3} \int\limits_{1}^{4} \int\limits_{0}^{x^2+y^2+2} x\, \mathrm{d}z\, \mathrm{d}y\, \mathrm{d}x$

$\qquad\qquad = \frac{1}{108} \int\limits_{0}^{3} \int\limits_{1}^{4} x(x^2 + y^2 + 2)\, \mathrm{d}y\, \mathrm{d}x = \frac{1}{108} \cdot \frac{729}{4} = \frac{27}{16}.$

3.7 $\;B$ ist ein räumlicher Normalbereich von dem in Beispiel 3.2 behandelten Typ.

$$(x,y,z) \in B \Longleftrightarrow \left\{ \begin{array}{ccc} 0 \leq & x & \leq 3, \\ 0 \leq & y & \leq 5 - \frac{5}{3}x, \\ 0 \leq & z & \leq 2 - \frac{2}{3}x - \frac{2}{5}y. \end{array} \right.$$

Diese Darstellung gewinnt man, wenn man davon ausgeht, daß $y = 5 - \frac{5}{3}x$ die Gleichung der Geraden durch die Punkte $(3,0,0)$, $(0,5,0)$ und $z = 2 - \frac{2}{3}x - \frac{2}{5}y$ die Gleichung der Ebene durch die Punkte $(3,0,0)$, $(0,5,0)$, $(0,0,2)$ ist.

(*Hinweis:* Bei diesem speziellen Beispiel hätte man B auch als Normalbereich der anderen 5 Typen beschreiben können. Siehe Lösung zu Aufgabe 3.2.) Nach Satz 3.5 gilt: $J_y = \iiint\limits_{B} \varrho\, r^2\, \mathrm{d}b$

mit $r^2 = x^2 + z^2$ und $\varrho = x + 1$. (r ist der Abstand des Punktes $P(x,y,z)$ von der y-Achse.) Hieraus folgt

$$J_y = \iiint\limits_{B} (x^2 + z^2)(x+1)\, \mathrm{d}b = \int\limits_{0}^{3} \int\limits_{0}^{5-\frac{5}{3}x} \int\limits_{0}^{2-\frac{2}{3}x-\frac{2}{5}y} (x^2 + z^2)(x+1)\, \mathrm{d}z\, \mathrm{d}y\, \mathrm{d}x$$

$$= \int\limits_{0}^{3} \int\limits_{0}^{X} \int\limits_{0}^{\frac{2}{5}(X-y)} (x^2 + z^2)(x+1)\, \mathrm{d}z\, \mathrm{d}y\, \mathrm{d}x \quad \text{(Abk.: } X = \tfrac{5}{3}(3 - x)).$$

Inneres Integral: $\qquad \frac{2}{5}(x+1)\left(x^2(X - y) + \frac{4}{75}(X - y)^3\right).$

Mittleres Integral: $\qquad \frac{1}{5}(x+1)x^2 X^2 + \frac{2}{375}(x+1)\, X^4$

$\qquad\qquad\qquad = \frac{5}{9}(9x^2 + 3x^3 - 5x^4 + x^5) + \frac{10}{243}(81 - 27x - 54x^2 + 42x^3 - 11x^4 + x^5).$

Äußeres Integral: $\qquad J_y = 14,25.$

4.1 $\quad -\pi \leq \varphi \leq \pi, \qquad (0 \leq \varphi \leq 2\pi$ ebenfalls möglich!)

$\qquad\quad 0 \leq z \leq 3,$

$\qquad\quad 0 \leq r \leq 2 - \frac{2}{3}z.$

(Aus $z = -\frac{3}{2}r + 3$ (vgl. Beispiel 4.2) folgt $r = 2 - \frac{2}{3}z$).

Geometrische Interpretation (s. Bild 4.7): P sei ein Punkt des Kegels mit den Zylinderkoordinaten r, φ, z. Bei beliebig vorgegebenen φ kann z alle Werte zwischen 0 und 3 annehmen; z ist nicht von φ abhängig. Sind φ und z vorgegeben, so kann r alle Werte zwischen 0 und $2 - \frac{2}{3}z$ annehmen; r ist nur von z, nicht von φ abhängig.

4.2 $\;$a) $(x,y,z) \in B \Longleftrightarrow \left\{ \begin{array}{ccc} -R \leq & x & \leq R, \\ -\sqrt{R^2 - x^2} \leq & y & \leq \sqrt{R^2 - x^2}, \\ 0 \leq & z & \leq \sqrt{R^2 - x^2 - y^2}. \end{array} \right.$

Man orientiere sich am Beispiel 4.1! Dem R in Aufgabe 4.2 entspricht das a in Beispiel 4.1. Während in Beispiel 4.1 die Halbkugel $z = -\sqrt{a^2 - x^2 - y^2}$ die untere Begrenzungsfläche von B darstellt, wird in Aufgabe 4.2 der Bereich B nach unten durch die x, y-Ebene (mit der Gleichung $z = z_1(x, y) = 0$) begrenzt.

b) Ausgehend von der geometrischen Bedeutung der Kugelkoordinaten r, ϑ, φ (vgl. Bild 4.6) können wir feststellen: Bei der vorgegebenen Halbkugel von Radius R kann r alle Werte zwischen 0 und R annehmen. Bei beliebig vorgegebenem r kann ϑ alle Werte zwischen 0 und $\frac{\pi}{2}$ ($\hat{=} 90^o$) annehmen; ϑ ist nicht von r abhängig. Sind r und ϑ vorgegeben, so kann φ alle Werte zwischen 0 und 2π ($\hat{=} 360^o$) annehmen; φ ist in diesem Falle weder von r noch von ϑ abhängig. Der vorgegebene Bereich wird daher bezüglich Kugelkoordinaten beschrieben durch

$$(r, \vartheta, \varphi) \in B' \iff \begin{cases} 0 \leq r \leq R, \\ 0 \leq \vartheta \leq \frac{1}{2}\pi, \\ 0 \leq \varphi \leq 2\pi. \end{cases}$$

4.3 a) $(r, \vartheta, \varphi) \in B' \iff \begin{cases} 0 \leq r \leq R, \\ 0 \leq \vartheta \leq \frac{1}{4}\pi, \\ 0 \leq \varphi \leq 2\pi. \end{cases}$

b) Schneidet man den vorgegebenen Kugelausschnitt (Kugelsektor) längs der x, z-Ebene auf, so erhält man den in Bild 4.18 dargestellten Kreisausschnitt (Kreissektor) mit dem Zentriwinkel $\alpha = 90^o$ und dem Radius R. (Bezüglich ebener und räumlicher Figuren siehe z.B. [BSE, Abschnitt Geometrie].) Wir versuchen den Kugelausschnitt als einen Normalbereich von dem in Beispiel 4.2 b angegebenen Typ

$$\begin{aligned} \varphi_1 &\leq \varphi \leq \varphi_2, \\ r_1(\varphi) &\leq r \leq r_2(\varphi), \\ z_1(r, \varphi) &\leq z \leq z_2(r, \varphi) \end{aligned}$$

zu beschreiben! Zunächst einmal kann φ alle Werte zwischen 0 und 2π annehmen. Bei vorgegebenen φ kann r alle Werte zwischen 0 und $r_0 = \frac{1}{2}R\sqrt{2}$ annehmen (siehe Bild 4.18). Die Grenzen für r sind also bei diesem Beispiel nicht von der ersten Variablen φ abhängig! Sind φ und r vorgegeben, so kann z alle Werte zwischen z_1 und z_2 annehmen; dabei gilt $z_1 = r$, $z_2 = \sqrt{R^2 - r^2}$. (Satz von Pythagoras beachten!) Die Grenzen für z sind bei diesem Beispiel nur von der zweiten Variablen r abhängig. Der vorgegebene Bereich wird daher bezüglich Zylinderkoordinaten beschrieben durch

$$(r, \varphi, z) \in B'' \iff \begin{cases} 0 \leq \varphi \leq 2\pi, \\ 0 \leq r \leq \frac{1}{2}R\sqrt{2}, \\ r \leq z \leq \sqrt{R^2 - r^2}. \end{cases}$$

4.4 Für den geometrischen Schwerpunkt (x_0, y_0) von B gilt (vgl. Satz 2.6 und die anschließende Bemerkung):

$$x_0 = \frac{1}{A} \iint\limits_B x \, db, \quad y_0 = \iint\limits_B y \, db; \quad A = \iint\limits_B db = \pi R^2/4.$$

Transformation auf Polarkoordinaten führt zu den Formeln:

$$x_0 = \frac{4}{\pi R^2} \int\limits_0^{\frac{\pi}{2}} \int\limits_0^R (r \cos\varphi) \, r \, dr \, d\varphi = \frac{4R}{3\pi},$$

$$y_0 = \frac{4}{\pi R^2} \int\limits_0^{\frac{\pi}{2}} \int\limits_0^R (r \sin\varphi) \, r \, dr \, d\varphi = \frac{4R}{3\pi},$$

vgl. Formel (4.16) – diesmal wurde aber in der Reihenfolge dr, $d\varphi$ integriert! Zugehöriger Normalbereich:

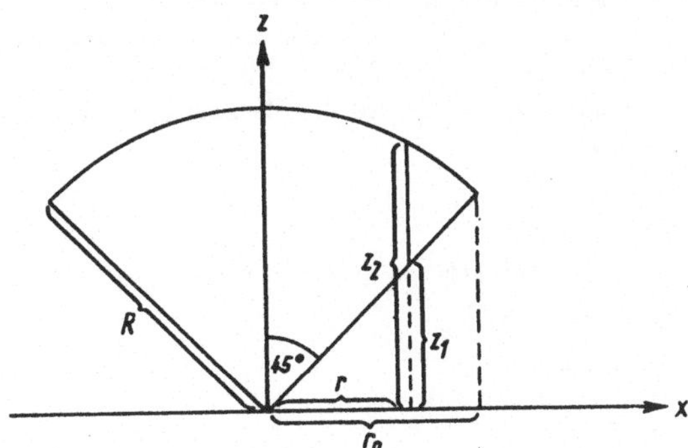

$$(r,\varphi)\in B \Longleftrightarrow \begin{cases} (0 \;=\;) & \varphi_1 \;\leq\; \varphi \;\leq\; \varphi_2 & (=\; \pi/2)\,, \\ (0 \;=\;) & r_1(\varphi) \;\leq\; r \;\leq\; r_2(\varphi) & (=\; R)\,. \end{cases}$$

4.5 Nach Satz 2.8 des Abschnittes 2.4 gilt: $J_x = \iint\limits_B y^2 \, \mathrm{d}b$.

1. Transformation (Übergang von x, y zu x', y'):

$$T_1: \quad \begin{cases} x \;=\; x'+5 \\ y \;=\; y'+4 \end{cases}, \qquad \frac{\partial(x,y)}{\partial(x',y')} = 1\,.$$

2. Transformation (Übergang von x', y' zu Polarkoordinaten r, φ bezüglich x', y'):

$$T_2: \quad \begin{cases} x' \;=\; r\cos\varphi \\ y' \;=\; r\sin\varphi \end{cases}, \qquad \frac{\partial(x',y')}{\partial(r,\varphi)} = r\,.$$

Hieraus folgt (vgl. Formel (4.16)):

$$J_x = \iint\limits_B y^2 \, \mathrm{d}b = \iint\limits_{B'} (y'+4)^2 \, \mathrm{d}b' = \iint\limits_{B''} (r\sin\varphi + 4)^2 \, r \, \mathrm{d}b''$$

$$= \int\limits_{\pi/2}^{3\pi/2} \int\limits_0^2 (r\sin\varphi + 4)^2 \, r \, \mathrm{d}r \, \mathrm{d}\varphi = \int\limits_{\pi/2}^{3\pi/2} \left(4\sin^2\varphi + \tfrac{64}{3}\sin\varphi + 32\right) \mathrm{d}\varphi$$

$$= \left[2\varphi - \sin 2\varphi - \tfrac{64}{3}\cos\varphi + 32\varphi\right]_{\pi/2}^{3\pi/2} = 34\pi = 106{,}8\,.$$

4.6 (Vgl. Formeln (3.3), (4,19), und Beispiel 4.2)

$$V = \iiint\limits_B \mathrm{d}b = \int\limits_{-\pi}^{\pi} \int\limits_0^2 \int\limits_0^{-\frac{3}{2}r+3} r \, \mathrm{d}z \, \mathrm{d}r \, \mathrm{d}\varphi = \int\limits_{-\pi}^{\pi} \int\limits_0^2 r\left(-\tfrac{3}{2}r + 3\right) \mathrm{d}r \, \mathrm{d}\varphi = \int\limits_{-\pi}^{\pi} 2 \, \mathrm{d}\varphi = 4\pi\,.$$

Kontrolle: $V = \tfrac{1}{3}Fh = \tfrac{1}{3}\pi r^2 h = \tfrac{1}{3}\pi \cdot 2^2 \cdot 3 = 4\pi$.

4.7 Bezüglich Zylinderkoordinaten r, φ, z wird der vorgegebene Bereich beschrieben durch:

$$(r,\varphi,z)\in B' \Longleftrightarrow \begin{cases} 0 \;\leq\; \varphi \;\leq\; 2\pi\,, \\ 0 \;\leq\; r \;\leq\; 3\,, \\ 0 \;\leq\; z \;\leq\; r^2+4\,. \end{cases}$$

(Aus $z = x^2 + y^2 + 4$ folgt $z = r^2 + 4$.) Nach Formel (4.19) gilt daher:

$$V = \iiint\limits_B \mathrm{d}b = \int\limits_0^{2\pi} \int\limits_0^3 \int\limits_0^{r^2+4} r \, \mathrm{d}z \, \mathrm{d}r \, \mathrm{d}\varphi = \int\limits_0^{2\pi} \int\limits_0^3 r\left(r^2+4\right) \mathrm{d}r \, \mathrm{d}\varphi = \tfrac{153}{2}\pi\,.$$

4.8 Wir führen ein x, y, z-Koordinatensystem ein, dessen Ursprung O mit der Spitze des Kugelausschnitts und dessen z-Achse mit der Symmetrieachse des Kugelausschnitts zusammenfällt. Das Bild 4.19 zeigt den Schnitt mit der x, z-Ebene. Für den Winkel ϑ gilt $\vartheta = \frac{\pi}{6}$, $\sin \vartheta = \frac{a}{R} = \frac{1}{2}$. Im r, ϑ, φ-Raum (Kugelkoordinaten) wird der Bereich beschrieben durch:

$$(r, \vartheta, \varphi) \in B' \Longleftrightarrow \begin{cases} 0 \leq \varphi \leq 2\pi, \\ 0 \leq \vartheta \leq \frac{\pi}{6}, \\ 0 \leq r \leq 4. \end{cases}$$

Für das Volumen V von B und die z-Koordinate des geometrischen Schwerpunktes von B gilt dann:

$$V = \iiint_B \mathrm{d}b = \iiint_{B'} r^2 \sin \vartheta \, \mathrm{d}b' = \int_0^{2\pi} \int_0^{\pi/6} \int_0^4 r^2 \sin \vartheta \, \mathrm{d}r \, \mathrm{d}\vartheta \, \mathrm{d}\varphi,$$

$$z_0 = \frac{1}{V} \iiint_B z \, \mathrm{d}b = \frac{1}{V} \iiint_{B'} (r \cos \vartheta) \cdot (r^2 \sin \vartheta) \, \mathrm{d}r \, \mathrm{d}\vartheta \, \mathrm{d}\varphi = \frac{1}{V} \int_0^{2\pi} \int_0^{\pi/6} \int_0^4 \tfrac{1}{2} r^3 \sin 2\vartheta \, \mathrm{d}r \, \mathrm{d}\vartheta \, \mathrm{d}\varphi.$$

x_0 und y_0 müssen gleich null sein, weil aus Symmetriegründen der Schwerpunkt auf der z-Achse liegen muß. Die Berechnung der auftretenden dreifachen Integrale liefert für V und z_0 die Werte

$$V = \tfrac{64}{3}\pi \, (2 - \sqrt{3}), \quad z_0 = \tfrac{1}{V} \cdot 16\pi = \frac{3}{4(2-\sqrt{3})} \approx 2,8.$$

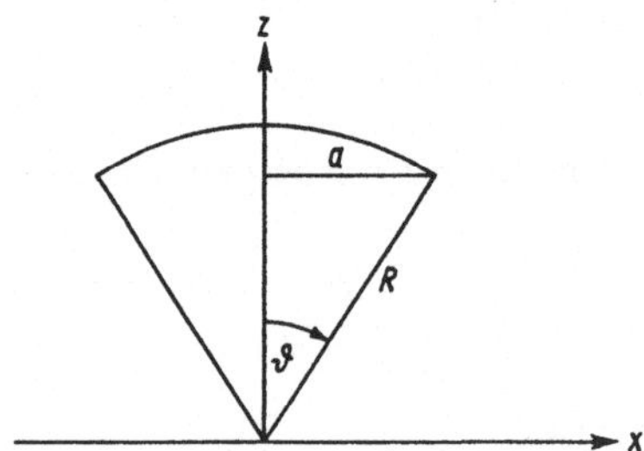

Bild L 4.8

5.1 Eine Parameterdarstellung der Strecke von $(1, 1, 1)$ nach $(2, 2, 2)$ erhält man aus der Geradengleichung durch diese beiden Punkte $\mathbf{r} = \mathbf{r}(t) = \mathbf{e}_1 + \mathbf{e}_2 + \mathbf{e}_3 + t \left[(2\mathbf{e}_1 + 2\mathbf{e}_2 + 2\mathbf{e}_3) - (\mathbf{e}_1 + \mathbf{e}_2 + \mathbf{e}_3) \right] = (1 + t)(\mathbf{e}_1 + \mathbf{e}_2 + \mathbf{e}_3)$. Zum Anfangspunkt gehört $t = 0$, zum Endpunkt $t = 1$. Eine Parameterdarstellung ist also obige Geradengleichung mit $t \in [0, 1]$. Es ist $\dot{\mathbf{r}}(t) = \mathbf{e}_1 + \mathbf{e}_2 + \mathbf{e}_3$ und $|\dot{\mathbf{r}}(t)| = \sqrt{3}$. Damit wird

$$\int_K f(\mathbf{r}) \, \mathrm{d}s = \int_0^1 \frac{1+t}{\sqrt{(1+t)^2 + (1+t)^2 + (1+t)^2}} \sqrt{3} \, \mathrm{d}t = \int_0^1 \mathrm{d}t = 1.$$

5.2 Mit $\dot{\mathbf{r}}(t) = 2t\,\mathbf{e}_1 + \mathbf{e}_2 + 3t^2\,\mathbf{e}_3$ und $|\dot{\mathbf{r}}(t)| = \sqrt{4t^2 + 1 + 9t^4}$ erhalten wir nach Formel (5.13) für die Gesamtmasse

$$M = \int_K \varrho(x, y, z) \, \mathrm{d}s = \int_0^1 \frac{1}{\sqrt{1 + 4 \cdot t^2 + 9 \cdot t^3}} \sqrt{4t^2 + 1 + 9t^4} \, \mathrm{d}t = \int_0^1 \mathrm{d}t = 1.$$

Für die Koordinaten des Schwerpunktes erhalten wir nach Formel (5.14)

$$x_0 = \frac{1}{M} \int_K x \, \varrho \, \mathrm{d}s = \int_0^1 t^2 \frac{1}{\sqrt{1 + 4 \cdot t^2 + 9 \cdot t^3}} \sqrt{4t^2 + 1 + 9t^4} \, \mathrm{d}t = \int_0^1 t^2 \, \mathrm{d}t = \tfrac{1}{3},$$

$$y_0 = \tfrac{1}{M} \int_{\mathcal{K}} y\,\varrho\,\mathrm{d}s = \int_0^1 t\,\frac{1}{\sqrt{1+4\cdot t^2+9\cdot t\cdot t^3}}\sqrt{4t^2+1+9t^4}\,\mathrm{d}t = \int_0^1 t\,\mathrm{d}t = \tfrac{1}{2},$$

$$z_0 = \tfrac{1}{M} \int_{\mathcal{K}} z\,\varrho\,\mathrm{d}s = \int_0^1 t^3\,\frac{1}{\sqrt{1+4\cdot t^2+9\cdot t\cdot t^3}}\sqrt{4t^2+1+9t^4}\,\mathrm{d}t = \int_0^1 t^3\,\mathrm{d}t = \tfrac{1}{4}.$$

5.3 Der Verlauf der Rechnungen ist wie bei Aufgabe 5.2, jedoch nur mit der Dimension 2 und $\varrho \equiv 1$. Aus $\dot{\mathbf{r}}(t) = a\,(1-\cos t)\,\mathbf{e}_1 + a\,\sin t\,\mathbf{e}_2$ und $|\dot{\mathbf{r}}(t)| = a\,\sqrt{(1-\cos t)^2 + \sin^2 t}$ $= a\,\sqrt{2 - 2\cos t} = 2a\,\sqrt{\sin^2 \tfrac{t}{2}} = 2a\sin\tfrac{t}{2}$ (da $\sin\tfrac{t}{2} \geq 0$ für $t \in [0, 2\pi]$) folgt

$$M = \int_{\mathcal{K}} \mathrm{d}s = \int_0^{2\pi} |\dot{\mathbf{r}}(t)|\,\mathrm{d}t = \int_0^{2\pi} 2a\sin\tfrac{t}{2}\,\mathrm{d}t = 8a,$$

$$x_0 = \tfrac{1}{M} \int_{\mathcal{K}} x\,\mathrm{d}s = \tfrac{1}{8a} \int_0^{2\pi} a(t - \sin t)\cdot 2a\sin\tfrac{t}{2}\,\mathrm{d}t = \tfrac{a}{4} \int_0^{2\pi} (t \sin\tfrac{t}{2} - 2\sin^2\tfrac{t}{2}\cos\tfrac{t}{2})\,\mathrm{d}t = a\pi,$$

$$y_0 = \tfrac{1}{M} \int_{\mathcal{K}} y\,\mathrm{d}s = \tfrac{1}{8a} \int_0^{2\pi} a(1 - \cos t)\cdot 2a\sin\tfrac{t}{2}\,\mathrm{d}t = \tfrac{a}{2} \int_0^{2\pi} \sin^3\tfrac{t}{2}\,\mathrm{d}t = \tfrac{4}{3}a.$$

5.4 Es ist $\dot{\mathbf{r}}(t) = -4\sin t\,\mathbf{e}_1 + 2\cos t\,\mathbf{e}_2 + 6\mathbf{e}_3$. Damit wird

$$L = \int_{\mathcal{K}} (x\,\mathrm{d}x + z\,\mathrm{d}y + 2\,\mathrm{d}z) = \int_{\pi/6}^{\pi/2} ((4\cos t)(-4\sin t) + (6t)(2\cos t) + 2\cdot 6)\,\mathrm{d}t$$

$$= \int_{\pi/6}^{\pi/2} (12 + 12t\cos t - 16\cos t\sin t)\,\mathrm{d}t = 9\pi - 6(1 + \sqrt{3}).$$

5.5 $\mathcal{K}$ ist zusammengesetzt aus $\mathcal{K}_1$ (Strecke von $(0,0,0)$ nach $(2,0,0)$) mit der Parameterdarstellung $\mathbf{r}_1(t) = t\,\mathbf{e}_1$, $t \in [0, 2]$, und $\mathcal{K}_2$ (Strecke von $(2,0,0)$ nach $(2,0,1)$) mit der Parameterdarstellung $\mathbf{r}_2(t) = 2\,\mathbf{e}_1 + t\,\mathbf{e}_3$, $t \in [0, 1]$. Die Aufgabe ist ähnlich zu lösen wie das Beispiel 5.8. Wir erhalten

$$W = \int_{\mathcal{K}_1} \mathbf{F}(\mathbf{r}_1)\cdot\mathrm{d}\mathbf{r}_1 + \int_{\mathcal{K}_2} \mathbf{F}(\mathbf{r}_2)\cdot\mathrm{d}\mathbf{r}_2 = \int_0^2 (1 - t)\,\mathbf{e}_2\cdot\mathbf{e}_1\,\mathrm{d}t + \int_0^1 ((1 - 2)\,\mathbf{e}_2 + t^2\,\mathbf{e}_3)\cdot\mathbf{e}_3\,\mathrm{d}t$$

$$= \int_0^2 0\,\mathrm{d}t + \int_0^1 t^2\,\mathrm{d}t = 0 + \tfrac{1}{3} = \tfrac{1}{3}.$$

5.6 Es ist rot $\mathbf{F}(x,y,z) = -2\mathbf{e}_3 \neq \mathbf{o}$. $\mathbf{F}(x,y,z)$ besitzt also kein Potential. Dies wäre auch aus den unterschiedlichen Ergebnissen von Beispiel 5.8 und Aufgabe 5.5 zu erkennen gewesen, denn die Kurven, über die dort integriert wurde, haben gleichen Anfangspunkt und gleichen Endpunkt. Bei Wegunabhängigkeit müßten deshalb die Ergebnisse gleich sein, was aber nicht der Fall ist.

5.7 Es gilt rot $\mathbf{F}(x,y,z) = \mathbf{o}$ mit Ausnahme von $(0,0,0)$, wo $\mathbf{F}(x,y,z)$ nicht partiell differenzierbar ist. Für G kann also der ganze $\mathbb{R}^3$ gewählt werden, aus dem $(0,0,0)$ entfernt wurde. Dieses Gebiet G ist einfach zusammenhängend! Analog zu Beispiel 5.14 erhält man
$$\Phi(x,y,z) = -K \int \frac{x\,\mathrm{d}x}{\sqrt{x^2+y^2+z^2}^3} = \frac{K}{\sqrt{x^2+y^2+z^2}} + \varphi(y,z).$$

$\varphi_y(y,z) = 0$ ergibt $\varphi(y,z) = \psi(z)$, und $\psi'(z) = 0$ schließlich $\Phi(x,y,z) = \dfrac{K}{\sqrt{x^2+y^2+z^2}} + C$.

5.8 G sei die entlang der positiven x-Achse aufgeschnittene x,y-Ebene, aus der $(0,0)$ entfernt wurde. G ist ein einfach zusammenhängendes Gebiet, in dem $\mathbf{f}\cdot\mathrm{d}\mathbf{r}$ ein vollständiges Differential ist. Die nach Bild 5.10 aus $\mathcal{K}_1$, $\mathcal{K}_2$, $-\mathcal{K}$ (negativ durchlaufener Einheitskreis, Beispiel 5.13) und $-\mathcal{K}_2$ zusammengesetzte Kurve $\mathcal{K}_0$ verläuft in G. Satz 5.7 und 5.8 ergeben

$$\oint_{\mathcal{K}_0} \mathbf{f}\cdot d\mathbf{r} = \oint_{\mathcal{K}_1} \mathbf{f}\cdot d\mathbf{r} + \int_{\mathcal{K}_2} \mathbf{f}\cdot d\mathbf{r} - \oint_{\mathcal{K}} \mathbf{f}\cdot d\mathbf{r} - \int_{\mathcal{K}_2} \mathbf{f}\cdot d\mathbf{r} = 0 \text{ und } \oint_{\mathcal{K}_1} \mathbf{f}\cdot d\mathbf{r} = \oint_{\mathcal{K}} \mathbf{f}\cdot d\mathbf{r} = 2\pi.$$

6.1 Es ist $f(x,y) = \sqrt{1-x^2}$, $f_x = -\frac{x}{\sqrt{1-x^2}}$, $f_y = 0$ und $\sqrt{1+f_x^2+f_y^2} = \sqrt{1+\frac{x^2}{1-x^2}} = \frac{1}{\sqrt{1-x^2}}$. Nach Formel (6.12) wird

$$A = \iint_B \sqrt{1+f_x^2+f_y^2}\, db = \int_{-1}^{1} \int_{-\sqrt{1-x^2}}^{\sqrt{1-x^2}} \frac{1}{\sqrt{1-x^2}}\, dy\, dx = \int_{-1}^{1} \frac{1}{\sqrt{1-x^2}} \cdot 2\sqrt{1-x^2}\, dx = 4.$$

6.2 Der Schnitt des Kreiszylinders mit der x,y-Ebene ist der Kreis mit dem Radius $a/2$ und dem Mittelpunkt $(a/2,0)$. Zylinderkoordinaten mit $u=r$ und $v=\varphi$ liefern die Parameterdarstellung $\mathbf{r}(u,v) = u\cos v\,\mathbf{e}_1 + u\sin v\,\mathbf{e}_2 + (1-\frac{u}{a})h\,\mathbf{e}_3$ der Kegelfläche. Den durch die Kreislinie begrenzten Parameterbereich B erhalten wir aus den Ungleichungen $-\frac{\pi}{2} \leq v \leq \frac{\pi}{2}$, $0 \leq u \leq a\cos v$. Den Flächeninhalt A können wir nach Formel (6.7) oder (6.11) berechnen. Wir benötigen in beiden Fällen
$\mathbf{r}_u(u,v) = \cos v\,\mathbf{e}_1 + \sin v\,\mathbf{e}_2 - \frac{h}{a}\mathbf{e}_3$ und $\mathbf{r}_v(u,v) = -u\sin v\,\mathbf{e}_1 + u\cos v\,\mathbf{e}_2$.
Für Formel (6.7) benötigen wir noch $\mathbf{r}_u \times \mathbf{r}_v = u(\frac{h}{a}\cos v\,\mathbf{e}_1 + \frac{h}{a}\sin v\,\mathbf{e}_2 + \mathbf{e}_3)$ und
$|\mathbf{r}_u \times \mathbf{r}_v| = u\sqrt{1+\frac{h^2}{a^2}}$. Für Formel (6.11) benötigen wir $E = |\mathbf{r}_u|^2 = 1+\frac{h^2}{a^2}$, $F = \mathbf{r}_u\cdot\mathbf{r}_v = 0$,
$G = |\mathbf{r}_v|^2 = u^2$ und $\sqrt{EG-F^2} = u\sqrt{1+\frac{h^2}{a^2}}$. Nach beiden Formeln wird

$$A = \int_{-\frac{\pi}{2}}^{\frac{\pi}{2}} \int_0^{a\cos v} u\sqrt{1+\frac{h^2}{a^2}}\, du\, dv = \frac{\pi}{4}a\sqrt{a^2+h^2}.$$

6.3 Über Kugelkoordinaten erhält man mit $r = R = \text{const}$, $\varphi = u$ und $\vartheta = v$ eine Parameterdarstellung der Kugelfläche: $\mathbf{r}(u,v) = R(\cos u\sin v\,\mathbf{e}_1 + \sin u\sin v\,\mathbf{e}_2 + \cos v\,\mathbf{e}_3)$ (vgl. Beispiel 6.1). Der Parameterbereich für Ω wird $0 \leq u \leq \frac{\pi}{2}$, $0 \leq v \leq \frac{\pi}{2}$. Wir erhalten $\sqrt{EG-F^2} = R^2\sin v$ (vgl. Beispiel 6.6). Die Masse wird

$$M = \iint_\Omega \frac{h}{1+z}\, d\omega = \int_0^{\pi/2} \int_0^{\pi/2} \frac{h}{1+R\cos v}R^2\sin v\, du\, dv = h\frac{\pi}{2}R^2 \int_0^{\pi/2} \frac{\sin v}{1+R\cos v}\, dv$$
$$= \frac{\pi}{2}hR\ln(1+R).$$

6.4 Für die Teile von Ω kann man folgende Parameterdarstellungen verwenden (die Parameterdarstellungen sind so gewählt, daß die Normale nach außen zeigt, obwohl die Normale beim Oberflächenintegral 1. Art nicht benötigt wird):
Ω_1: $B_1 = \{(u,v)\,|\,0\leq u\leq 2\pi,\, 0\leq v\leq 1\}$, $\mathbf{r}_1 = \cos u\,\mathbf{e}_1 + \sin u\,\mathbf{e}_2 + v\,\mathbf{e}_3$,
    $(u,v) \in B_1$, $\sqrt{EG-F^2} = 1$,
Ω_2: $B_2 = \{(u,v)\,|\,0\leq u\leq 2\pi,\, 0\leq v\leq 1\}$, $\mathbf{r}_2 = v(\cos u\,\mathbf{e}_1 + \sin u\,\mathbf{e}_2)$,
    $(u,v) \in B_2$, $\sqrt{EG-F^2} = v$,
Ω_3: $B_3 = \{(u,v)\,|\,0\leq u\leq 1,\, 0\leq v\leq 2\pi\}$, $\mathbf{r}_3 = u\cos v\,\mathbf{e}_1 + u\sin v\,\mathbf{e}_2 + \mathbf{e}_3$,
    $(u,v) \in B_3$, $\sqrt{EG-F^2} = u$.

$$J = \iint_\Omega \varrho_0(y^2+z^2)\, d\omega = \sum_{i=1}^{3} \iint_{\Omega_i} \varrho_0(y^2+z^2)\, d\omega$$
$$= \varrho_0\left(\int_0^{2\pi}\int_0^1 (\sin^2 u + v^2)\, dv\, du + \int_0^{2\pi}\int_0^1 (v^2\sin^2 u + 0)v\, dv\, du + \int_0^1\int_0^{2\pi} (u^2\sin^2 v + 1)u\, dv\, du\right)$$
$$= \varrho_0\left(\tfrac{5}{3}\pi + \tfrac{\pi}{4} + \tfrac{5}{4}\pi\right) = \varrho_0\,\tfrac{19}{6}\pi.$$

6.5 $\mathbf{r}_u = \mathbf{e}_1 - \mathbf{e}_3$, $\mathbf{r}_v = \mathbf{e}_2 + \mathbf{e}_3$, $\mathbf{r}_u \times \mathbf{r}_v = \mathbf{e}_1 - \mathbf{e}_2 + \mathbf{e}_3$, $\sqrt{EG-F^2} = |\mathbf{r}_u \times \mathbf{r}_v| = \sqrt{3}$,
$\mathbf{n} = \frac{1}{\sqrt{3}}(\mathbf{e}_1 - \mathbf{e}_2 + \mathbf{e}_3)$ ergeben

$$J = \iint_\Omega \mathbf{F} \cdot \mathbf{n} \, d\omega = \iint_B \mathbf{F} \cdot \mathbf{n} \sqrt{EG - F^2} \, db$$

$$= \int_0^1 \int_0^1 [(v-1)\mathbf{e}_1 + (v-u)\mathbf{e}_2 + (1+u)\mathbf{e}_3] \cdot \tfrac{1}{\sqrt{3}}(\mathbf{e}_1 - \mathbf{e}_2 + \mathbf{e}_3)\sqrt{3} \, du \, dv$$

$$= \int_0^1 \int_0^1 (v - 1 - v + u + 1 + u) \, du \, dv = 2 \int_0^1 \int_0^1 u \, du \, dv = 1.$$

7.1 a) $\dot{\mathbf{r}}(t) = -a \sin t \, \mathbf{e}_1 + b \cos t \, \mathbf{e}_2$ ergibt

$$A = \tfrac{1}{2} \int_{t_1}^{t_2} [(-b \sin t)(-a \sin t) + (a \cos t)(b \cos t)] \, dt = \tfrac{ab}{2} \int_{t_1}^{t_2} dt = \tfrac{1}{2} ab (t_2 - t_1).$$

b) Für die ganze Ellipse ist $t_1 = 0$, $t_2 = 2\pi$, also $A = ab\pi$.

7.2 Eine Parameterdarstellung der Kugelfläche Ω ist $\mathbf{r} = R(\sin u \cos v \, \mathbf{e}_1 + \sin u \sin v \, \mathbf{e}_2 + \cos u \, \mathbf{e}_3)$ mit $0 \le u \le \pi$ und $0 \le v \le 2\pi$. (Vgl. Beispiel 6.1. Es sind hier lediglich die Parameter u und v vertauscht, um eine nach außen gerichtete Normale zu erhalten.) Für diese Parameterdarstellung ist $\mathbf{r}_u(u,v) = R(\cos u \cos v \, \mathbf{e}_1 + \cos u \sin v \, \mathbf{e}_2 - \sin u \, \mathbf{e}_3)$, $\mathbf{r}_v(u,v) = R(-\sin u \sin v \, \mathbf{e}_1 + \sin u \cos v \, \mathbf{e}_2)$ und $\mathbf{r}_u \times \mathbf{r}_v = R^2 \sin u (\sin u \cos v \, \mathbf{e}_1 + \sin u \sin v \, \mathbf{e}_2 + \cos u \, \mathbf{e}_3)$. Für die Berechnung von J benötigen wir $\mathbf{n} \cdot \sqrt{EG - F^2}$. Wegen $\mathbf{n} = \frac{\mathbf{r}_u \times \mathbf{r}_v}{|\mathbf{r}_u \times \mathbf{r}_v|}$ und $\sqrt{EG - F^2} = |\mathbf{r}_u \times \mathbf{r}_v|$ wird $\mathbf{n} \cdot \sqrt{EG - F^2} = \mathbf{r}_u \times \mathbf{r}_v$. Es folgt

$$J = \iint_\Omega \mathbf{F} \cdot \mathbf{n} \, d\omega$$

$$= \int_0^{2\pi} \int_0^\pi R(\sin u \sin v \, \mathbf{e}_1 + \cos u \, \mathbf{e}_2 + \sin u \cos v \, \mathbf{e}_3) \cdot R^2 \sin u (\sin u \cos v \, \mathbf{e}_1$$
$$+ \sin u \sin v \, \mathbf{e}_2 + \cos u \, \mathbf{e}_3) \, du \, dv$$

$$= R^3 \int_0^{2\pi} \int_0^\pi [\sin^3 u \sin v \cos v + \sin^2 u \cos u (\sin v + \cos v)] \, du \, dv$$

$$= R^3 \int_0^{2\pi} \tfrac{4}{3} \sin v \cos v \, dv = 0.$$

b) Wegen $\operatorname{div} \mathbf{F} = 0$ wird $J = \iint_\Omega \mathbf{F} \cdot \mathbf{n} \, d\omega = \iiint_B \operatorname{div} \mathbf{F} \, db = 0.$

7.3 $Q = \iiint_B \varrho \, db = \iiint_B \epsilon \operatorname{div} \mathbf{E} \, db = \epsilon \iint_\Omega \mathbf{E} \cdot \mathbf{n} \, d\omega$. Für die Kugeloberfläche Ω ist $\mathbf{n} = \frac{1}{|\mathbf{r}|}\mathbf{r}$. Damit wird $\mathbf{E} \cdot \mathbf{n} = \frac{\mathbf{r} \cdot \mathbf{r}}{|\mathbf{r}|^2} = 1$ und $Q = \epsilon \iint_\Omega d\omega = 4\pi a^2 \epsilon$.

7.4 $\operatorname{div} \mathbf{F} = 2x + y - 2y - 2x + 3y = 2y.$

$$J = \iiint_B \operatorname{div} \mathbf{F} \, db = \int_0^2 \int_0^{3\sqrt{4-2x}} \int_0^{1/(2x^2+8)} 2y \, dz \, dy \, dx = \int_0^2 \int_0^{3\sqrt{4-2x}} \frac{2y}{2x^2 + 8} \, dy \, dx$$

$$= \int_0^2 \frac{9(4 - 2x)}{2x^2 + 8} \, dx = \frac{9}{2}\left(\frac{\pi}{2} - \ln 2\right).$$

7.5 Da Ω^* in y-Richtung konstant ist, gilt $z = g(x)$ für die Darstellung von Ω^* in expliziter Form. Aus $x^2 + y^2 + z^2 = R^2$ und $(x - \frac{R}{2})^2 + y^2 = \frac{R^2}{4}$ folgt $z = g(x) = \sqrt{R^2 - Rx}$. Eine Parameterdarstellung mit $u = x$ und $v = y$ ist $\mathbf{r} = x \, \mathbf{e}_1 + y \, \mathbf{e}_2 + g(x) \, \mathbf{e}_3$. Es wird $\mathbf{r}_u \times \mathbf{r}_v = \mathbf{r}_x \times \mathbf{r}_y = (-g'(x)\mathbf{e}_1 + \mathbf{e}_3)$. Verstehen wir unter B^* die Projektion von Ω^* auf die x,y-Ebene, d.h. die von $(x - \frac{R}{2})^2 + y^2 = \frac{R^2}{4}$ eingeschlossene Fläche, so wird wegen $\operatorname{rot} \mathbf{f} = z \, \mathbf{e}_1 - x \, \mathbf{e}_3 = g(x)\mathbf{e}_1 - x \, \mathbf{e}_3$ auf Ω^*

$$L = \oint_{\mathcal{K}} \mathbf{f} \cdot d\mathbf{r} = \iint_{\Omega^*} (\operatorname{rot} \mathbf{f}) \cdot d\mathbf{w} = \iint_{B^*} (\operatorname{rot} \mathbf{f}) \cdot (\mathbf{r}_x \times \mathbf{r}_y) \, db$$

$$= \iint_{B^*} (g(x)\,\mathbf{e}_1 - x\,\mathbf{e}_3) \cdot (-g'(x)\,\mathbf{e}_1 + \mathbf{e}_3) \, db = \iint_{B^*} (-zz_x - x) \, db.$$

Weiter ist $g'(x) = -\dfrac{R}{2\sqrt{R^2 - Rx}} = -\dfrac{R}{2z}$. Für L ergibt dies $L = \iint_{B^*} (\frac{R}{2} - x) \, db$. Da B^* symmetrisch zur Geraden $x = \frac{R}{2}$ liegt, wird $L = 0$.

7.6 $J = \oint_{\mathcal{K}} \mathbf{v} \cdot d\mathbf{r} = \oint_{\mathcal{K}} [(z - 4)\, dx + y^2\, dy]$. $\mathcal{K}$ ist zusammengesetzt aus einem Parabelbogen $\mathcal{K}_1$ mit der Parameterdarstellung $\mathbf{r}_1 = t\,\mathbf{e}_2 + t^2\,\mathbf{e}_3$, $t \in [0, 2]$, einem Kreisbogen $\mathcal{K}_2$ in der Ebene $z = 4$ mit der Parameterdarstellung $\mathbf{r}_2 = 2\sin t\,\mathbf{e}_1 + 2\cos t\,\mathbf{e}_2 + 4\,\mathbf{e}_3$, $t \in [0, \frac{\pi}{2}]$, und einem Parabelbogen $\mathcal{K}_3$ mit der Parameterdarstellung $\mathbf{r}_3 = (2 - t)\,\mathbf{e}_1 + (2 - t)^2\,\mathbf{e}_3$, $t \in [0, 2]$. Wegen $\dot{\mathbf{r}}_1 = \mathbf{e}_2 + 2t\,\mathbf{e}_3$, $\dot{\mathbf{r}}_2 = 2\cos t\,\mathbf{e}_1 - 2\sin t\,\mathbf{e}_2$, $\dot{\mathbf{r}}_3 = -\mathbf{e}_1 + (2t - 4)\,\mathbf{e}_3$ wird

$$J = \int_0^2 ((t^2 - 4)\,\mathbf{e}_1 + t^2\,\mathbf{e}_2) \cdot (\mathbf{e}_2 + 2t\,\mathbf{e}_3) \, dt + \int_0^{\frac{\pi}{2}} 4\cos^2 t\,\mathbf{e}_2 \cdot (2\cos t\,\mathbf{e}_1 - 2\sin t\,\mathbf{e}_2) \, dt$$

$$+ \int_0^2 ((2 - t)^2 - 4)\mathbf{e}_1 \cdot (-\mathbf{e}_1 + (2t - 4)\,\mathbf{e}_3) \, dt = \int_0^2 t^2 \, dt - 8\int_0^{\frac{\pi}{2}} \cos^2 t \, \sin t \, dt - \int_0^2 [(2 - t)^2 - 4] \, dt$$

$$= \frac{8}{3} - \frac{8}{3} - \left(\frac{8}{3} - 8\right) = \frac{16}{3}.$$

7.7 $(1, 2, 2)$ liegt in E, $\mathbf{n}_0$ steht senkrecht auf E, ist also Normale von E und jeder Teilfläche von E. Da $\mathbf{v}$ die Ebene E senkrecht durchsetzt, ist $\mathbf{v}(x, y, z) = \varphi(x, y, z)\,\mathbf{n}_0$ für jeden Punkt $(x, y, z) \in E$. Es sei nun Ω_n eine Folge von Teilflächen von E, die $(1, 2, 2)$ als inneren Punkt enthalten und deren Durchmesser für $n \to \infty$ gegen null streben. Ist $\mathcal{K}_n$ die Randkurve von Ω_n mit der Parameterdarstellung $\mathbf{r} = \mathbf{r}(t)$, $t \in [a, b]$, so ist $\dot{\mathbf{r}}(t) \cdot \mathbf{n}_0 = 0$, da $\mathcal{K}_n$ in E verläuft und $\mathbf{n}_0$ senkrecht auf E steht. Damit wird aber $\oint_{\mathcal{K}_n} \mathbf{v} \cdot d\mathbf{r} = \int_a^b \varphi(\mathbf{r}(t))\,\mathbf{n}_0 \cdot \dot{\mathbf{r}}(t) \, dt = 0$. Satz 7.7 ergibt $(\operatorname{rot}\mathbf{v}|_{(x_0, y_0, z_0)}) \cdot \mathbf{n}_0 = 0$.

Literatur

[BDH] Brauch, W.; Dreyer, H.-J.; Haacke, W.: Mathematik für Ingenieure.
8. Aufl. Stuttgart: Teubner-Verlag 1990.

[BHW] Burg, K.; Haf, H.; Wille, F.: Höhere Mathematik für Ingenieure,
Bd. 1-5. 3., 3., 2., 1., 1. Aufl. Stuttgart: Teubner-Verlag 1990 - 1992.

[BSE] Bronstein, I.N.; Semendjajew, K.A.: Taschenbuch der Mathematik.
25. Aufl. Stuttgart-Leipzig: Teubner-Verlag 1991.

[COU] Courant, R.: Vorlesungen über Differential- und Integralrechnung,
Bd. 1, 2. 4. Aufl. Berlin: Springer-Verlag 1971, 1972.

[DEL] Dallmann, H.; Elster, K.-H.: Einführung in die höhere Mathematik,
Bd. 1-3. Jena: G. Fischer 1981-1987.

[ELS] Elschner, H.: Grundlagen der Elektrotechnik/Elektronik Bd. 1. Berlin:
Verlag Technik 1990.

[FHZ] Fichtenholz, G.M.: Differential- und Integralrechnung, Bd. 1-3. 13., 9.,
12. Aufl. Berlin: Deutscher Verlag der Wissenschaften 1986-1992.

[HRS] Harbarth, K.; Riedrich, T.; Schirotzek, W.: Differentialrechnung für
Funktionen mit mehreren Variablen. 8. Aufl. Stuttgart-Leipzig: Teubner-
Verlag 1993.

[HEU] Heuser, H.: Lehrbuch der Analysis, Bd. 2. 7. Aufl. Stuttgart: Teubner-
Verlag 1981.

[MKN] Mangoldt, H. v.; Knopp, K.: Einführung in die höhere Mathematik,
Bd. 1-4. 4. Aufl. Stuttgart: Hirzel 1990.

[MSV] Manteuffel, K.; Seiffart, E.; Vetters, K.: Lineare Algebra. 7. Aufl. Leipzig: Teubner-Verlag 1989.

[MWA] Meinhold, P.; Wagner, E.: Partielle Differentialgleichungen. 6. Aufl.
Leipzig: Teubner-Verlag 1990.

[MVA] Meyberg, K.; Vachenauer, P.: Höhere Mathematik, Bd. 1, 2. Berlin:
Springer-Verlag 1990, 1991.

[PFS] Pforr, E.-A.; Schirotzek, W.: Differential- und Integralrechnung für
Funktionen mit einer Variablen. 9. Aufl. Stuttgart-Leipzig: Teubner-Verlag
1993.

[PKW] Piskunow, N.S.: Differential- und Integralrechnung, Bd. 1-3. 3., 2., 2. Aufl. Leipzig: Teubner-Verlag 1970-1972.

[SGI] Schäfer, W.; Georgi, K.: Mathematik-Vorkurs. Stuttgart-Leipzig: Teubner-Verlag 1993.

[SSZ] Sieber, N.; Sebastian, H.-J.; Zeidler, G.: Grundlagen der Mathematik, Abbildungen, Funktionen, Folgen, 9. Aufl. Leipzig: Teubner-Verlag 1990.

[SFD] Sommerfeld, A.: Vorlesungen über theoretische Physik, Bd. 3. Leipzig: Akademische Verlagsgesellschaft Geest & Portig 1967.

Sachregister

Mathematik für Ingenieure und Naturwissenschaftler

Bandemer/Bellmann: **Statistische Versuchsplanung**
3. Aufl. 116 Seiten. DM 12, —

Beyer/Hackel/Pieper/Tiedge: **Wahrscheinlichkeitsrechnung und mathematische Statistik**
6. Aufl. 216 Seiten. DM 16, —

Gillert/Nollau: **Übungsaufgaben zur Wahrscheinlichkeitsrechnung
und mathematischen Statistik**
4. Aufl. 56 Seiten. DM 5, —

Göpfert/Riedrich: **Funktionalanalysis**
3. Aufl. 136 Seiten. DM 24,80

Greuel/Kadner: **Komplexe Funktionen und konforme Abbildungen**
3. Aufl. 128 Seiten. DM 12, —

Harbarth/Riedrich/Schirotzek: **Differentialrechnung für Funktionen mit mehreren Variablen**
8., neubearb. Aufl. 198 Seiten. DM 22,80

Körber/Pforr: **Integralrechnung für Funktionen mit mehreren Variablen**
8., neubearb. Aufl. 199 Seiten. DM 22,80

Manteuffel/Seiffart/Vetters: **Lineare Algebra**
7. Aufl. 208 Seiten. DM 13,50

Meinhold/Wagner: **Partielle Differentialgleichungen**
6. Aufl. 116 Seiten. DM 12, —

Oelschlägel/Matthäus: **Numerische Methoden**
4. Aufl. 96 Seiten. DM 10, —

Pforr/Oehlschlägel/Seltmann: **Übungsaufgaben zur linearen Algebra
und linearen Optimierung**
4. Aufl. 92 Seiten. DM 8, —

Pforr/Schirotzek: **Differential- und Integralrechnung für Funktionen mit einer Variablen**
9., neubearb. Aufl. 302 Seiten. DM 28,80

Piehler/Zschiesche: **Simulationsmethoden**
4. Aufl. 60 Seiten. DM 5, —

Stopp: **Operatorenrechnung**
5. Aufl. 156 Seiten. DM 19,80

Wenzel: **Gewöhnliche Differentialgleichungen 1**
6. Aufl. 104 Seiten. DM 10, —

Wenzel: **Gewöhnliche Differentialgleichungen 2**
5. Aufl. 88 Seiten. DM 10, —

Wenzel/Heinrich: **Übungsaufgaben zur Analysis 1**
4. Aufl. 76 Seiten. DM 6,50

Wenzel/Heinrich: **Übungsaufgaben zur Analysis 2**
4. Aufl. 84 Seiten. DM 7, —

Preisänderungen vorbehalten

B.G. Teubner Verlagsgesellschaft
Stuttgart · Leipzig